Mathematik, Augfabensammlung mit Lösungen

Professor Aribert Nieswandt

„Ein eigentümlicher Zauber umgibt das Erkennen von Maß und Harmonie.“

Für jeden Mathematiker ist die ungeordnete Menge der Zahlen ein Chaos, in das erst die Mathematik mit ihren Regeln und Systemen ordnend eingreift. Ihre Aufgabe ist es, dem Chaos Stabilität zu verleihen.

Der Mathematiker, Astronom und Physiker Carl Friedrich Gauß (1777-1855)

Mathematik

Aufgabensammlung mit Lösungen

Von
Professor
Aribert Nieswandt

6., verbesserte und erweiterte Auflage

R. Oldenbourg Verlag München Wien

Frühere Auflagen des Werkes sind in den Verlagen Krüger und Gardez!, Mainz, erschienen.

Die Deutsche Bibliothek - CIP-Einheitsaufnahme

Nieswandt, Aribert:
Mathematik : Aufgabensammlung mit Lösungen / von Aribert Nieswandt. - 6., verb. und erw. Aufl. - München ; Wien : Oldenbourg, 1995
    ISBN 3-486-23205-3

Gesamtherstellung: Weihert-Druck GmbH, Darmstadt

ISBN 3-486-23205-3

Vorwort

Die rasante Entwicklung neuer Technologien, welche unsere High-Tech Welt bestimmen, und die solide Bearbeitung bekannter Fragestellungen in Technik, Wirtschaft, Naturwissenschaft und vielen mit diesen zusammenhängenden Gebieten fußen in weiten Bereichen auf Mathematik. Diese präsentiert dem Anwender eine unmißverständliche, klare Sprache zur präzisen Formulierung von Problemen, eine logisch durchdachte Gedankenwelt mathematischer Objekte und ein breites Spektrum treffsicherer Lösungsverfahren.

Ohne diese sind in unseren Lebensumfeldern, die von der Technik über die Biologie bis zur Medizin und vielen weiteren Disziplinen reichen, viele wesentliche Eigenschaften weder verstehbar noch optimierbar. Sich in diesen Räumen zu bewegen und am Auffinden von Verbesserungen zu beteiligen, erfordert ein grundlegendes Verständnis für mathematische Verfahren und die Fähigkeit, diese in die Praxis umzusetzen.

Der Umgang mit Mathematik verlangt jedoch nicht nur Verständnis sondern auch Können.

Im Vordergrund dieser Aufgabensammlung steht daher die Einübung der grundlegenden mathematischen Rechentechniken des Praktikers und die „manuelle" Lösung der gestellten Aufgaben mit Bleistift, Papier und Taschenrechner. Das Mitrechnen der Aufgaben erfordert die intensive Mitarbeit des Übenden, um die mathematischen Gedankengänge, Termumformungen und Rechenverfahren, welche in vielfältiger und abwechselnder Weise durchgeführt werden, zu verstehen und nachzuvollziehen.

Der so zu eigenständiger Aktivität geforderte Leser wird sich Sicherheit und Vertrautheit im Umgang mit Mathematik und ihren Anwendungen erwerben.

Großes Gewicht wurde auf den sicheren Umgang mit Formeln und auf die Visualisierung der mathematischen Objekte gelegt. Anschauliche Mathematik zu betreiben, mit Mathematik spielerisch und phantasievoll umzugehen und *Freude an Mathematik* zu haben, sind die besten Voraussetzungen, um erfolgreich Mathematik zur Lösung von Problemen einzusetzen und sich Know How Vorteile in der beruflichen Welt zu sichern.

Diese Aufgabensammlung erschien bis zur vierten Auflage im Verlag von Herrn Krüger, dem für die mit größter Genauigkeit ausgeführte Manuskripterstellung bestens gedankt sei. Die 5. Auflage erschien im gardez!-verlag.

Die Korrekturen für die vorliegenden Ausgabe wurden mit großer Sorgfalt von Herrn Jörg Laugel ausgeführt, der sich dankenswerterweise dieser Aufgabe auch unter Einsatz seines mathematischen Könnens widmete. Ergänzend zu den herkömmlichen Lösungsverfahren der früheren Auflagen wurde vom Verfasser das EDV Tool Mathematica der Wolfram Research, Inc., Champaign, USA, für die analytische oder numerische Lösung unter breiter Anwendung von Visualisierungtechniken eingesetzt. Die umschreibende Darstellung der Umlaute war betriebssystembedingt. Die meisten Mathematica Befehle sind einfach und in kurzer Zeit zu erlernen, eine Reihe von Anwendungen wurden mit vielen Optionen angereichert, um gute, aussagefähige Plots zu erzielen. Hier mag der Einsteiger sich eher auf die erzeugten Objekte konzentrieren und die Einsatztechnik von Mathematica überlesen.

Das Anwendungsspektrum mathematischer Verfahren erweitert sich laufend in atemberaubender Weise. Immer mehr Gebiete werden mathematisiert, um dann mit moderner Computertechnologie Lösungen zu berechnen, die früher unerforscht blieben. Man denke nur an die phantastische Welt der Fraktale, der mathematisch gefaßten Welten des *Chaos* und der *Selbstähnlichkeit*, mit welchen man Küstenlinien, chaotische Prozesse oder in fremdartige Formen- und Farbenwelten führende Kunstrichtungen kreieren kann.

Heute haben die mathematischen Computer Tools, wie *Axiom, Mathcad, Mathematica,* um nur einige zu nennen, einen Entwicklungsschub für den Einsatz mathematischer Verfahren ausgelöst, welcher hochwertige und komplexe Verfahren allen Anwendergruppen zur Verfügung stellt, die über ein mathematisches Basiswissen verfügen. Diese Tools zeichnen sich durch symbolische und numerische Lösungsmethoden aus, sie behandeln die Gebiete der Algebra, der Arithmetik, der Vektor-, Matrizenrechnung, der Differential- und Integralrechnung. Sie lösen Differentialgleichungssysteme und haben Schnittstellen zu Programmiersprachen und mathematischen Programmbibliotheken. Sie bieten einen hohen, tatsächlich leicht zu bedienenden Standard für die Visualisierung mathematischer Objekte an. Problemlos werden Plots von Kurven und Flächen im Raum aus allen Blickrichtungen präsentiert, Wertetabellen generiert, Parameter geändert und deren Wirkung auf die Gestalt der Kurve unmittelbar und interaktiv gezeigt. Das Spielen und Experimentieren mit Mathematik wird gefördert, der Mathematikliebhaber kann sich auf eine mathematische Entdeckungsreise begeben, er kann die Ergebnisse in Grautönen und Farbe auf Plotter und Bildschirme zaubern und bei seiner Erkundungsfahrt Gesetze und Zusammenhänge finden.

Aribert Nieswandt

Inhaltsverzeichnis

Aufgaben zur Mengenalgebra und Kombinatorik

Aufgaben zu Grenzwerten und Reihen

Aufgaben zu komplexen Zahlen

Aufgaben zur Vektor-und Matrixalgebra und zu linearen Gleichungssystemen

X

Aufgaben zu Funktionen in 2 Veränderlichen

Aufgaben zu Elementen der Differentialgeometrie

Aufgaben zu Differentialgleichungen

Aufgabe I1:

In der Grundmenge **N** sind die Mengen

$A = (x \mid 7 \leqslant x \leqslant 15)$

$B = (x \mid x \leqslant 28)$

Zeigen Sie an diesem Beispiel die Gültigkeit der De Morgan'schen Gesetze.

Lösung:

$A = \{x \mid 7 \leqslant x \leqslant 15\}$ $\qquad$ $B = \{x \mid x \leqslant 28\}$

$\bar{A} = \{x \mid x < 7 \vee x > 15\}$ $\qquad$ $\bar{B} = \{x \mid x > 28\}$

$A \cup B = B = \{x \mid x \leqslant 28\} \Rightarrow \overline{A \cup B} = \bar{B}$

$A \cap B = A \qquad\qquad \Rightarrow \qquad \overline{A \cap B} = \bar{A}$

1. $\overline{A \cup B} = \bar{A} \cap \bar{B}:$

   $L = \overline{A \cup B} = \bar{B} = \{x \mid x > 28\}$

   $R = \bar{A} \cap \bar{B} = \{x \mid x < 7 \vee x > 15\} \cap \{x \mid x > 28\} = \{x \mid x > 28\} = \bar{B}$

   $\Rightarrow \underline{L = R}$

2. $\overline{A \cap B} = \bar{A} \cup \bar{B}:$

   $L = \overline{A \cap B} = \bar{A} = \{x \mid x < 7 \vee x > 15\}$

   $R = \bar{A} \cup \bar{B} = \{x \mid x < 7 \vee x > 15\} \cup \{x \mid x > 28\} = \{x \mid x < 7 \vee x > 15$

   $\Rightarrow \underline{L = R}$

Loesung mit Mathematica

■ **Grundmenge**

```
G=Table[i,{i,1,30}]
```

{1, 2, 3, 4, 5, 6, 7, 8, 9, 10, 11, 12, 13, 14, 15, 16, 17, 18, 19, 20, 21, 22, 23, 24, 25, 26, 27, 28, 29, 30}

■ **Teilmengen**

```
A=Table[i,{i,7,15}]
```

{7, 8, 9, 10, 11, 12, 13, 14, 15}

```
B=Table[i,{i,1,27}]
```

{1, 2, 3, 4, 5, 6, 7, 8, 9, 10, 11, 12, 13, 14, 15, 16, 17, 18, 19, 20, 21, 22, 23, 24, 25, 26, 27}

■ Komplementbildung

```
Complement[G,A]
```

{1, 2, 3, 4, 5, 6, 16, 17, 18, 19, 20, 21, 22, 23, 24, 25, 26, 27, 28, 29, 30}

```
Complement[G,B]
```

{28, 29, 30}

```
Complement[G,G]
```

{}

■ Vereinigung und Durchschnitt

```
Union[A,B]
```

{1, 2, 3, 4, 5, 6, 7, 8, 9, 10, 11, 12, 13, 14, 15, 16, 17, 18, 19, 20, 21, 22, 23, 24, 25, 26, 27}

```
Intersection[A,B]
```

{7, 8, 9, 10, 11, 12, 13, 14, 15}

■ De Morgan'sche Gesetze

```
Complement[G,Union[A,B]]
```

{28, 29, 30}

```
Intersection[Complement[G,A],Complement[G,B]]
```

{28, 29, 30}

```
Complement[G,Intersection[A,B]]
```

{1, 2, 3, 4, 5, 6, 16, 17, 18, 19, 20, 21, 22, 23, 24, 25, 26, 27, 28, 29, 30}

```
Union[Complement[G,A],Complement[G,B]]
```

{1, 2, 3, 4, 5, 6, 16, 17, 18, 19, 20, 21, 22, 23, 24, 25, 26, 27, 28, 29, 30}

Aufgabe I2:

1. Berechnen Sie nach dem Pascalschen Dreieck die Binomialkoeffizienten.

$$\binom{10}{i},\ i = 0\ (1)\ 10$$

2. Berechnen Sie $(1+k)^7$, $(2-2k)^3$, $(\frac{1}{a} - \frac{a}{b})^5$

3. Zeigen Sie, daß $\binom{n}{k} = \binom{n}{n-k}$ gilt, $0 < k < n$, $k,n \in \mathbb{N}_0$

4. Es sind (a,b,c,d,f) eine Menge von Tennisspielern. Wieviel verschiedene Paare lassen sich bilden?

5. Wieviel Kombinationen mit 5 richtigen Zahlen sind beim Lotto möglich (6. Zahl und Zusatzzahl falsch)?

Lösung:

Pasclasches Dreieck

1.

```
                            1
                        1       1
                    1       2       1
                1       3       3       1
            1       4       6       4       1
        1       5       10      10      5       1
    1       6       15      20      15      6       1
1       7       21      35      35      21      7       1
1   8       28      56      70      56      28      8       1
1   9   36      84      126 126     84      36      9       1
────────────────────────────────────────────────────────────
1   10  45  120     210 252 210     120     45      10      1
```

$\binom{10}{0}$ $\binom{10}{1}$ $\binom{10}{2}$ $\binom{10}{3}$ $\binom{10}{4}$ $\binom{10}{5}$ $\binom{10}{6}$ $\binom{10}{7}$ $\binom{10}{8}$ $\binom{10}{9}$ $\binom{10}{10}$

2.

$$(1+k)^7 = \sum_{i=0}^{7} \binom{7}{i} 1^i k^{7-i}$$

$$= k^7 + 7k^6 + 21k^5 + 35k^4 + 35k^3 + 21k^2 + 7k + 1$$

$$(2-2k)^3 = 2^3(1-k)^3 = 8 \sum_{i=0}^{3} \binom{3}{i} 1^i (-k)^{3-i} = 8(-k^3 + 3k^2 - 3k + 1)$$

$$(\frac{1}{a} - \frac{a}{b})^5 = \frac{(b-a^2)^5}{a^5 b^5} = \frac{1}{a^5 b^5} \sum_{i=0}^{5} \binom{5}{i} b^i (-a^2)^{5-i}$$

$$= \frac{1}{a^5 b^5} (-a^{10} + 5ba^8 - 10b^2 a^6 + 10b^3 a^4 - 5b^4 a^2 + b^5)$$

3.

$$\binom{n}{k} = \frac{n!}{k!(n-k)!}$$

$$\binom{n}{n-k} = \frac{n!}{(n-k)!(n-(n-k))!} = \frac{n!}{(n-k)!k!} = \binom{n}{k}$$

4.

Grundmenge $G = \{a,b,c,d,f\}$ $n = 5$

Auswahl $r = 2$

Ordnungsprinzip $\bar{g}$ = ungeordnet, keine Beachtung

                            der Reihenfolge

                   $\bar{w}$ = ohne Wiederholung

Formeln:

	$\bar{w}$	w
g	$\dfrac{n!}{(n-r)!}$	n^r
$\bar{g}$	$\binom{n}{r}$	$\binom{n+r-1}{r}$

Auswahl Tennisspielerpaare = $\binom{n}{r}$ = $\binom{5}{2}$ = 10

Diese lauten in lexikalischer Aufzählung:

$\{$ $\{a,b\}$, $\{a,c\}$, $\{a,d\}$, $\{a,f\}$, $\{b,c\}$, $\{b,d\}$, $\{b,f\}$, $\{c,d\}$, $\{c,f\}$, $\{d,f\}$ $\}$

5.

Es seien a_1, a_2, ..., a_6 die 6 richtigen Zahlen einer Ziehung,

A = Menge der Möglichkeiten, 5 richtige Zahlen zu ziehen;

$n = 6$ $=|$Grundmenge$| = 6$ "RICHTIGE"

$r = 5$

Ordnungsmenge = $\bar{g}$, $\bar{w}$

$\Rightarrow |A| = \binom{6}{5}$ = Anzahl der Elemente von A =

" Möglichkeiten, 5 richtige Zahlen anzukreuzen.

B = Menge der Möglichkeiten, daß die 6. Zahl weder richtig noch Zusatzzahl ist.

$\Rightarrow |B| = 49 - 6 - 1 = 42$

T = Menge der möglichen Tips, bei denen 5 Zahlen richtig und eine Zahl weder richtig noch Zusatzzahl ist.

$\Rightarrow$ T = A x B

Für die Anzahl der möglichen Tips erhält man:

$|T| = |A| \cdot |B| = \binom{6}{5} \cdot 42 = 6 \cdot 42 = \underline{\underline{252}}$

Loesung mit Mathematica

Permutation und Fakultaet

3!

6

Permutations[{a,b,c}]

{{a, b, c}, {a, c, b}, {b, a, c}, {b, c, a}, {c, a, b},
  {c, b, a}}

10!

3628800

100!

93326215443944152681699238856266700490715968264381621468592 9\
63895217599993229915608941463976156518286253697920827223 75\
8251185210916864000000000000000000000000

N[100!,5]

9.3326 10^{157}

```
Pabcde=Permutations[{a,b,c,d,e}];

Pabcde
```

```
{{a, b, c, d, e}, {a, b, c, e, d}, {a, b, d, c, e},
 {a, b, d, e, c}, {a, b, e, c, d}, {a, b, e, d, c},
 {a, c, b, d, e}, {a, c, b, e, d}, {a, c, d, b, e},
 {a, c, d, e, b}, {a, c, e, b, d}, {a, c, e, d, b},
 {a, d, b, c, e}, {a, d, b, e, c}, {a, d, c, b, e},
 {a, d, c, e, b}, {a, d, e, b, c}, {a, d, e, c, b},
 {a, e, b, c, d}, {a, e, b, d, c}, {a, e, c, b, d},
 {a, e, c, d, b}, {a, e, d, b, c}, {a, e, d, c, b},
 {b, a, c, d, e}, {b, a, c, e, d}, {b, a, d, c, e},
 {b, a, d, e, c}, {b, a, e, c, d}, {b, a, e, d, c},
 {b, c, a, d, e}, {b, c, a, e, d}, {b, c, d, a, e},
 {b, c, d, e, a}, {b, c, e, a, d}, {b, c, e, d, a},
 {b, d, a, c, e}, {b, d, a, e, c}, {b, d, c, a, e},
 {b, d, c, e, a}, {b, d, e, a, c}, {b, d, e, c, a},
 {b, e, a, c, d}, {b, e, a, d, c}, {b, e, c, a, d},
 {b, e, c, d, a}, {b, e, d, a, c}, {b, e, d, c, a},
 {c, a, b, d, e}, {c, a, b, e, d}, {c, a, d, b, e},
 {c, a, d, e, b}, {c, a, e, b, d}, {c, a, e, d, b},
 {c, b, a, d, e}, {c, b, a, e, d}, {c, b, d, a, e},
 {c, b, d, e, a}, {c, b, e, a, d}, {c, b, e, d, a},
 {c, d, a, b, e}, {c, d, a, e, b}, {c, d, b, a, e},
 {c, d, b, e, a}, {c, d, e, a, b}, {c, d, e, b, a},
 {c, e, a, b, d}, {c, e, a, d, b}, {c, e, b, a, d},
 {c, e, b, d, a}, {c, e, d, a, b}, {c, e, d, b, a},
 {d, a, b, c, e}, {d, a, b, e, c}, {d, a, c, b, e},
 {d, a, c, e, b}, {d, a, e, b, c}, {d, a, e, c, b},
 {d, b, a, c, e}, {d, b, a, e, c}, {d, b, c, a, e},
 {d, b, c, e, a}, {d, b, e, a, c}, {d, b, e, c, a},
 {d, c, a, b, e}, {d, c, a, e, b}, {d, c, b, a, e},
 {d, c, b, e, a}, {d, c, e, a, b}, {d, c, e, b, a},
 {d, e, a, b, c}, {d, e, a, c, b}, {d, e, b, a, c},
 {d, e, b, c, a}, {d, e, c, a, b}, {d, e, c, b, a},
 {e, a, b, c, d}, {e, a, b, d, c}, {e, a, c, b, d},
 {e, a, c, d, b}, {e, a, d, b, c}, {e, a, d, c, b},
 {e, b, a, c, d}, {e, b, a, d, c}, {e, b, c, a, d},
 {e, b, c, d, a}, {e, b, d, a, c}, {e, b, d, c, a},
 {e, c, a, b, d}, {e, c, a, d, b}, {e, c, b, a, d},
 {e, c, b, d, a}, {e, c, d, a, b}, {e, c, d, b, a},
 {e, d, a, b, c}, {e, d, a, c, b}, {e, d, b, a, c},
 {e, d, b, c, a}, {e, d, c, a, b}, {e, d, c, b, a}}
```

Anzahl Elemente

```
Position[Pabcde,Last[Pabcde]]
```

```
{{120}}
```

Binomialkoeffizienten und Teilmengen

```
Binomial[5,2]
```

```
10
```

```
l[n_]:=Table[Binomial[n,i],{i,0,n}]
l[10]
```

```
{1, 10, 45, 120, 210, 252, 210, 120, 45, 10, 1}
```

Loesung der Aufgaben

1 Pascalsches Dreieck

```
MatrixForm[Table[l[i],{i,0,10}]]
```

```
{1}
{1, 1}
{1, 2, 1}
{1, 3, 3, 1}
{1, 4, 6, 4, 1}
{1, 5, 10, 10, 5, 1}
{1, 6, 15, 20, 15, 6, 1}
{1, 7, 21, 35, 35, 21, 7, 1}
{1, 8, 28, 56, 70, 56, 28, 8, 1}
{1, 9, 36, 84, 126, 126, 84, 36, 9, 1}
{1, 10, 45, 120, 210, 252, 210, 120, 45, 10, 1}
```

```
Expand[Binomial[n,k]]
```

```
Binomial[n, k]
```

2 Binomische Formel

```
Expand[(1+k)^7]
```

$$1 + 7 k + 21 k^2 + 35 k^3 + 35 k^4 + 21 k^5 + 7 k^6 + k^7$$

```
Expand[(2-2 k)^3]
```

$$8 - 24 k + 24 k^2 - 8 k^3$$

```
term=Expand[(1/a -a/b)^5]
```

$$a^{-5} - \frac{a^5}{b^5} + \frac{5 a^3}{b^4} - \frac{10 a}{b^3} + \frac{10}{a b^2} - \frac{5}{a^3 b}$$

```
Together[term]
```

$$\frac{-a^{10} + 5 a^8 b - 10 a^6 b^2 + 10 a^4 b^3 - 5 a^2 b^4 + b^5}{a^5 b^5}$$

4 Tennisturnier

```
<<DiscreteMath'Combinatorica'
```

```
Tennisspieler={a,b,c,d,e}
```

{a, b, c, d, e}

```
Tennispaare=KSubsets[Tennisspieler,2]
```

{{a, b}, {a, c}, {a, d}, {a, e}, {b, c}, {b, d}, {b, e},
  {c, d}, {c, e}, {d, e}}

```
Position[Tennispaare,Last[Tennispaare]]
```

{{10}}

Graph des Turniers: Knoten=Spieler, Kanten=Spiele

```
ShowGraph[K[5]]
```

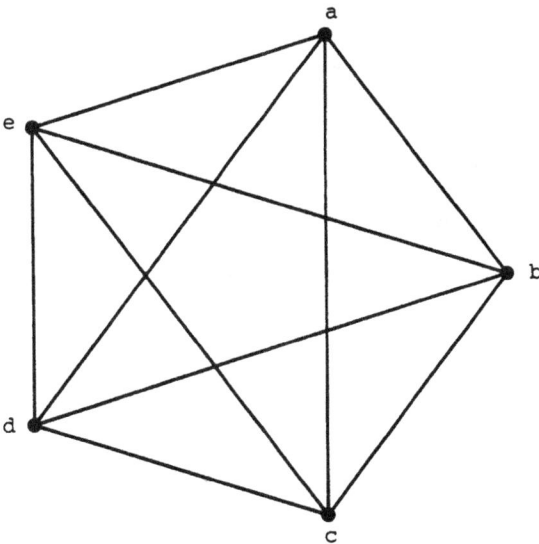

2.8

Ein groesseres Turnier

```
TS={Aribert, Ingrid, Matthias, Petra, Kerstin, Christoph,
    Nicola, Alex, Peter, Waltraud, Thomas, Stephanie};
```

Anzahl Spieler

```
Position[TS,Last[TS]]
```

```
{{12}}
```

Graph des Turniers

```
ShowGraph[K[12]]
```

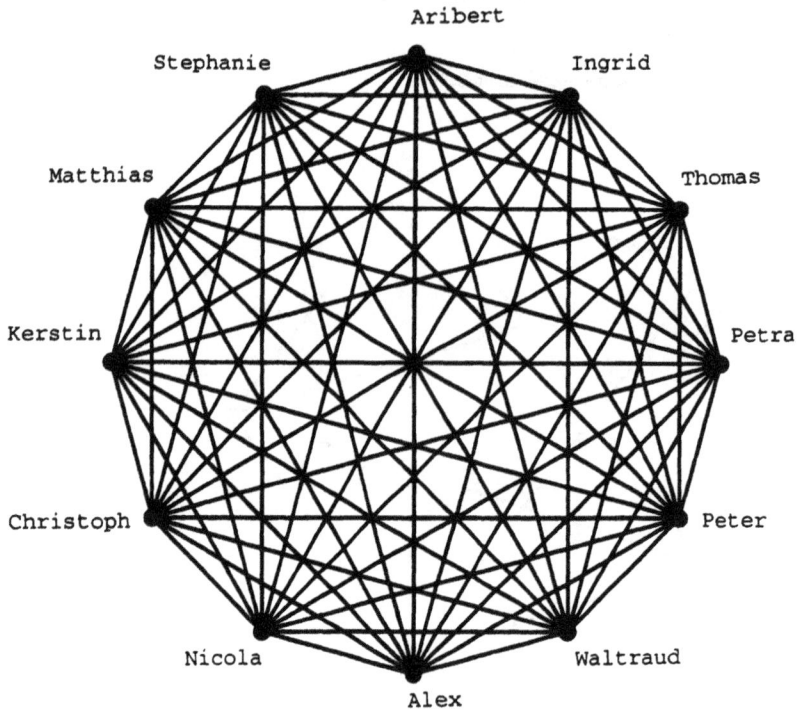

```
TP=KSubsets[TS,2];
```

Anzahl Spiele

Position[TP,Last[TP]]

{{66}}

Liste aller Spiele

MatrixForm[TP]

Aribert	Ingrid
Aribert	Matthias
Aribert	Petra
Aribert	Kerstin
Aribert	Christoph
Aribert	Nicola
Aribert	Alex
Aribert	Peter
Aribert	Waltraud
Aribert	Thomas
Aribert	Stephanie
Ingrid	Matthias
Ingrid	Petra
Ingrid	Kerstin
Ingrid	Christoph
Ingrid	Nicola
Ingrid	Alex
Ingrid	Peter
Ingrid	Waltraud
Ingrid	Thomas
Ingrid	Stephanie
Matthias	Petra
Matthias	Kerstin
Matthias	Christoph
Matthias	Nicola
Matthias	Alex
Matthias	Peter
Matthias	Waltraud
Matthias	Thomas
Matthias	Stephanie
Petra	Kerstin
Petra	Christoph
Petra	Nicola
Petra	Alex
Petra	Peter
Petra	Waltraud
Petra	Thomas
Petra	Stephanie
Kerstin	Christoph
Kerstin	Nicola
Kerstin	Alex

Kerstin	Peter
Kerstin	Waltraud
Kerstin	Thomas
Kerstin	Stephanie
Christoph	Nicola
Christoph	Alex
Christoph	Peter
Christoph	Waltraud
Christoph	Thomas
Christoph	Stephanie
Nicola	Alex
Nicola	Peter
Nicola	Waltraud
Nicola	Thomas
Nicola	Stephanie
Alex	Peter
Alex	Waltraud
Alex	Thomas
Alex	Stephanie
Peter	Waltraud
Peter	Thomas
Peter	Stephanie
Waltraud	Thomas
Waltraud	Stephanie
Thomas	Stephanie

Aufgabe I3:

1. Beweisen Sie, daß $\lim\limits_{n\to\infty} \dfrac{1}{n^3} = 0$ gilt.

2. Berechnen Sie die Grenzwerte

$$\lim\limits_{n\to\infty} \frac{n^4-a^4}{n^5-1}, \quad \lim\limits_{n\to\infty} \frac{2-n^3}{10n^2+n}, \quad \lim\limits_{n\to\infty} (-\tfrac{1}{3})^n,$$

$$\lim\limits_{n\to\infty} (\tfrac{1}{n} + \tfrac{n}{n+1} i), \quad \sum\limits_{n=0}^{\infty} (-\tfrac{1}{5})^n, \quad \lim\limits_{n\to\infty} [\sqrt{n}(\sqrt{n+1} - \sqrt{n})],$$

$$\lim\limits_{n\to\infty} (1+\tfrac{1}{n+3})^{5n}$$

Benützen Sie für den letzten Grenzwert

$$\lim\limits_{n\to\infty} (1 + \tfrac{1}{n})^n = e = 2,718281...$$

3. Welchen Grenzwert haben die Zahlenfolgen
(o,9; o,99; o,999...), (o,75; o,775 o,7775...)?

Lösung:

1. Beh. $\lim\limits_{n\to\infty} \dfrac{1}{n^3} = 0$

$\underline{\text{Bew 1}}$ $|\dfrac{1}{n^3}| = \dfrac{1}{n^3} < \epsilon$ für $n > \dfrac{1}{\sqrt[3]{3}} = n_0$

$\underline{\text{Bew 2}}$ $\lim\limits_{n\to\infty} \dfrac{1}{n^3} = \lim\limits_{n\to\infty} \dfrac{1}{n} \cdot \dfrac{1}{n} \cdot \dfrac{1}{n} = \lim\limits_{n\to\infty} \dfrac{1}{n} \cdot \lim\limits_{n\to\infty} \dfrac{1}{n} \cdot \lim\limits_{n\to\infty} \dfrac{1}{n}$

$\qquad\qquad = 0 \cdot 0 \cdot 0 = 0$

2. $\lim\limits_{n\to\infty} \dfrac{n^4-a^4}{n^5-1} = \lim\limits_{n\to\infty} \dfrac{\dfrac{1}{n} - \dfrac{a^4}{n^5}}{1 - \dfrac{1}{n^5}} = 0$

3.2

$$\lim_{n \to \infty} \frac{2-n^3}{10n^2+n} = \lim_{n \to \infty} \frac{\frac{2}{n^2} - n}{10+\frac{1}{n}} = -\infty$$

$$\lim_{n \to \infty} (-\frac{1}{3})^n = 0 , \qquad da \; |-\frac{1}{3}| < 1$$

$$\lim_{n \to \infty} (\frac{1}{n}+\frac{n}{n+1} \; i) = \lim_{n \to \infty} \frac{n+1+n^2 i}{n (n+1)} = \lim_{n \to \infty} \frac{\frac{1}{n}+\frac{1}{n^2}+i}{1+\frac{1}{n}} = i$$

$$\sum_{n=0}^{\infty} (-\frac{1}{5})^n = \frac{1}{1+\frac{1}{5}} = \frac{5}{6} = 0,8333... \quad \text{Formel:} \quad \sum_{i=0}^{\infty} q^i = \frac{1}{1-q}$$
$$\text{für } |q| < 1$$

$$\lim_{n \to \infty} [\sqrt{n} \; (\sqrt{n+1} - \sqrt{n})] \qquad \qquad \text{Formel:}$$

$$= \lim_{n \to \infty} [\sqrt{n} \; \frac{n+1-n}{\sqrt{n+1} +\sqrt{n}}] \qquad \boxed{a - b = \frac{a^2 - b^2}{a + b}}$$

$$\lim_{n \to \infty} \frac{1}{\sqrt{1+\frac{1}{n}} + \sqrt{1}} = \frac{1}{2}$$

$$\lim_{n \to \infty} (1+\frac{1}{n+3})^{5n} = \lim_{n \to \infty} (1+\frac{1}{n+3})^{5(n+3)-15}$$

$$= \lim_{n \to \infty} [(1+\frac{1}{n+3})^{n+3}]^5 \cdot \lim_{n \to \infty} (1+\frac{1}{n+3})^{-15}$$

$$= (\lim_{n \to \infty} (1+\frac{1}{n+3})^{n+3})^5 \cdot (\lim_{n \to \infty} (1+\frac{1}{n+3}))^{-15}$$

$$= e^5 \cdot 1 = e^5$$

3. $(0,9; \; 0,99; \; 0,999...) = (9 \cdot \frac{1}{10}; \; 9 \cdot (\frac{1}{10}+\frac{1}{100}); \; 9 \cdot (\frac{1}{10}+\frac{1}{100}+\frac{1}{1000}+...)$

$$a_n = 9 \cdot \sum_{i=1}^{n} (\frac{1}{10})^i = 9 \cdot (\sum_{i=0}^{n} (\frac{1}{10})^i - 1)$$

$$\lim_{n \to \infty} a_n = 9 \cdot (\sum_{i=0}^{\infty} (\frac{1}{10})^i - 1) = 9 \cdot (\frac{1}{1-\frac{1}{10}} -1) = 9 \cdot (\frac{10}{9}-1)$$

$$= 10 - 9 = 1$$

$(0,75; 0,775, 0,7775; \ldots) =$

$(\frac{7}{10}+\frac{5}{100}; \frac{7}{10}+\frac{7}{100}+\frac{5}{1000}; \frac{7}{10}+\frac{7}{100}+\frac{7}{1000}+\frac{5}{10000}; \ldots)$

$= (0,75; \frac{0,75}{10}+\frac{7}{10}; \frac{0,75}{100}+\frac{7}{10}+\frac{7}{100}; \ldots)$

$$a_n = 0,7 \sum_{i=0}^{n} 0,1^i + 0,75 \cdot (0,1)^n$$

$$\lim_{n \to \infty} a_n = 0,7 \cdot \sum_{i=0}^{\infty} (0,1)^i + \lim_{n \to \infty} 0,75 \cdot (0,1)^n$$

$$= 0,7 \cdot \frac{1}{1-0,1} + 0 = \frac{0,7}{0,9} = \frac{7}{9}$$

Loesung mit Mathematica

Grenzwerte

1

```
Limit[1/n^3, n->Infinity]
```

0

2

```
Limit[(n^4-a^4)/(n^5-1), n->Infinity]
```

0

```
Limit[(2-n^3)/(10 n^2+n), n->Infinity]
```
-Infinity

```
Limit[-(1/3)^n, n->Infinity]
```

0

```
Limit[1/n+(n/(n+1)) i, n->Infinity]
```

i

3.4

```
Limit[Sum[(-1/5)^n,{n,0,m}], m->Infinity]
```

$$\text{Limit}[\text{Sum}[(-(\frac{1}{5}))^n, \{n, 0, m\}], m \rightarrow \text{Infinity}]$$

Berechnung einer Naeherung

```
N[ Sum[(-1/5)^n,{n,0,10}], 15]
```

0.8333333504

```
Limit[Sqrt[n] (Sqrt[n+1]-Sqrt[n]), n->Infinity]
```

$\dfrac{1}{2}$

```
Limit[(1+1/(n+3))^(5 n), n->Infinity]
```

E^5

3

Berechnung von Naeherungen

```
N[  9 (Sum[(1/10)^i,{i,0,12}] -1), 15]
```

0.999999999999

```
S[n_]:= 0.7 Sum[(1/10)^i,{i,1,n}] + 0.75 0.1^n
```

```
N[ MatrixForm[ Union[{{"n","S[n]"}},
                 Table[ {n, S[n]}, {n,10,100,10}] ]], 30]
```

10.	0.077777777845
20.	0.0777777777777777
30.	0.0777777777777777
40.	0.0777777777777778
50.	0.0777777777777777
60.	0.0777777777777778
70.	0.0777777777777778
80.	0.0777777777777777
90.	0.0777777777777778
100.	0.0777777777777777
n	S[n]

Aufgabe I4:

Berechnen Sie die Grenzwerte

1. $\displaystyle\lim_{n\to\infty} \frac{1}{n}\left[(a + \tfrac{1}{n})^2 + (a + \tfrac{2}{n})^2 + \ldots + (a + \tfrac{n-1}{n})^2\right], a \in \mathbf{G}$

2. $\displaystyle\lim_{n\to\infty} \frac{1^2 + 2^2 + 3^2 + \ldots + n^2}{n^3}$

Hinweis: Man benutze die Beziehung $\displaystyle\sum_{i=1}^{n} i^2 = \frac{n\cdot(n+1)(2n+1)}{6}$

Lösung:

1. $\displaystyle\lim_{n\to\infty} \frac{1}{n}\sum_{i=1}^{n-1}(a + \tfrac{i}{n})^2 = \lim_{n\to\infty}\frac{1}{n}\sum_{i=1}^{n-1}\left(a^2 + \frac{2ai}{n} + \frac{i^2}{n^2}\right)$

$\displaystyle = \lim_{n\to\infty}\left[\frac{a^2(n-1)}{n} + \frac{2a}{n^2}\sum_{i=1}^{n-1} i + \frac{1}{n^3}\sum_{i=1}^{n-1} i^2\right]$

$\displaystyle = \lim_{n\to\infty}\left[a^2(1-\tfrac{1}{n}) + \frac{2a}{n^2}\frac{(n-1)n}{2} + \frac{1}{n^3}\frac{(n-1)n(2(n-1)+1)}{6}\right]$

$$\boxed{\text{Formeln:}\qquad \sum_{i=1}^{n} i = \frac{n(n+1)}{2} \qquad\qquad \sum_{i=1}^{n} i^2 = \frac{n(n+1)(2n+1)}{6}}$$

$\displaystyle = \lim_{n\to\infty}\left[a^2(1-\tfrac{1}{n}) + a(1-\tfrac{1}{n}) + \tfrac{1}{6}(1-\tfrac{1}{n})(2-\tfrac{1}{n})\right] = a^2 + a + \tfrac{1}{3}$

2. $\displaystyle\lim_{n\to\infty}\frac{1}{n^3}\sum_{i=1}^{n} i^2 = \lim_{n\to\infty}\frac{1}{n^3}\frac{n(n+1)(2n+1)}{6}$

$\displaystyle = \lim_{n\to\infty}\frac{1}{6}(1+\tfrac{1}{n})(2+\tfrac{1}{n}) = \tfrac{1}{3}$

Aufgabe I5:

Berechnen Sie die Grenzwerte

1. $\lim\limits_{n\to-\infty} (\sqrt[3]{1-n^3} + n)$ Anleitung: $a + b = \dfrac{a^3+b^3}{a^2-ab+b^2}$

2. $\lim\limits_{n\to-\infty} (\frac{1}{n}\sqrt{n^2 +\sqrt{n^4+1}} -\sqrt{2})$

Lösung:

Formel: $a^3+b^3 = (a+b)(a^2-ab+b^2) \Rightarrow a+b = \dfrac{a^3+b^3}{a^2-ab+b^2}$

1. $\lim\limits_{n\to-\infty} (\sqrt[3]{1-n^3} + n) = \lim\limits_{n\to-\infty} \dfrac{1-n^3+n^3}{\sqrt[3]{(1-n^3)^2} - \sqrt[3]{1-n^3}\ n + n^2}$

$= \lim\limits_{n\to-\infty} \dfrac{1}{\sqrt[3]{(1-n^3)}\ (\sqrt[3]{1-n^3} - n) + n^2} = 0$

2. $\lim\limits_{n\to-\infty} (\frac{1}{n} \sqrt{n^2+ \sqrt{n^4+1}} -\sqrt{2}\ ) = \lim\limits_{n\to-\infty} (\frac{1}{n} \sqrt{n^2+n^2 \sqrt{1+\frac{1}{n^4}}} -\sqrt{2}\ )$

$= \lim\limits_{n\to-\infty} (\frac{1}{n}\ n \sqrt{1+1 \sqrt{1+\frac{1}{n^4}}} -\sqrt{2}\ ) = \lim\limits_{n\to-\infty} (\sqrt{1+ \sqrt{1+\frac{1}{n^4}}} -\sqrt{2}\ ) = 0$

Loesung mit Mathematica

Grenzwerte

1

■ 1.1

```
Limit[-(-1+n^3)^(1/3) + n,  n->Infinity]
```

```
Infinity::indet :
    Indeterminate expression -Infinity + Infinity encountered.
```

0

■ 1.2

```
Limit[1/( -(-1+n^3)^(2/3) (-1+n^3)^(1/3) n+n^2) ,n->Infinity]
```

0

2

```
Limit[(1/n) Sqrt[n^2+Sqrt[n^4+1]]-Sqrt[2], n->Infinity]
```

0

Aufgabe I6:

Untersuchen Sie die folgenden Reihen auf Konvergenz:

1. $1 + x + \dfrac{x^2}{1 \cdot 2} + \dfrac{x^3}{1 \cdot 2 \cdot 3} + \ldots\ldots$

2. $1 + x + 1 \cdot 2 \cdot x^2 + 1 \cdot 2 \cdot 3 \cdot x^3 + \ldots\ldots$

3. $x + \dfrac{1 \cdot 2}{1 \cdot 3} x^2 + \dfrac{1 \cdot 2 \cdot 3}{1 \cdot 3 \cdot 5} x^3 + \dfrac{1 \cdot 2 \cdot 3 \cdot 4}{1 \cdot 3 \cdot 5 \cdot 7} x^4 + \ldots\ldots$

4. $x + \dfrac{x^4}{1 \cdot 2} + \dfrac{x^9}{1 \cdot 2 \; 3} + \ldots\ldots = \sum\limits_{n=1}^{\infty} \dfrac{x^{n^2}}{n!}$

Lösung:

Konvergenzkriterien:

$\sum\limits_{n=0}^{\infty} a_n$ konvergent, falls

$$\lim\limits_{n \to \infty} \left| \dfrac{a_{n+1}}{a_n} \right| < 1 \qquad \text{Cauchy'sches Kriterium}$$

$$\lim\limits_{n \to \infty} \sqrt[n]{a_n} < 1 \qquad \text{Wurzelkriterium}$$

divergent, falls Ausdruck > 1

keine Aussage, falls " $= 1$

1. $1 + x + \dfrac{x^2}{1 \cdot 2} + \dfrac{x^3}{1 \; 2 \cdot 3} + \ldots \Rightarrow \left| \dfrac{a_{n+1}}{a_n} \right| = \left| \dfrac{x^{n+1} \; n!}{(n+1)! \, x^n} \right| = \dfrac{|x|}{n+1}$

$= \lim\limits_{n \to \infty} \dfrac{|x|}{n+1} = 0 < 1 \quad$ für $x \in \mathbb{R} \Rightarrow$ Konvergenz

2. $1 + x + 1 \cdot 2 \cdot x^2 + 1 \cdot 2 \cdot 3 \cdot x^3 + \ldots$

$= \lim\limits_{n \to \infty} \sum\limits_{n=0}^{\infty} n! \; x^n \Rightarrow \lim\limits_{n \to \infty} \left| \dfrac{a_{n+1}}{a_n} \right| = \lim\limits_{n \to \infty} \left| \dfrac{(n+1)! \; x^{n+1}}{n! \; x^n} \right|$

$= \lim\limits_{n \to \infty} (n+1) |x| = \infty > 1 \quad \Rightarrow$ Divergenz (für $x \neq 0$)

3. $x + \dfrac{1 \cdot 2}{1 \cdot 3}x^2 + \dfrac{1 \cdot 2 \cdot 3}{1 \cdot 3 \cdot 5}x^3 + \dfrac{1 \cdot 2 \cdot 3 \cdot 4}{1 \cdot 3 \cdot 5 \cdot 7}x^4 + \ldots = \sum\limits_{n=1}^{\infty} \dfrac{n! \; x^n}{1 \cdot 3 \; \ldots \; (2n-1)}$

$= \lim\limits_{n \to \infty} \left| \dfrac{a_{n+1}}{a_n} \right| = \lim\limits_{n \to \infty} \left| \dfrac{(n+1)! \; x^{n+1}}{1 \cdot 3 \; \ldots \; (2n-1)(2(n+1)-1)} \cdot \dfrac{(1 \cdot 3 \; \ldots \; (2n-1))}{x^n \; n!} \right|$

$= \lim\limits_{n \to \infty} \dfrac{(n+1) \; |x|}{(2n+1)} = |x| \lim\limits_{n \to \infty} \dfrac{1+\frac{1}{n}}{2+\frac{1}{n}} = |x| \cdot \dfrac{1}{2} < 1$

für $|x| < 2$

$=$ Die Reihe konvergiert für $|x| < 2$ und divergiert für $|x| > 2$

4. $x + \dfrac{x^4}{1 \cdot 2} + \dfrac{x^9}{1 \cdot 2 \cdot 3} + \ldots = \sum\limits_{n=1}^{\infty} \dfrac{x^{n^2}}{n!}$

$\Rightarrow \lim\limits_{n \to \infty} \left| \dfrac{a_{n+1}}{a_n} \right| = \lim\limits_{n \to \infty} \left| \dfrac{x^{(n+1)^2}}{(n+1)!} \cdot \dfrac{n!}{x^{n^2}} \right|$

$= \lim\limits_{n \to \infty} \left| \dfrac{x^{n^2+2n+1}}{(n+1) x^{n^2}} \right| = \lim\limits_{n \to \infty} \left| \dfrac{x^{2n+1}}{n+1} \right| = \lim\limits_{n \to \infty} \dfrac{(x^2)^n \; |x|}{n+1}$

$= |x| \lim\limits_{n \to \infty} \dfrac{(x^2)^n}{n+1} = \begin{cases} 0 \text{ für } |x| < 1 & \Rightarrow \text{ Konvergenz für } |x| < 1 \\ \infty \quad " \;\; |x| > 1 & \Rightarrow \text{ Divergenz } \quad " \; |x| > 1 \end{cases}$

Aufgabe I7:

1. Berechnen Sie für die komplexen Zahlen $\frac{1}{i}$, $(i-1)^3$,

   $\frac{4-i}{16+4\cdot i}$ Realteil, Imaginärteil, Betrag und Argument.

2. Bestimmen Sie die Punktmengen $\{z \mid |z-1| = 1, \ z \in \mathbb{C}\}$,

   $\{z \mid (z-1)^2 = 1, \ z \in \mathbb{C}\}$, $\ \{z \mid Re(z) - Im(z) = 2, \ z \in \mathbb{C}\}$

3. Bestimmen Sie alle Wurzeln von $\sqrt[4]{-i}$

   Berechnen Sie:

4. $(3+4\ i) \cdot (1-i)$

5. $(\frac{1}{2}-\frac{1}{2}\sqrt{3}\ i)^{23}$

6. Lösen Sie die quadratische Gleichung $x^2-6x+25=0$

Lösung:

1.a.

$\frac{1}{i} = +\frac{i}{i^2} = -i \ \blacktriangleright \ Re(-i) = 0, \ Im(-i) = -1, \ |-i| = 1 \ Arg(-i) = \frac{3}{2}\pi$

1.b.

$i-1 = \varrho \ (\cos\delta + i \ \sin\delta) \ \blacktriangleright \varrho = \sqrt{1^2+1^2} = \sqrt{2}$,

$\tan\delta = \frac{1}{-1} = -1$

$\cos\delta<0, \ \sin\delta>0 \ \blacktriangleright \frac{\pi}{2}<\delta<\pi$ $\left.\right\} \blacktriangleright \delta = \frac{3}{4}\pi$

$\blacktriangleright \ c_2 = (i-1)^3 = [\sqrt{2}\ (\cos\frac{3}{4}\pi + i \ \sin\frac{3}{4}\pi\ )]^3$

$= 2\ \sqrt{2}\ (\cos\frac{9}{4}\pi + i \ \sin\frac{9}{4}\pi\ ) = 2\ \sqrt{2}\ (\cos\frac{\pi}{4} + i \ \sin\frac{\pi}{4})$

$= 2\ \sqrt{2}\ (\frac{1}{2}\sqrt{2} + i\cdot \frac{1}{2}\ \sqrt{2}\ ) = 2(1+i) \ \blacktriangleright \ Re(c_2) = Im(c_2) = 2,$

$|c_2| = 2\ \sqrt{2}\ , \ Arg(c_2) = \frac{\pi}{4}$

1.c.

$c_3 = \frac{4-i}{16+4i} = \frac{1}{4}\ \frac{4-i}{4+i} = \frac{1}{4}\frac{(4-i)^2}{16-i^2} = \frac{16-8i+i^2}{68} = \frac{1}{68}(15 - 8i)$

$\blacktriangleright \ Re(c_3) = \frac{15}{68}, \ Im(c_3) = -\frac{8}{68}, \ |c_3| = \frac{\sqrt{15^2+8^2}}{68} = \frac{17}{68} = \frac{1}{4}$,

$Arg(c_3) = 331,93^\circ$

$Re>0, \ Im<0 \ \blacktriangleright \frac{3}{2}\pi<\delta < 2\pi$ $\qquad \blacktriangleright \ \delta = 331,93^\circ$

$\tan\delta = \frac{-8}{15}$

7.2

2.a.

$\{z \mid |z-1| = 1, \ z = (x,y) = x+iy \in \mathbb{C}\} = \{(x,y) \mid \sqrt{(x-1)^2 + y^2} = 1\}$

= Kreis um (1,0) mit Radius 1

2.b

$\{z \mid (z-1)^2 = 1, \ z = (x,y) = x + iy \in \mathbb{C}\} =$

$= \{(x,y) \mid (x-1+iy)^2 = 1\} = \{(x,y) \mid (x-1)^2 + 2i(x-1)\cdot y - y^2 = 1\} =$

$= \{(x,y) \mid (x-1)^2 - y^2 = 1 \wedge (x-1) \ y = 0\} =$

$= \{(x,y) \mid ((x-1=0) \wedge (-y^2=1)) \vee (y = 0 \wedge (x-1)^2 = 1\} =$

$= \underline{\{(0,0), \ (2,0)\}}$

2.c

$\{z \mid \mathrm{Re}(z) - \mathrm{Im}(z) = 2, \ z = (x,y) = x + iy \in \mathbb{C}\} =$

$\{(x,y) \mid x - y = 2\} = \underline{\{(x,y) \mid y = x - 2\}}$ = Gerade

3.

$c_k = \sqrt[4]{-i} = \sqrt[4]{\cos(\tfrac{3}{2}\pi + 2k\pi) + i \ \sin(\tfrac{3}{2}\pi + 2k\pi)} =$

$= \cos(\tfrac{3}{8}\pi + \tfrac{k\pi}{2}) + i \ \sin(\tfrac{3}{8}\pi + \tfrac{k\pi}{2}) \qquad k = 0, \ 1, \ 2, \ 3$

$c_1 = \cos(\tfrac{3}{8}\pi) + i \ \sin(\tfrac{3}{8}\pi) = 0{,}383 + 0{,}924i$

$c_2 = \cos(\tfrac{7}{8}\pi) + i \ \sin(\tfrac{7}{8}\pi) = -0{,}924 + 0{,}383i$

$c_3 = \cos(\tfrac{11}{8}\pi) + i \ \sin(\tfrac{11}{8}\pi) = -0{,}383 - 0{,}924i$

$c_4 = \cos(\tfrac{15}{8}\pi) + i \ \sin(\tfrac{15}{8}\pi) = 0{,}924 - 0{,}383i$

4.

$(3+4i)(1-i) = 3 - 3i + 4i - 4i^2 = 7 + i$

5.

$(\tfrac{1}{2} - \tfrac{1}{2}\sqrt{3} \ i)^{23} = (\cos\tfrac{5\pi}{3} + i \ \sin\tfrac{5\pi}{3})^{23} = (\cos\tfrac{115}{3}\pi + i \ \sin\tfrac{115}{3}\pi) =$

$= \cos\tfrac{\pi}{3} + i \ \sin\tfrac{\pi}{3} = \underline{\tfrac{1}{2} + \tfrac{1}{2}\sqrt{3} \ i}$

6.

$x^2 - 6x + 25 = 0 \Rightarrow x_{1,2} = \dfrac{6 \pm \sqrt{36 - 100}}{2} = \dfrac{6 \pm 8i}{2} = \underline{3 \pm 4i}$

Loesung mit Mathematica

Komplexe Zahlen

1

■ **Voruebung**

```
z1=1/I
```

```
-I
```

```
{"1/I",1/I,Re[1/I],Im[1/I],Abs[1/I]Arg[1/I]}
```

$$\{1/I, \ -I, \ 0, \ -1, \ \frac{-Pi}{2}\}$$

■ **Definition der Funktionen vz fuer die Berechnung und vt fuer die Textdarstellung**

```
v[z_]:={z,Re[z],Im[z],Abs[z],Arg[z],Conjugate[z]}
```

Test der Funktionen:

```
v[z1]
```

$$\{-I, \ 0, \ -1, \ 1, \ \frac{-Pi}{2}, \ I\}$$

```
z2=(1-I)^3
```

```
-2 - 2 I
```

```
v[z2]
```

$$\{-2 - 2 \ I, \ -2, \ -2, \ 2 \ Sqrt[2], \ \frac{-3 \ Pi}{4}, \ -2 + 2 \ I\}$$

```
vt={"   z","Re[z]","Im[z]","Abs[z]","Arg[z]","Conjugate[z]"}
```

```
{   z, Re[z], Im[z], Abs[z], Arg[z], Conjugate[z]}
```

■ **Loesung der Aufgabe:**

```
MatrixForm[Join[{{"    z    ",1/"I",(1-"I")^3,(4-"I")/(16+4 "I")},
                {"-----------","-------","-------","----------"}},
          Transpose[{vt,v[1/I],v[(I-1)^3],v[(4-I)/(16+4 I)]}]]]
```

7.4

z	$\dfrac{1}{I}$	$(1 - I)^3$	$\dfrac{4 - I}{16 + 4 I}$
z	$-I$	$2 + 2 I$	$\dfrac{15}{68} - \dfrac{2 I}{17}$
Re[z]	0	2	$\dfrac{15}{68}$
Im[z]	-1	2	$-\left(\dfrac{2}{17}\right)$
Abs[z]	1	2 Sqrt[2]	$\dfrac{1}{4}$
Arg[z]	$\dfrac{-Pi}{2}$	$\dfrac{Pi}{4}$	$-ArcTan\left[\dfrac{8}{15}\right]$
Conjugate[z]	I	$2 - 2 I$	$\dfrac{15}{68} + \dfrac{2 I}{17}$

2

∎ 2 a

Darstellung der Punkte mit |z-1| = c= konstant:

```
ContourPlot[(x-1)^2+y^2,{x,-2,2},{y,-2,2},AxesLabel->{"x","y"},
        Axes->True]
```

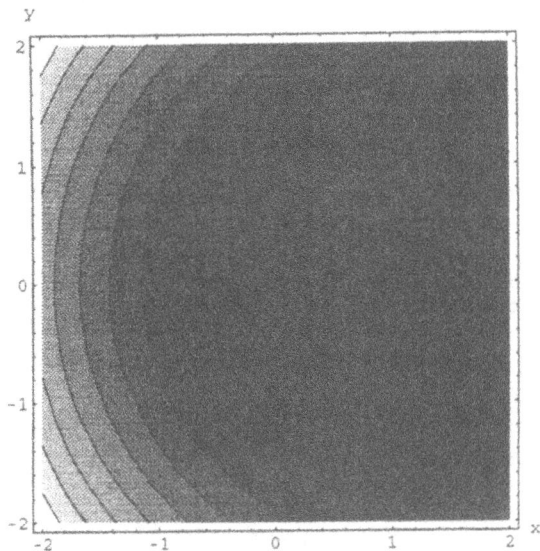

Contourplots fuer vorgegebene Werte der Niveau- Konstanten c mit und ohne Schattierung:

```
gcs:=ContourPlot[(x-1)^2+y^2,{x,-2,2},{y,-2,2},AxesLabel->{"x","y"},
                 Axes->True,
                 Contours->{1,2,3,4,5,7,9,11},
                 ContourSmoothing->Automatic]


gc:=ContourPlot[(x-1)^2+y^2,{x,-2,2},{y,-2,2},AxesLabel->{"x","y"},
                Axes->True, ContourShading->False,
                Contours->{1,2,3,4,5,7,9,11},
                ContourSmoothing->Automatic]
```

Show[GraphicsArray[{gcs,gc}]]

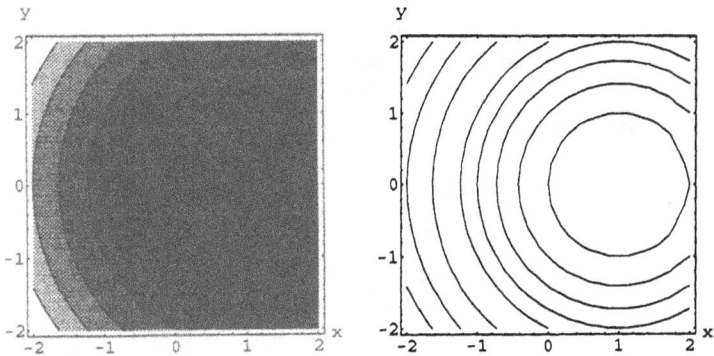

```
gt=Graphics[{{PointSize[0.03],Point[{1,0}],Text["M",{1,0},{0,2}]},
            {Point[{0.5,Sqrt[1-0.5^2]}],
       Text["Innenkreis=Loesung",{0.5,Sqrt[1-0.5^2]},{-1,0}]}}]
```

Loesung:

Show[gc,gt]

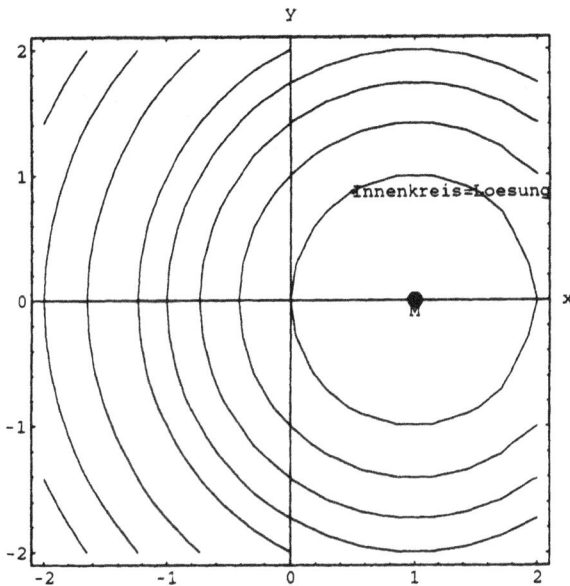

■ 2 b

☐ Teilproblem g1: (x-1)^2-y^2=1

Contourplot gb1 fuer (x-1)^2-y^2 = c mit und ohne Schattierung:

```
gb1s:=ContourPlot[(x-1)^2-y^2,{x,-2,4},{y,-2,2},Axes->True,
      AxesLabel->{"x","y"},ContourSmoothing->Automatic]
```

```
gb1:=ContourPlot[(x-1)^2-y^2,{x,-2,4},{y,-2,2},Axes->True,
              AxesLabel->{"x","y"},ContourShading->False,
              ContourSmoothing->Automatic]
```

```
Show[GraphicsArray[{gb1s,gb1}]]
```

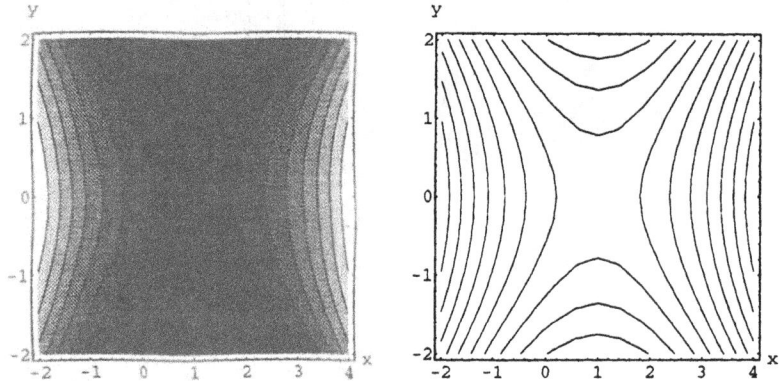

Contourplot gb1 zum Niveau c =1:

```
g1=ContourPlot[((x-1)^2-y^2),{x,-2,4},{y,-2,2},AxesLabel->{"x","y"},
              Axes->True,ContourShading->False,Contours->{1},
              PlotLabel->"{(x,y)|((x-1)^2-y^2=1}"]
```

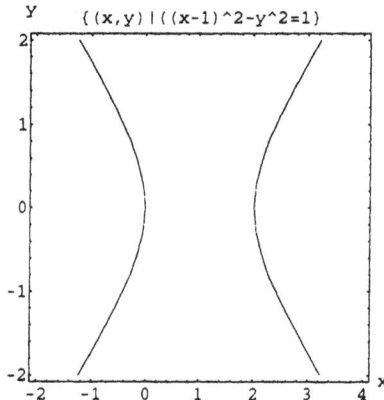

☐ **Teilproblem g2: (x-1) y = 0**

Contourplot gb2 fuer (x-1) y = c mit und ohne Schattierung

```
gb2s:=ContourPlot[(x-1) y,{x,-2,2},{y,-2,2},Axes->True,
                              AxesLabel->{"x","y"}]

gb2:=ContourPlot[(x-1) y,{x,-2,2},{y,-2,2},AxesLabel->{"x","y"},
         Axes->True,ContourShading->False]

Show[GraphicsArray[{gb2s,gb2}]]
```

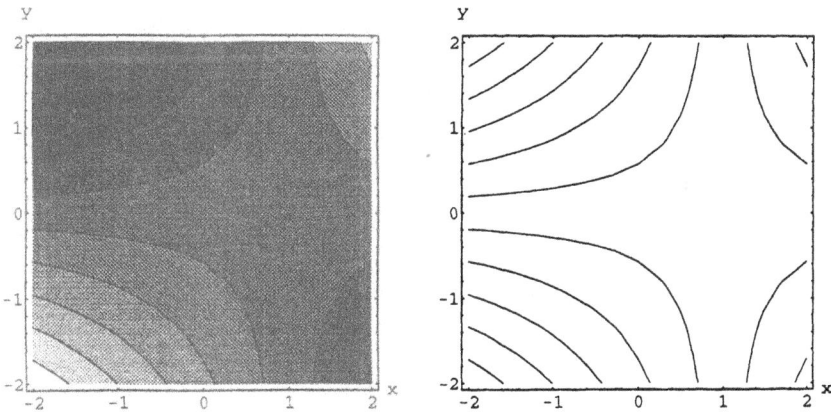

Contourplot gb2 zum Niveau c=0

```
g2=ContourPlot[((x-1) y),{x,-2,4},{y,-2,2},AxesLabel->{"x","y"},
         Axes->True,ContourShading->False,Contours->{0},
         PlotLabel->"{(x,y)|((x-1) y = 0 }"]
```

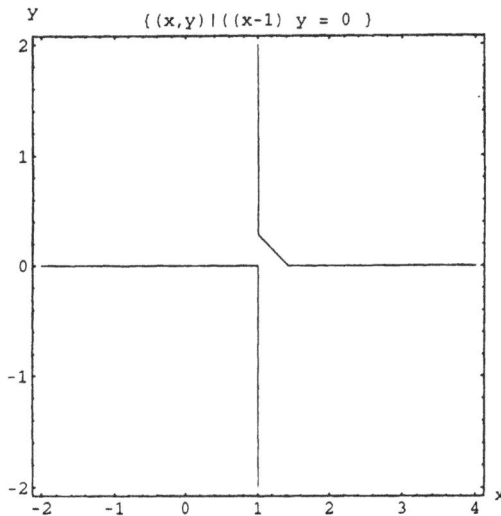

7.8

☐ Graphische Loesung der Aufgabe

Contourplots g1, g2 und Durchschnitt dieser:

```
Show[GraphicsArray[{g1,g2}]]
```

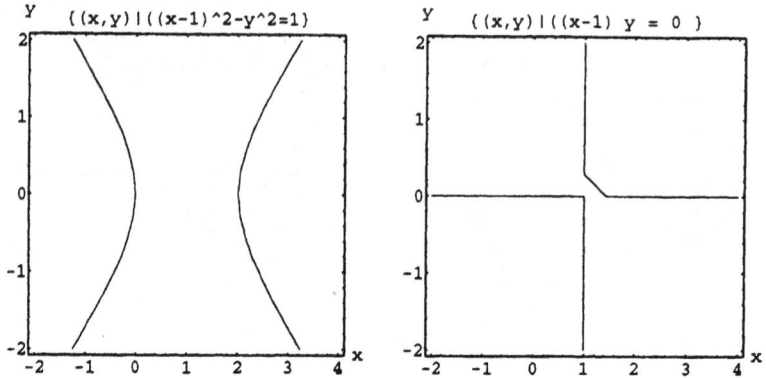

{(x,y) | ((x-1)^2-y^2=1)}   {(x,y) | ((x-1) y = 0)}

```
g3=Graphics[{{PointSize[0.03],Point[{0,0}]},
            {PointSize[0.03],Point[{2,0}]}}]
```

```
Show[g1,g2,g3,Axes->False,
PlotLabel->"{(x,y) | ((x-1)^2-y^2=1 und (x,y) | ((x-1) y = 0 }"]
```

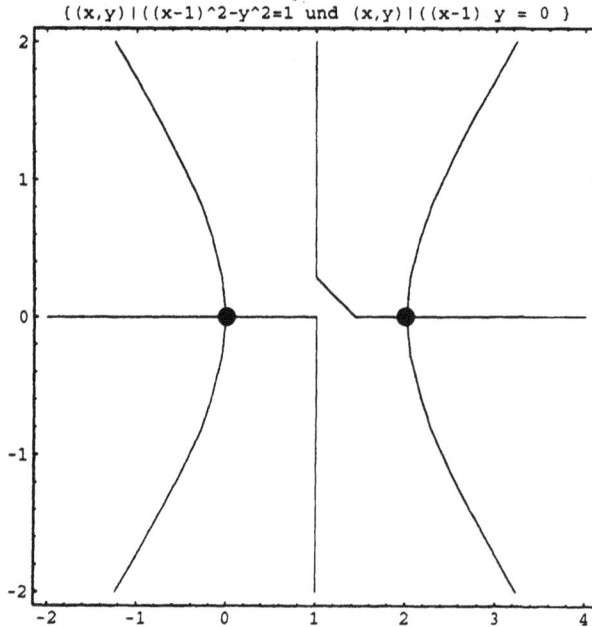

{(x,y) | ((x-1)^2-y^2=1 und (x,y) | ((x-1) y = 0 }

☐ Rechnerische Loesung der Aufgabe

Loesung des Problems mit einer komplexen Gleichung mit z=x+I y:

```
Solve[(x+Iy-1)^2==1,{x,y}]
```

$\{\{x \rightarrow 2 - Iy\}, \{x \rightarrow -Iy\}\}$

Loesung des Problems mit 2 reellen Gleichungen:

```
Solve[{(x-1)^2-y^2==1,(x-1) y==0},{x,y}]
```

$\{\{x \rightarrow 0, y \rightarrow 0\}, \{x \rightarrow 2, y \rightarrow 0\}, \{y \rightarrow -I, x \rightarrow 1\},$
$\quad \{y \rightarrow I, x \rightarrow 1\}\}$

In den gefundenen Loesungen sind nur diejenigen relevant, bei denen wegen z=x+ I x x und y reell sind.

3

Loeschen von z fuer die weiteren Rechnungen

```
z=.
```

```
MatrixForm[ Solve[z^4==-I,z]   //N ]
```

```
z -> -0.382683 - 0.92388 I
z -> 0.382683 + 0.92388 I
z -> 0.92388 - 0.382683 I
z -> -0.92388 + 0.382683 I
```

4

```
(3+4 I) (1-I)
```

7 + I

5

```
Expand[ (1/2 - (1/2) Sqrt[3] I )^23 ]
```

$\frac{1}{2} + \frac{I}{2} \text{Sqrt}[3]$

6

```
Solve[x^2 - 6 x + 25 == 0,x]
```

$\{\{x \rightarrow 3 - 4 I\}, \{x \rightarrow 3 + 4 I\}\}$

Aufgabe I8:

Bestimmen Sie die Punktmenge $A = \{(x,y) \mid 1 \leq y < 2(x+2),\ x,y \in \mathfrak{C}\}$
und stellen Sie diese graphisch dar.

Lösung:

$A = \{(x,y) \mid 1 \leq y \wedge y < 2x + 4,\quad x,y \in \mathfrak{C}\}$

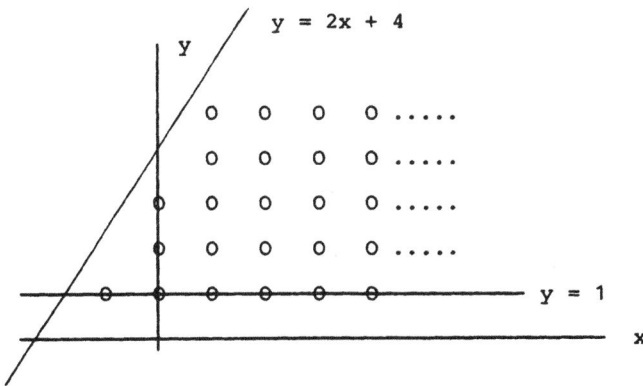

$A =$

$= \{(i,1) \mid i \geq -1\}$

$\cup\ \{(i,2),(i,3) \mid i \geq 0\}$

$\cup\ \{(i,4),(i,5) \mid i \geq 1\} \cup$

$\cup\ \{(i,2n),(i,2n+1) \mid (i \geq n)\}$

$\cup\ \ldots\ldots$

Loesung mit Mathematica

Gesucht sind Punkte (x,y) mit y >= 1 und x > y/2 - 2.

■ Funktion Ceiling

Die Funktion Ceiling[x] := min [y, y>=x, y ganz] liefert die kleinste ganze Zahl >= x. Beispiel:

```
Ceiling[-1.5]

-1

Ceiling[-1]

-1

Ceiling[-0.5]

0
```

■ Funktion zur Berechnung einer Folge von zulaessigen x-Werten bei gegebenem y

```
x[y_]:=Table[i,{i,Ceiling[y/2-2+0.5],11,1}]

x[1]

{-1, 0, 1, 2, 3, 4, 5, 6, 7, 8, 9, 10, 11}

x[2]

{0, 1, 2, 3, 4, 5, 6, 7, 8, 9, 10, 11}

x[12]

{5, 6, 7, 8, 9, 10, 11}

Table[{x[y],y},{y,1,13,1}]

{{{-1, 0, 1, 2, 3, 4, 5, 6, 7, 8, 9, 10, 11}, 1},
  {{0, 1, 2, 3, 4, 5, 6, 7, 8, 9, 10, 11}, 2},
  {{0, 1, 2, 3, 4, 5, 6, 7, 8, 9, 10, 11}, 3},
  {{1, 2, 3, 4, 5, 6, 7, 8, 9, 10, 11}, 4},
  {{1, 2, 3, 4, 5, 6, 7, 8, 9, 10, 11}, 5},
  {{2, 3, 4, 5, 6, 7, 8, 9, 10, 11}, 6},
  {{2, 3, 4, 5, 6, 7, 8, 9, 10, 11}, 7},
  {{3, 4, 5, 6, 7, 8, 9, 10, 11}, 8},
  {{3, 4, 5, 6, 7, 8, 9, 10, 11}, 9},
  {{4, 5, 6, 7, 8, 9, 10, 11}, 10},
  {{4, 5, 6, 7, 8, 9, 10, 11}, 11},
  {{5, 6, 7, 8, 9, 10, 11}, 12},
  {{5, 6, 7, 8, 9, 10, 11}, 13}}

x[25]

{11}
```

■ Funktion zur Berechnung einer zulaessigen Punktfolge bei gegebenem y

```
xy[y_]:=Table[{i,y},{i,Ceiling[y/2-2+0.5],11,1}]

xy[13]
```

```
{{5, 13}, {6, 13}, {7, 13}, {8, 13}, {9, 13}, {10, 13},
    {11, 13}}
```

■ Funktion zur Berechnung einer Folge von Point Ausdruecken fuer die Graphikausgabe bei gegebenem y

```
pxy[y_]:=Table[{PointSize[0.02],Point[{i,y}]},{i,Ceiling[y/2-2+0.5],

pxy[13]
```

```
{{PointSize[0.02], Point[{5, 13}]},
    {PointSize[0.02], Point[{6, 13}]},
    {PointSize[0.02], Point[{7, 13}]},
    {PointSize[0.02], Point[{8, 13}]},
    {PointSize[0.02], Point[{9, 13}]},
    {PointSize[0.02], Point[{10, 13}]},
    {PointSize[0.02], Point[{11, 13}]}}
```

■ Berechnung aller Loesungspunkte fuer x <= 11

Verknuepfung mehrer Punktmengen mit Join:

```
P=Join[pxy[12],pxy[13]];       P
```

```
{{PointSize[0.02], Point[{5, 12}]},
    {PointSize[0.02], Point[{6, 12}]},
    {PointSize[0.02], Point[{7, 12}]},
    {PointSize[0.02], Point[{8, 12}]},
    {PointSize[0.02], Point[{9, 12}]},
    {PointSize[0.02], Point[{10, 12}]},
    {PointSize[0.02], Point[{11, 12}]},
    {PointSize[0.02], Point[{5, 13}]},
    {PointSize[0.02], Point[{6, 13}]},
    {PointSize[0.02], Point[{7, 13}]},
    {PointSize[0.02], Point[{8, 13}]},
    {PointSize[0.02], Point[{9, 13}]},
    {PointSize[0.02], Point[{10, 13}]},
    {PointSize[0.02], Point[{11, 13}]}}
```

8.4

Berechnung mit einer For-Schleife:

```
For[j=13;P=pxy[12], j<14, j++, P=Join[P,pxy[j]] ]; P
```

```
{{PointSize[0.02], Point[{5, 12}]},
 {PointSize[0.02], Point[{6, 12}]},
 {PointSize[0.02], Point[{7, 12}]},
 {PointSize[0.02], Point[{8, 12}]},
 {PointSize[0.02], Point[{9, 12}]},
 {PointSize[0.02], Point[{10, 12}]},
 {PointSize[0.02], Point[{11, 12}]},
 {PointSize[0.02], Point[{5, 13}]},
 {PointSize[0.02], Point[{6, 13}]},
 {PointSize[0.02], Point[{7, 13}]},
 {PointSize[0.02], Point[{8, 13}]},
 {PointSize[0.02], Point[{9, 13}]},
 {PointSize[0.02], Point[{10, 13}]},
 {PointSize[0.02], Point[{11, 13}]}}}
```

Berechnung der Menge P aller Loesungspunkte:

```
For[j=2;P=pxy[1], j<26, j++, P=Join[P,pxy[j]] ]
```

■ Graphik der Loesungsmenge fuer x < =11

```
gp=Graphics[{P, Text["y = 2 x + 4",{5,17}]}]
```

```
-Graphics-
```

```
gg:=Plot[2 x+4, {x,-4,11},AxesLabel->{"x","y"},AxesOrigin->{0,0},
         AspectRatio->1.5]
```

Funktion zur Skallierung der Graphik:

```
scal[m_,n_,s_]:=Table[i,{i,m,n,s}]
```

```
scal[-3,5,2]
```

```
{-3, -1, 1, 3, 5}
```

```
Show[gg,gp,Frame->True,
FrameTicks->{scal[-4,27,1],scal[-6,27,1]}]
```

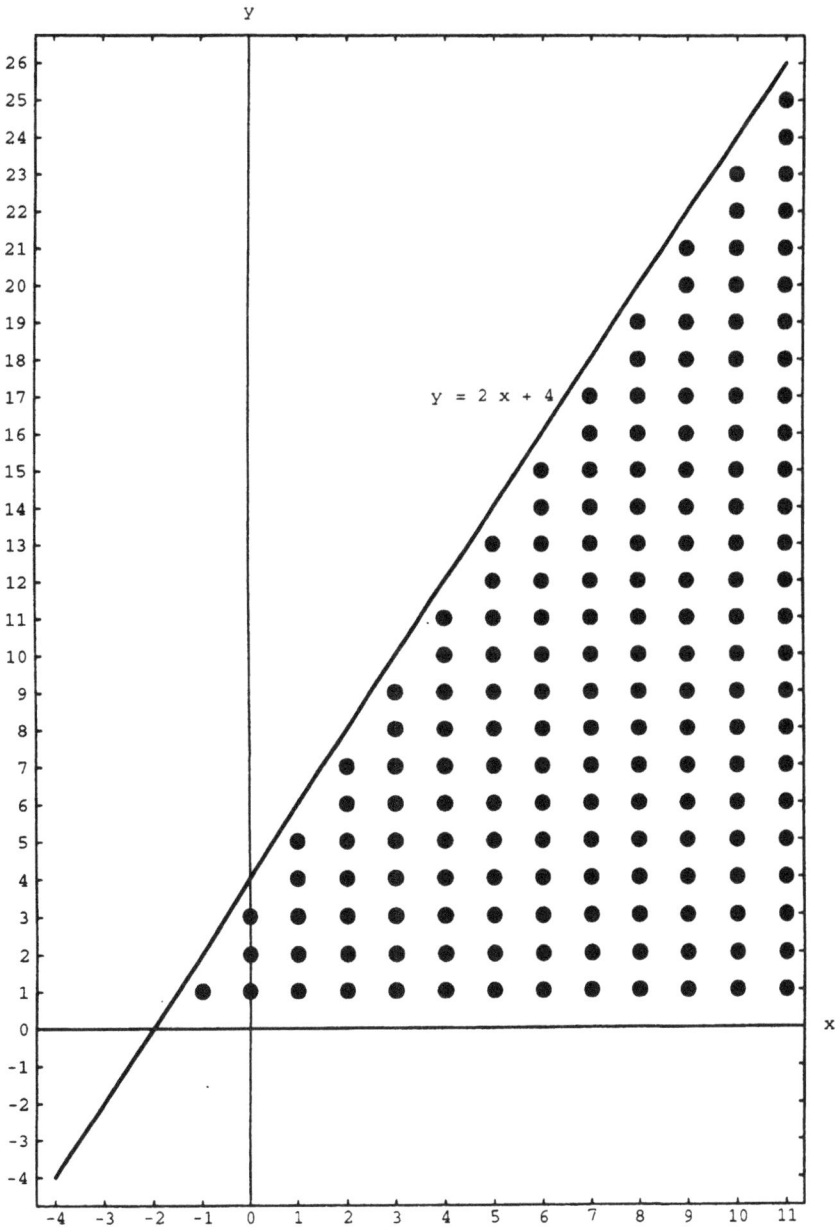

$y = 2 x + 4$

Aufgabe I9:

1. Berechnen Sie den Rang der Vektormenge $(\vec{a}_1, \vec{a}_2, \vec{a}_3, \vec{a}_4, \vec{b})$, wenn die folgende Komponentendarstellung bezüglich einer gewählten Basis gegeben ist:

$$\vec{a}_1 = \begin{pmatrix} 1 \\ 2 \\ 3 \end{pmatrix} \quad \vec{a}_2 = \begin{pmatrix} 4 \\ 9 \\ 12 \end{pmatrix} \quad \vec{a}_3 = \begin{pmatrix} 2 \\ 6 \\ 8 \end{pmatrix} \quad \vec{a}_4 = \begin{pmatrix} 1 \\ 4 \\ 7 \end{pmatrix} \quad \vec{b} = \begin{pmatrix} 18 \\ 45 \\ 64 \end{pmatrix}$$

2. Berechnen Sie alle Lösungen des linearen Gleichungssystems

$$\sum_{j=1}^{4} x_j \, \vec{a}_j = \vec{b}$$

Lösung:

Symbole: A_K= ( ) = Matrix, $\vec{a}_j, \vec{b}$ = Spaltenvektoren

$\vec{z}_i^{\,T}$ = Zeilenvektoren $\boxed{}$ = Operation

$$A_O = \begin{pmatrix} \vec{a}_1 & \vec{a}_2 & \vec{a}_3 & \vec{a}_4 & \vec{b} \\ x_1 & x_2 & x_3 & x_4 & R\ S \\ ① & 4 & 2 & 1 & 18 \\ 2 & 9 & 6 & 4 & 45 \\ 3 & 12 & 8 & 7 & 64 \end{pmatrix} \begin{array}{l} \vec{z}_1^{\,T} \\ \vec{z}_2^{\,T} \\ \vec{z}_3^{\,T} \end{array}$$

Operation

$$\boxed{\begin{array}{l} \vec{z}_2^{\,T} \leftarrow \vec{z}_2^{\,T} - 2\vec{z}_1^{\,T} \\ \vec{z}_3^{\,T} \leftarrow \vec{z}_3^{\,T} - 3\vec{z}_1^{\,T} \end{array}}$$

$$A_1 = \begin{pmatrix} 1 & 4 & 2 & 1 & 18 \\ 0 & ① & 2 & 2 & 9 \\ 0 & 0 & 2 & 4 & 10 \end{pmatrix}$$

$$\boxed{\vec{z}_1^{\,T} \leftarrow \vec{z}_1^{\,T} - 4\vec{z}_2^{\,T}}$$

$$A_2 = \begin{pmatrix} 1 & 0 & -6 & -7 & -18 \\ 0 & 1 & 2 & 2 & 9 \\ 0 & 0 & ② & 4 & 10 \end{pmatrix}$$

$$\boxed{\vec{z}_3^{\,T} \leftarrow \vec{z}_3^{\,T} \cdot \frac{1}{2}}$$

$$A_3 = \begin{pmatrix} 1 & 0 & -6 & -7 & -18 \\ 0 & 1 & 2 & 2 & 9 \\ 0 & 0 & ① & 2 & 5 \end{pmatrix}$$

$$\boxed{\begin{array}{l} \vec{z}_1^{\,T} \leftarrow \vec{z}_1^{\,T} + 6\vec{z}_3^{\,T} \\ \vec{z}_2^{\,T} \leftarrow \vec{z}_2^{\,T} - 2\vec{z}_3^{\,T} \end{array}}$$

9.2

$$A_4 = \begin{pmatrix} \overrightarrow{a_1} & \overrightarrow{a_2} & \overrightarrow{a_3} & \overrightarrow{a_4} & \overrightarrow{b} \\ x_1 & x_2 & x_3 & x_4 & \text{R-S.} \\ 1 & 0 & 0 & 5 & 12 \\ 0 & 1 & 0 & -2 & -1 \\ 0 & 0 & 1 & 2 & 5 \end{pmatrix}$$

$\Longrightarrow$

1. $rg(A_0) = rg(A_1) = \ldots = rg(A_4) = 3$
2. Der Lösungsraum hat die Dimension $4 - 3 = 1$. Er ist ein eindimensionaler Unterraum des V_4.
3. Die Lösungsmenge lautet:

$$\begin{array}{ll} x_1 + 5x_4 = 12 \\ x_2 - 2x_4 = -1 \\ x_3 + 2x_4 = 5 \end{array} \Rightarrow \begin{array}{l} x_1 = 12 - 5x_4 \\ x_2 = -1 + 2x_4 \\ x_3 = 5 - 2x_4 \end{array} \Rightarrow \overrightarrow{x} = \begin{pmatrix} x_1 \\ x_2 \\ x_3 \\ x_4 \end{pmatrix} = \begin{pmatrix} 12 \\ -1 \\ 5 \\ 0 \end{pmatrix} + \alpha \begin{pmatrix} -5 \\ 2 \\ -2 \\ 1 \end{pmatrix}$$

$$\overrightarrow{x} = \overrightarrow{c_0} + \alpha \overrightarrow{c_1}$$

$\Rightarrow$ Lösungsmenge $\quad L = \{\overrightarrow{x} \mid \overrightarrow{x} = \overrightarrow{c_0} + \alpha \overrightarrow{c_1}, \alpha \in \mathbb{R}\}$

Loesung mit Mathematica

Definition der Vektoren

```
a1={1,2,3}; a2={4,9,12}; a3={2,6,8}; a4={1,4,7}; b={18,45,64};

o={0,0,0}

MatrixForm[Join[ {{"o","a1","a2","a3","a4","b"}},
                 Transpose[{o,a1,a2,a3,a4,b}]]   ]
```

o	a1	a2	a3	a4	b
0	1	4	2	1	18
0	2	9	6	4	45
0	3	12	8	7	64

Graphische Darstellung der Vektoren

```
l[a_,b_,te_]:= Graphics3D[{Line[{a,a+b}],Text[te,a+b/2,{2,2}]}]

p[a_]:=Graphics3D[{PointSize[0.06],Point[a]}]

lpro[a_]:= Graphics3D[{Line[{{a[[1]],a[[2]],0},a}],
                       Dashing[{0.01,0.01}]}]

lp[a_,b_,te_]:= Graphics3D[{
    {Thickness[0.01],Line[{a,a+b}],Text[te,a+b-0.1 b/Abs[b],{3,2}]},
         {PointSize[0.06],Point[a+b]},
         {Line[{{a[[1]]+b[[1]],a[[2]]+b[[2]],0},a+b}],
                       Dashing[{0.05,0.05}]}} }]
```

Beispiel fuer Aufruf der Funktion l[a,b,te], welche den Vektor b von a nach a+b zeichnet und
mit dem Text te in der Mitte von b beschriftet. Anstelle des Vektorpfeiles erscheint ein Punkt.

```
Show[l[o,a1,"a1"],p[a1],Axes->True,AxesLabel->{"x","y","z"},
                  FaceGrids->{{0,1,0}},BoxRatios->{2,1,1}]
```

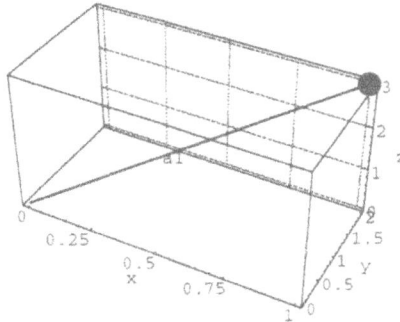

Darstellung der Vektoren ai:

```
Show[lp[o,a1,"a1"],lp[o,a2,"a2"],lp[o,a3,"a3"],lp[o,a4,"a4"],
     Axes->True,AxesLabel->{"x","y","z"},BoxRatios->{1.5,1,1.5},
     FaceGrids->{{0,1,0},{-1,0,0},{0,0,-1},{0,0,1}}]
```

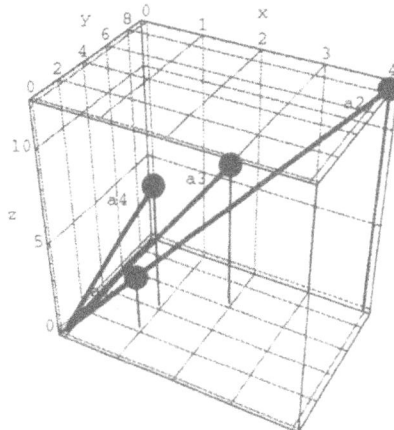

9.4

Um zusaetzlich den wesentlich laengeren Vektor b darzustellen, veraendern wir die Funktion lp geringfuegig. Dabei vergroessern wir auch die Beschriftung der Vektoren mit "FontForm".

```
lpl[a_,b_,te_]:= Graphics3D[{  {Thickness[0.009],Line[{a,a+b}],
     Text[FontForm[te,{"Courier",17}],a+b-0.4 b/Abs[b],{-2,3}]},
              {PointSize[0.04],Point[a+b]},
              {Line[{{a[[1]]+b[[1]],a[[2]]+b[[2]],0},a+b}],
                            Dashing[{0.05,0.05}]}  }]

Show[lpl[o,a1,"a1"],lpl[o,a2,"a2"],lpl[o,a3,"a3"],lpl[o,a4,"a4"],
     lpl[o,b,"b"],PlotRange->{{0,20},{0,50},{0,70}},
     Axes->True,AxesLabel->{"x","y","z"},BoxRatios->{1.5,1.5,3},
     FaceGrids->{{0,1,0},{-1,0,0},{0,0,-1},{0,0,1}}]
```

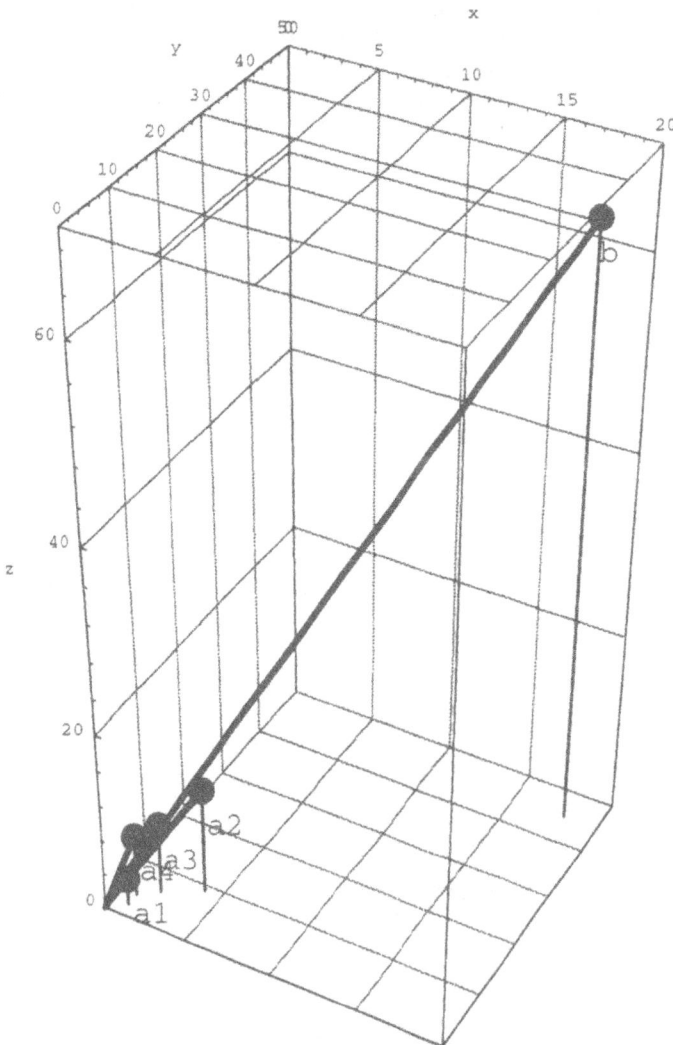

Rang der Vektormenge und Loesung des Gleichungssystems

■ 1 Berechnung aller Linearkombinationen des 0-Vektors

Wir versuchen, den Nullvektor als Linearkombination der gegebenen Vektoren darzustellen:

```
Solve[x1 a1 + x2 a2 + x3 a3 + x4 a4 +xb b==o,{x1,x2,x3,x4,xb}]
```

```
Solve::svars:
   Warning: Equations may not give solutions for all "solve"
      variables.
```

```
{{x1 -> -12 xb - 5 x4, x2 -> xb + 2 x4, x3 -> -5 xb - 2 x4}}
```

Die Loesung bedeutet, dass xb und x4 beliebig gewaehlt werden koennen, z.B. 1, 0 oder 0, 1. Daraus folgt, dass a4 und b linear von a1,a2,a3 abhaengen und daher der Rang der Vektormenge <= 3 ist. Fuer xb=-1 erhaelt man alle Loesungen des Gleichungssystems.

Falls die Loesung des folgenden Gleichungssystems die einzige ist, folgt, dass der Rang = 3 ist.

```
Solve[x1 a1 + x2 a2 + x3 a3 ==o,{x1,x2,x3}]
```

```
{{x1 -> 0, x2 -> 0, x3 -> 0}}
```

■ 2 Loesung des Gleichungssystems mit dem Matrizenprodukt

```
A=Transpose[{a1,a2,a3,a4}];
```

```
MatrixForm[A]
```

```
1   4    2    1
2   9    6    4
3   12   8    7
```

Loesungsvektor

```
y={y1,y2,y3,y4}
```

```
{y1, y2, y3, y4}
```

Loese die Matrizengleichung

```
Solve[A.y==b,y]
```

```
Solve::svars:
   Warning: Equations may not give solutions for all "solve"
      variables.
```

```
{{y1 -> 12 - 5 y4, y2 -> -1 + 2 y4, y3 -> 5 - 2 y4}}
```

■ 3 Loesung mit einem speziellen Mathematica Tool

```
z0=LinearSolve[A,b]
```

```
{12, -1, 5, 0}
```

```
{z1}=NullSpace[A]
```

```
{{-5, 2, -2, 1}}
```

```
      9.6
z1
{-5, 2, -2, 1}
```

Allgemeine Loesung: z=z0+c z1. Einige Proberechnungen:

```
A.z0
{18, 45, 64}
A.(z0+z1)
{18, 45, 64}
f[c_]:=A.(z0+c z1)
f[0]
{18, 45, 64}
f[2]
{18, 45, 64}
Table[f[c],{c,-2,2,0.2}]
{{18, 45, 64}, {18., 45., 64.}, {18., 45., 64.},
   {18., 45., 64.}, {18., 45., 64.}, {18., 45., 64.},
   {18., 45., 64.}, {18., 45., 64.}, {18., 45., 64.},
   {18., 45., 64.}, {18., 45., 64.}, {18., 45., 64.},
   {18., 45., 64.}, {18., 45., 64.}, {18., 45., 64.},
   {18., 45., 64.}, {18., 45., 64.}, {18., 45., 64.},
   {18., 45., 64.}, {18., 45., 64.}, {18., 45., 64.}}
```

Aufgabe I10:

An einem Körper greifen 4 Kräfte $\vec{F_1}, \ldots \vec{F_4}$ an:

$$\vec{F_1} = \begin{pmatrix} 2 \\ 1 \\ 5 \end{pmatrix} \quad \vec{F_2} = \begin{pmatrix} 1 \\ -2 \\ 3 \end{pmatrix} \quad \vec{F_3} = \begin{pmatrix} -2 \\ 1 \\ 4 \end{pmatrix} \quad \vec{F_4} = \begin{pmatrix} 3 \\ 2 \\ 5 \end{pmatrix}$$

1. Bestimmen Sie den Betrag der Kräfte $\vec{F_i}$, $i = 1(1)4$ und den Komponentenvektor $\vec{F} = \vec{F_1} + \vec{F_2} + \vec{F_3} + \vec{F_4}$, sowie $|\vec{F}|$

2. Welchen Winkel schließen die Kräfte $\vec{F_1} + \vec{F_3}$ und $\vec{F_2} + \vec{F_4}$ ein?

3. Bestimmen Sie den Komponentenvektor $\vec{F_5}$ der Kraft, die auf $\vec{F_1}$, $\vec{F_2}$ so senkrecht steht, daß $\vec{F_1}$, $\vec{F_2}$, $\vec{F_5}$ ein Rechtssystem bilden und $|\vec{F_5}| = 20$ ist.

Lösung:

1.

$$|\vec{F_1}| = \sqrt{4+1+25} = \sqrt{30} = 5,48; \quad |\vec{F_2}| = \sqrt{1+4+9} = \sqrt{14} = 3,74$$

$$|\vec{F_3}| = \sqrt{4+1+16} = \sqrt{21} = 4,58; \quad |\vec{F_4}| = \sqrt{9+4+25} = \sqrt{38} = 6,16$$

$$\vec{F} = \begin{pmatrix} 2 \\ 1 \\ 5 \end{pmatrix} + \begin{pmatrix} 1 \\ -2 \\ 3 \end{pmatrix} + \begin{pmatrix} -2 \\ 1 \\ 4 \end{pmatrix} + \begin{pmatrix} 3 \\ 2 \\ 5 \end{pmatrix} = \begin{pmatrix} 4 \\ 2 \\ 17 \end{pmatrix}; \quad |\vec{F}| = \sqrt{4^2 + 2^2 + 17^2} = \sqrt{309} = 17,58$$

2.

$$\vec{F_1} + \vec{F_3} = \begin{pmatrix} 2 \\ 1 \\ 5 \end{pmatrix} + \begin{pmatrix} -2 \\ 1 \\ 4 \end{pmatrix} = \begin{pmatrix} 0 \\ 2 \\ 9 \end{pmatrix} =: \vec{F}^{*}$$

$$\vec{F_2} + \vec{F_4} = \begin{pmatrix} 1 \\ -2 \\ 3 \end{pmatrix} + \begin{pmatrix} 3 \\ 2 \\ 5 \end{pmatrix} = \begin{pmatrix} 4 \\ 0 \\ 8 \end{pmatrix} =: \vec{F}^{**}$$

$$\cos(\vec{F}^{*}, \vec{F}^{**}) = \frac{\vec{F}^{*} \cdot \vec{F}^{**}}{|\vec{F}^{*}| \cdot |\vec{F}^{**}|} = \frac{0 \cdot 4 + 2 \cdot 0 + 9 \cdot 8}{\sqrt{0^2 + 2^2 + 9^2} \sqrt{4^2 + 0^2 + 8^2}} = \frac{72}{\sqrt{85 \cdot 80}} = 0,87$$

$$\Rightarrow \quad \angle(\vec{F}^{*}, \vec{F}^{**}) = 29,18°$$

3.

$$\vec{F_0} = \vec{F_1} \times \vec{F_2} = \begin{pmatrix} 2 \\ 1 \\ 5 \end{pmatrix} \times \begin{pmatrix} 1 \\ -2 \\ 3 \end{pmatrix} = \begin{pmatrix} 3+10 \\ 5-6 \\ -4-1 \end{pmatrix} = \begin{pmatrix} 13 \\ -1 \\ -5 \end{pmatrix}; \quad |\vec{F_0}| = \sqrt{13^2 + 1^2 + 5^2} = 13,96$$

$$\vec{F_5} = \frac{\vec{F_0} \cdot 20}{|\vec{F_0}|} = \frac{20}{13,96} \begin{pmatrix} 13 \\ -1 \\ -5 \end{pmatrix} = \begin{pmatrix} 18,62 \\ -1,43 \\ -7,16 \end{pmatrix}$$

```
┌─────────────────────────────────────────────────────────────────┐
│                    Loesung mit Mathematica                        │
└─────────────────────────────────────────────────────────────────┘
```

```
F1={2,1,5};      F2={1,-2,3};    F3={-2,1,4}; F4={3,2,5};

F=F1+F2+F3+F4; F13=F1+F3;       F24=F2+F4;      o={0,0,0};
```

Betrag der Vektoren

```
l[x_]:=N[ Sqrt[x.x], 4]

MatrixForm[ Join[
        Transpose[{{"F1"},{"F2"},{"F3"},{"F4"},{"F"},{"F13"},
                   {"F24"}}],
           Transpose[{F1,F2,F3,F4,F,F1+F3,F2+F4}],
           Transpose[{{"|F1|"},{"|F2|"},{"|F3|"},{"|F4|"},
                      {"|F|"},{"|F13|"},{"|F24|"}}],
           Transpose[{{l[F1]},{l[F2]},{l[F3]},{l[F4]},
                      {l[F]},{l[F1+F3]},{l[F2+F4]}}] ] ]
```

F1	F2	F3	F4	F	F13	F24
2	1	-2	3	4	0	4
1	-2	1	2	2	2	0
5	3	4	5	17	9	8
|F1|	|F2|	|F3|	|F4|	|F|	|F13|	|F24|
5.477	3.742	4.583	6.164	17.58	9.22	8.944

Winkel zwischen den Vektoren

```
phi[x_,y_]:= ArcCos[ x.y / (l[x] l[y]) ]

phi[F1+F3,F2+F4] / Degree //N

29.1758
```

(Grad = Radialmass / Degree)

```
{ Degree, Pi/Degree }  //N

{0.0174533, 180.}
```

Graphische Darstellung der Vektoren

```
l[a_,b_,te_]:= Graphics3D[{Line[{a,a+b}],Text[te,a+b/2,{2,2}]}]

p[a_]:=Graphics3D[{PointSize[0.06],Point[a]}]

lpro[a_]:= Graphics3D[{Line[{{a[[1]],a[[2]],0},a}],
                       Dashing[{0.01,0.01}]}]

lp[a_,b_,te_]:= Graphics3D[{
   {Thickness[0.01],Line[{a,a+b}],Text[te,a+b-0.1 b/l[b],{3,2}]},
              {PointSize[0.06],Point[a+b]},
              {Line[{{a[[1]]+b[[1]],a[[2]]+b[[2]],0},a+b}],
                       Dashing[{0.05,0.05}]} }]
```

■ **Vektoren F1, F2, F3, F4**   **F1+F3, F2+F4**

```
gs1:=Show[lp[o,F1,"F1"],lp[o,F2,"F2"],lp[o,F3,"F3"],lp[o,F4,"F4"],
        Axes->True,AxesLabel->{"x","y","z"},BoxRatios->{1.5,1,1.5},
        FaceGrids->{{0,1,0},{-1,0,0},{0,0,-1},{0,0,1}}]

gs2:=Show[ lp[o,F1+F3,"F1+F3"],lp[o,F2+F4,"F2+F4"],
        Axes->True,AxesLabel->{"x","y","z"},BoxRatios->{1.5,1,1.5},
        FaceGrids->{{0,1,0},{-1,0,0},{0,0,-1},{0,0,1}}]

Show[GraphicsArray[{gs1,gs2}]]
```

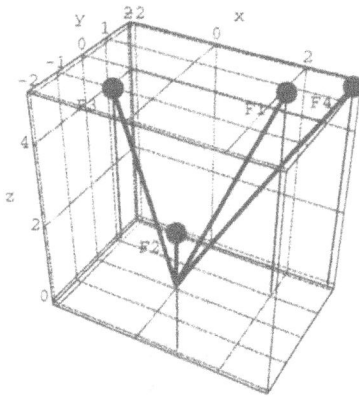

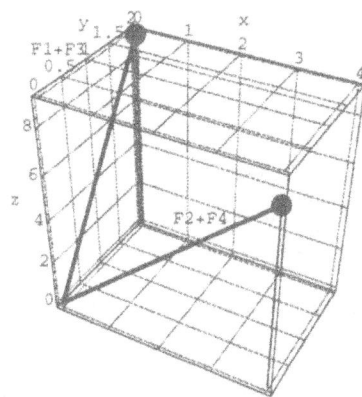

■ **Vektoren Fi, F=SUMME (Fi), F1+F3, F2+F4**

```
Show[lp[o,F1,"F1"],lp[o,F2,"F2"],lp[o,F3,"F3"],lp[o,F4,"F4"],
    lp[o,F,"F"],lp[o,F1+F3,"F1+F3"],lp[o,F2+F4,"F2+F4"],
    Axes->True,AxesLabel->{"x","y","z"},BoxRatios->{1.5,1,1.5},
    FaceGrids->{{0,1,0},{-1,0,0},{0,0,-1},{0,0,1}}]
```

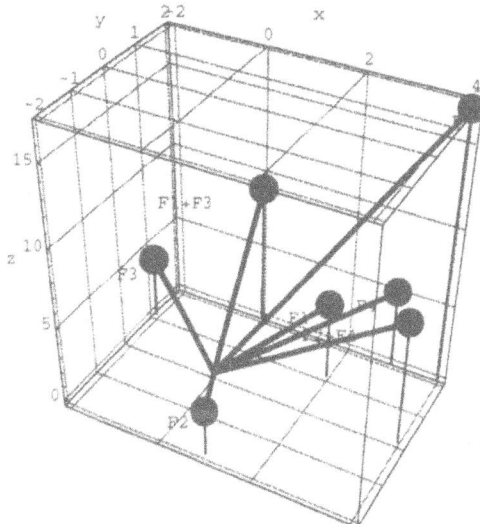

Vektorprodukt

```
vp[a_,b_]:={ a[[2]] b[[3]] - a[[3]] b[[2]],
             a[[3]] b[[1]] - a[[1]] b[[3]],
             a[[1]] b[[2]] - a[[2]] b[[1]] }
```

Test des Vektorprodukts:

```
vp[{1,0,0},{0,1,0}]
```

```
{0, 0, 1}
```

Normalenvektor mittels Vektorprodukt:

```
F0= vp[F1,F2]
```

```
{13, -1, -5}
```

Gesuchter Normalenvektor:

```
F5=20 F0 / 1[F0]
```

```
{18.619, -1.43223, -7.16115}
```

Graphische Darstellung des Dreibeins F1, F2, 20 F1xF2 / IF1xF2I:

```
Exy1:=Plot3D[0,{x,0,18.7},{y,-2,-1.0},Mesh->False];

Exy2:=Plot3D[0,{x,0,20},{y,0.5,2},Mesh->False];

Exy3:=Plot3D[0,{x,5,20},{y,-1,2},Mesh->False];

Show[ lp[o,F1,"F1"],lp[o,F2,"F2"],lp[o,F5,"F5"],Exy1,Exy2,Exy3,
      Axes->True,AxesLabel->{"x","y","z"},BoxRatios->{1.5,1,1.5},
      FaceGrids->{{0,1,0},{-1,0,0},{0,0,-1},{0,0,1}} ]
```

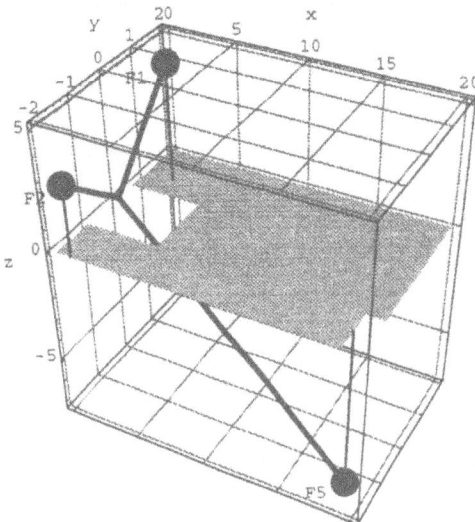

Aufgabe I11:

Es sind die Matrizen A, C, D und der Vektor $\vec{b}$ gegeben.

$$A = \begin{pmatrix} 1 & 4 & 2 \\ 2 & 9 & 6 \\ 3 & 12 & 8 \end{pmatrix} \quad C = \begin{pmatrix} 2 & 1 & 4 \\ 2 & 1 & 0 \\ 3 & -1 & 2 \end{pmatrix} \quad D = \begin{pmatrix} 1 & 3 & 4 \\ 2 & 2 & 1 \\ 4 & -1 & 2 \\ 1 & 0 & 0 \\ 5 & 1 & -1 \end{pmatrix} \quad \vec{b} = \begin{pmatrix} 18 \\ 45 \\ 64 \end{pmatrix}$$

1. Berechnen Sie A + C, 3A - 2C, D · A.

2. Lösen Sie das lineare Gleichungssystem A $\vec{x}$ = $\vec{b}$ und berechnen Sie die Inverse von A durch Lösen der entsprechenden linearen Gleichungssysteme nach dem Gauß-Jordanverfahren.

3. Lösen Sie A $\vec{x}$ = $\vec{b}$ nach der Cramerschen Regel.

4. Welchen Inhalt hat das Parallelotop, das von den Vektoren der Matrix B aufgespannt wird?

$$B = \begin{pmatrix} 1 & 4 & 2 & 1 \\ 2 & 9 & 6 & 4 \\ 3 & 12 & 8 & 7 \\ 4 & 12 & 3 & 4 \end{pmatrix}$$

Lösung:

1.

$$A + C = \begin{pmatrix} 3 & 5 & 6 \\ 4 & 10 & 6 \\ 6 & 11 & 10 \end{pmatrix} \quad 3A - 2C = \begin{pmatrix} -1 & 10 & -2 \\ 2 & 25 & 18 \\ 3 & 38 & 20 \end{pmatrix}$$

$$D \cdot A = \begin{pmatrix} 1 & 3 & 4 \\ 2 & 2 & 1 \\ 4 & -1 & 2 \\ 1 & 0 & 0 \\ 5 & 1 & -1 \end{pmatrix} \cdot \begin{pmatrix} 1 & 4 & 2 \\ 2 & 9 & 6 \\ 3 & 12 & 8 \end{pmatrix} = \begin{pmatrix} 19 & 79 & 52 \\ 9 & 38 & 24 \\ 8 & 31 & 18 \\ 1 & 4 & 2 \\ 4 & 17 & 8 \end{pmatrix}$$

2.

A $\vec{x}$ = $\vec{b}$, A · $\vec{x}$ = E werden simultan gelöst (siehe auch I9):

$$A \cdot \vec{x_1} = \vec{e_1}, \quad A \cdot \vec{x_2} = \vec{e_2}, \quad A \cdot \vec{x_3} = \vec{e_3}$$

$$\begin{pmatrix} x_1 & x_2 & x_3 & \vec{b} & \vec{e_1} & \vec{e_2} & \vec{e_3} \\ \textcircled{1} & 4 & 2 & 18 & 1 & 0 & 0 \\ 2 & 9 & 6 & 45 & 0 & 1 & 0 \\ 3 & 12 & 8 & 64 & 0 & 0 & 1 \end{pmatrix} \rightarrow \begin{pmatrix} 1 & 4 & 2 & 18 & 1 & 0 & 0 \\ 0 & \textcircled{1} & 2 & 9 & -2 & 1 & 0 \\ 0 & 0 & 2 & 10 & -3 & 0 & 1 \end{pmatrix} \rightarrow$$

$$\rightarrow \begin{pmatrix} 1 & 0 & -6 & | -18 & \vdots & 9 & -4 & 0 \\ 0 & 1 & 2 & | & 9 & \vdots & -2 & 1 & 0 \\ 0 & 0 & \textcircled{2} & | & 10 & \vdots & -3 & 0 & 1 \end{pmatrix} \rightarrow \begin{pmatrix} 1 & 0 & -6 & | -18 & \vdots & 9 & -4 & 0 \\ 0 & 1 & 2 & | & 9 & \vdots & -2 & 1 & 0 \\ 0 & 0 & \textcircled{1} & | & 5 & \vdots & -\tfrac{3}{2} & 0 & \tfrac{1}{2} \end{pmatrix} \rightarrow$$

$$\rightarrow \begin{pmatrix} 1 & 0 & 0 & | & 12 & \vdots & 0 & -4 & 3 \\ 0 & 1 & 0 & | & -1 & \vdots & 1 & 1 & -1 \\ 0 & 0 & 1 & | & 5 & \vdots & -\tfrac{3}{2} & 0 & \tfrac{1}{2} \end{pmatrix} \Rightarrow \vec{x} = \begin{pmatrix} 12 \\ -1 \\ 5 \end{pmatrix}, \quad A^{-1} = \begin{pmatrix} 0 & -4 & 3 \\ 1 & 1 & -1 \\ -\tfrac{3}{2} & 0 & \tfrac{1}{2} \end{pmatrix}$$

<u>Probe:</u> $\begin{pmatrix} 1 & 4 & 2 \\ 2 & 9 & 6 \\ 3 & 12 & 8 \end{pmatrix} \cdot \begin{pmatrix} 12 \\ -1 \\ 5 \end{pmatrix} = \begin{pmatrix} 12 & - & 4 & + & 10 \\ 24 & - & 9 & + & 30 \\ 36 & -12 & + & 40 \end{pmatrix} = \begin{pmatrix} 18 \\ 45 \\ 64 \end{pmatrix},$

$$A \cdot A^{-1} = \begin{pmatrix} 1 & 4 & 2 \\ 2 & 9 & 6 \\ 3 & 12 & 8 \end{pmatrix} \cdot \begin{pmatrix} 0 & -4 & 3 \\ 1 & 1 & -1 \\ -\tfrac{3}{2} & 0 & \tfrac{1}{2} \end{pmatrix} = \begin{pmatrix} 1 & 0 & 0 \\ 0 & 1 & 0 \\ 0 & 0 & 1 \end{pmatrix} = E$$

3.

$$A \vec{x} = \begin{pmatrix} 1 & 4 & 2 \\ 2 & 9 & 6 \\ 3 & 12 & 8 \end{pmatrix} \cdot \begin{pmatrix} x_1 \\ x_2 \\ x_3 \end{pmatrix} = \begin{pmatrix} 18 \\ 45 \\ 64 \end{pmatrix} = \vec{b}, \quad \text{Cramersche Regel} \Rightarrow$$

$$x_1 = \frac{\begin{vmatrix} 18 & 4 & 2 \\ 45 & 9 & 6 \\ 64 & 12 & 8 \end{vmatrix}}{|A|} = \frac{24}{2} = \underline{\underline{12}}; \quad x_2 = \frac{\begin{vmatrix} 1 & 18 & 2 \\ 2 & 45 & 6 \\ 3 & 64 & 8 \end{vmatrix}}{|A|} = \frac{-2}{2} = \underline{\underline{-1}};$$

$$x_3 = \frac{\begin{vmatrix} 1 & 4 & 18 \\ 2 & 9 & 45 \\ 3 & 12 & 64 \end{vmatrix}}{|A|} = \frac{10}{2} = \underline{\underline{5}}$$

Berechnung der Determinanten nach der Regel von Sarrus

$$|A| = \begin{vmatrix} 1 & 4 & 2 \\ 2 & 9 & 6 \\ 3 & 12 & 8 \end{vmatrix} = 2 \begin{vmatrix} 1 & 4 & 1 \\ 2 & 9 & 3 \\ 3 & 12 & 4 \end{vmatrix} \begin{matrix} 1 & 4 \\ 2 & 9 \\ 3 & 12 \end{matrix} =$$

$$= 2(1 \cdot 9 \cdot 4 + 4 \cdot 3 \cdot 3 + 1 \cdot 2 \cdot 12 - 1 \cdot 9 \cdot 3 - 1 \cdot 3 \cdot 12 - 4 \cdot 2 \cdot 4) = 2$$

$$\begin{vmatrix} 18 & 4 & 2 \\ 45 & 9 & 6 \\ 64 & 12 & 8 \end{vmatrix} = 2 \cdot 3 \cdot 4 \begin{vmatrix} 9 & 2 & 1 \\ 15 & 3 & 2 \\ 16 & 3 & 2 \end{vmatrix} \begin{matrix} 9 & 2 \\ 15 & 9 \\ 16 & 3 \end{matrix}$$

$$= 24(9 \cdot 3 \cdot 2 + 2 \cdot 2 \cdot 16 + 1 \cdot 15 \cdot 3 - 1 \cdot 3 \cdot 16 - 9 \cdot 3 \cdot 2 - 2 \cdot 15 \cdot 2) = 24$$

$$\begin{vmatrix} 1 & 18 & 2 \\ 2 & 45 & 6 \\ 3 & 64 & 8 \end{vmatrix} = 2 \begin{vmatrix} 1 & 18 & 1 \\ 2 & 45 & 3 \\ 3 & 64 & 4 \end{vmatrix} \begin{matrix} 1 & 18 \\ 2 & 45 \\ 3 & 64 \end{matrix}$$

$$= 2(1 \cdot 45 \cdot 4 + 18 \cdot 3 \cdot 3 + 1 \cdot 2 \cdot 64 - 1 \cdot 45 \cdot 3 - 1 \cdot 3 \cdot 64 - 18 \cdot 2 \cdot 4) = -2$$

$$\begin{vmatrix} 1 & 4 & 18 \\ 2 & 9 & 45 \\ 3 & 12 & 64 \end{vmatrix} \begin{matrix} 1 & 4 \\ 2 & 9 \\ 3 & 12 \end{matrix} =$$

$$= 1 \cdot 9 \cdot 64 + 4 \cdot 45 \cdot 3 + 18 \cdot 2 \cdot 12 - 18 \cdot 9 \cdot 3 - 1 \cdot 45 \cdot 12 - 4 \cdot 2 \cdot 64 = 10$$

4.

Berechnung der Determinanten durch Transformation auf
Dreiecksgestalt:

$$\text{Inhalt} = |B| = \begin{vmatrix} ① & 4 & 2 & 1 \\ 2 & 9 & 6 & 4 \\ 3 & 12 & 8 & 7 \\ 4 & 12 & 3 & 4 \end{vmatrix} = \begin{vmatrix} 1 & 4 & 2 & 1 \\ 0 & ① & 2 & 2 \\ 0 & 0 & 2 & 4 \\ 0 & -4 & -5 & 0 \end{vmatrix} = \begin{vmatrix} 1 & 4 & 2 & 1 \\ 0 & 1 & 2 & 2 \\ 0 & 0 & 2 & 4 \\ 0 & 0 & 3 & 8 \end{vmatrix} =$$

$$= 2 \begin{vmatrix} 1 & 4 & 2 & 1 \\ 0 & 1 & 2 & 1 \\ 0 & 0 & ① & 2 \\ 0 & 0 & 3 & 8 \end{vmatrix} = 2 \begin{vmatrix} 1 & 4 & 2 & 1 \\ 0 & 1 & 2 & 1 \\ 0 & 0 & 1 & 2 \\ 0 & 0 & 0 & ② \end{vmatrix} = 2 \cdot 2 \begin{vmatrix} 1 & 4 & 2 & 1 \\ 0 & 1 & 2 & 1 \\ 0 & 0 & 1 & 2 \\ 0 & 0 & 0 & 1 \end{vmatrix}$$

$$= 2 \cdot 2 \cdot 1 \cdot 1 \cdot 1 \cdot 1 = \underline{\underline{4}}$$

Loesung mit Mathematica

Definition der Matrizen und des Vektors

```
A={{1,4,2},{2,9,6},{3,12,8}};

C1={{2,1,4},{2,1,0},{3,-1,2}};

D1={{1,3,4},{2,2,1},{4,-1,2},{1,0,0},{5,1,-1}};

b={18,45,64};
```

Anzeigefunktion fuer Matrizen und Vektoren

```
mf[A_]:=MatrixForm[A]

mf[A]
```

```
1    4     2
2    9     6
3    12    8
```

```
mf[b]
```

```
18
45
64
```

```
mf[ A+C1 ]
```

```
3    5     6
4    10    6
6    11    10
```

11.4

Tabellarische Ausgabe der Matrizen und Ergebnisse

```
TableForm[{{"A","C1","D1","b"},{A,C1,D1,b}}]
```

A			C1			D1			b
						1	3	4	
						2	2	1	
1	4	2	2	1	4	4	-1	2	18
2	9	6	2	1	0	1	0	0	45
3	12	8	3	-1	2	5	1	-1	64

```
TableForm[{{"A+C1","3 A -2 C1","D1.A"},{A+C1,3 A-2 C1, D1.A}}]
```

A+C1			3 A -2 C1			D1.A		
						19	79	52
						9	38	24
3	5	6	-1	10	-2	8	31	18
4	10	6	2	25	18	1	4	2
6	11	10	3	38	20	4	17	8

Eine komfortablere Ausgabe (die Matrix Zwi dient der Gestaltung von Zwischenraeumen):

```
Zwi={{"     "},{"     "},{"     "}};

TableForm[{{"  A+C1","  ","  3 A -2 C1","  ","  D1.A"},
           { mf[A+C1],Zwi,mf[3 A-2 C1],Zwi,mf[D1.A]}}]
```

A+C1			3 A -2 C1			D1.A		
						19	79	52
						9	38	24
3	5	6	-1	10	-2	8	31	18
4	10	6	2	25	18	1	4	2
6	11	10	3	38	20	4	17	8

Loesung des linearen Gleichungssystems A x = b

■ Loesung mit *Solve* und **Skalarprodukt**

Definition des Loesungsvektors

```
x={x1,x2,x3}
```

{x1, x2, x3}

Loesen der Matrizengleichung

```
G1=Solve[A.x==b,x]
```

{{x1 -> 12, x2 -> -1, x3 -> 5}}

Die Loesung wird der einzeiligen Matrix X zugewiesen

```
X=x/.G1;    X
```

{{12, -1, 5}}

Die Komponeneten von X und Matrixausgabe von X:

```
{X[[1,1]],X[[1,2]],X[[1,3]]}
```

{12, -1, 5}

```
mf[X]
```

12   -1   5

Kontrolle der Loesung

```
mf[ A.Transpose[X] ]
```

18
45
64

■ Loesung mit *LinearSolve*

Loeschen von x

```
x=.
```

```
NullSpace[A]
```

{}

Es gibt nur eine Loesung. Der Loesungsvektor x lautet:

```
x=LinearSolve[A,b];
```

```
x
```

{12, -1, 5}

Kontrolle der Loesung:

```
A.x
```

{18, 45, 64}

Inversion der Matrix A

Definition der Einheitsmatrix E1 und der Inversen AI von A sowie der Transponierten AIT

```
E1=IdentityMatrix[3]
```

{{1, 0, 0}, {0, 1, 0}, {0, 0, 1}}

```
mf[E1]
```

1   0   0
0   1   0
0   0   1

■ Loesung des Matrizengleichungssystems A AI = E1 mit *Solve* und Matrizenprodukt

```
AI={{ai11,ai12,ai13},{ai21,ai22,ai23},{ai31,ai32,ai33}};

AIT=Transpose[AI]
```

```
{{ai11, ai21, ai31}, {ai12, ai22, ai32}, {ai13, ai23, ai33}}
```

Tabellarische Ausgabe der Matrizen AI und AIT

```
TableForm[ { {"          AI  ","    ", "        AIT"},
              { mf[AI], Zwi, mf[AIT] }  }]
```

	AI			AIT	
ai11	ai12	ai13	ai11	ai21	ai31
ai21	ai22	ai23	ai12	ai22	ai32
ai31	ai32	ai33	ai13	ai23	ai33

Definition fer Variablenmatrix YI fuer die Berechnung der Inversen AI von A und der Transponierten YT

```
YI={{y11,y12,y13},{y21,y22,y23},{y31,y32,y33}};

YT=Transpose[YI]
```

```
{{y11, y21, y31}, {y12, y22, y32}, {y13, y23, y33}}
```

```
TableForm[{ {"   A   "," . "," YI ","  =  ","    E1   "},
             { mf[A], Zwi, mf[YI], Zwi, mf[E1]} }]
```

	A		.		YI		=		E1	
1	4	2		y11	y12	y13		1	0	0
2	9	6		y21	y22	y23		0	1	0
3	12	8		y31	y32	y33		0	0	1

Erster Zeilenvektor von YI

```
YI[[1]]
```

```
{y11, y12, y13}
```

Drei Matrizengleichungssysteme berechnen 3 Spaltenvektoren der Inversen. (Sie werden allerdings als Zeilenvektoren ausgegeben)

```
LI1=Solve[A.YT[[1]]==E1[[1]],YT[[1]]]
```

$$\{\{y11 \to 0, \; y21 \to 1, \; y31 \to -(\tfrac{3}{2})\}\}$$

```
LI2=Solve[A.YT[[2]]==E1[[2]],YT[[2]]]
```

```
{{y12 -> -4, y22 -> 1, y32 -> 0}}
```

LI3=Solve[A.YT[[3]]==E1[[3]],YT[[3]]]

$\{\{y13 \rightarrow 3, \ y23 \rightarrow -1, \ y33 \rightarrow \frac{1}{2}\}\}$

Die Loesungsvektoren werden den Zeilenvektoren von AIT zugewiesen:

{AIT[[1]]}=YT[[1]]/.LI1;   AIT[[1]]

$\{0, \ 1, \ -(\frac{3}{2})\}$

{AIT[[2]]}=YT[[2]]/.LI2;   AIT[[2]]

$\{-4, \ 1, \ 0\}$

{AIT[[3]]}=YT[[3]]/.LI3;   AIT[[3]]

$\{3, \ -1, \ \frac{1}{2}\}$

mf[AIT]

$$
\begin{array}{ccc}
0 & 1 & -(\frac{3}{2}) \\
 & & \\
-4 & 1 & 0 \\
 & & \frac{1}{2} \\
3 & -1 & 2 \\
\end{array}
$$

Die Transponierte von AIT ergibt die gesuchte Inverse von AI:

AI=Transpose[AIT];

TableForm[{ {"   AIT   "," ", "AI=Inverse von A   "},
          {mf[AIT], Zwi, mf[AI]} }]

AIT			AI=Inverse von A		
0	1	$-(\frac{3}{2})$	0	-4	3
-4	1	0	1	1	-1
3	-1	$\frac{1}{2}$	$-(\frac{3}{2})$	0	$\frac{1}{2}$

Kontrollrechnung

mf[A.AI]

$$
\begin{array}{ccc}
1 & 0 & 0 \\
0 & 1 & 0 \\
0 & 0 & 1 \\
\end{array}
$$

11.8

■ **Loesung des Matrizengleichungssystems A AIn = E1 mit** *LinearSolve*

```
TableForm[{ {"   A ","  .  "," AIn "," = ","   E1  "},
          { mf[A], Zwi,Zwi, Zwi, mf[E1]} }]
```

	A		.	AIn	=		E1	
1	4	2				1	0	0
2	9	6				0	1	0
3	12	8				0	0	1

Die Spaltenvektoren der Loesung werden in transponierter Gestalt als Zeilenvektoren von LinearSolve geliefert:

AT1=LinearSolve[A,E1[[1]]];   AT1

$\{0,\ 1,\ -(\frac{3}{2})\}$

AT2=LinearSolve[A,E1[[2]]];   AT2

$\{-4,\ 1,\ 0\}$

AT3=LinearSolve[A,E1[[3]]];   AT3

$\{3,\ -1,\ \frac{1}{2}\}$

Zusammenbau der inversen Matrix:

AIn=Transpose[Join[{AT1,AT2,AT3}]];   AIn

$\{\{0,\ -4,\ 3\},\ \{1,\ 1,\ -1\},\ \{-(\frac{3}{2}),\ 0,\ \frac{1}{2}\}\}$

mf[AIn]

0	-4	3
1	1	-1
$-(\frac{3}{2})$	0	$\frac{1}{2}$

Kontrollrechnung:

mf[A.AIn]

```
1   0   0
0   1   0
0   0   1
```

■ **Berechnung der Inversen von A mit der Funktion** *Inverse*

    mf [Inverse[A]]

0	-4	3
1	1	-1
$-(\frac{3}{2})$	0	$\frac{1}{2}$

Berechnung des Inhalts eines Parallelotops mit der Determinante

Matrix der das Parallelotop aufspannenden Vektoren

    B={{1,4,2,1},{2,9,6,4},{3,12,8,7},{4,12,3,4}};

    mf [B]

1	4	2	1
2	9	6	4
3	12	8	7
4	12	3	4

    Det [B]

    4

Aufgabe I12:

Der Vektor $\vec{r}$ gibt die Bahn des Massenpunktes M an, welcher
sich mit der Winkelgeschwindigkeit $\omega=|\vec{\omega}|$ um die Achse a dreht.

Den Vektor $\vec{v}$ der Tangentialgeschwindigkeit erhält man aus
der Beziehung $\vec{v} = \vec{\omega} \times \vec{r}$

Es ist $\vec{r} = \begin{pmatrix} 2 \cos (\frac{\pi}{10} \cdot t) \\ 2 \sin (\frac{\pi}{10} \cdot t) \\ 5 \end{pmatrix}$ $t \geq 0$ $\qquad \vec{\omega} = \begin{pmatrix} 0 \\ 0 \\ \frac{\pi}{10} \end{pmatrix}$

Die Vektoren $\vec{r}$, $\vec{v}$ sind von der Zeit abhängig: $\vec{v}(t) = \vec{\omega} \times \vec{r}(t)$

1. Berechnen Sie $\vec{v}$ in Abhängigkeit von t.

2. Berechnen Sie für die Zeitpunkte t = 4 und t = 8

   $\vec{r}_1 = \vec{r}(4)$, $\vec{r}_2 = \vec{r}(8)$, $\vec{v}_1 = \vec{v}(4)$, $\vec{v}_2 = \vec{v}(8)$.

   Welchen Winkel schließen $\vec{r}_1$ und $\vec{r}_2$ ein?

   Berechnen Sie den Winkel, den $\vec{v}_1$ und $\vec{v}_2$ einschließen nach
   zwei verschiedenen Methoden.

Lösung:

1.

$$\vec{v}(t) = \begin{pmatrix} 0 \\ 0 \\ \frac{\pi}{10} \end{pmatrix} \times \begin{pmatrix} 2 \cos \frac{\pi}{10}t \\ 2 \sin \frac{\pi}{10}t \\ 5 \end{pmatrix} = \begin{pmatrix} -\frac{\pi}{5} \sin\frac{\pi}{10}t \\ \frac{\pi}{5} \cos\frac{\pi}{10}t \\ 0 \end{pmatrix}$$

$$\begin{array}{ccc} 0 & 2 \cos \frac{\pi}{10}t \\ 0 & 2 \sin \frac{\pi}{10}t \end{array}$$

2.

$$\vec{r}_1 = \vec{r}(4) = \begin{pmatrix} 2 \cos \frac{2\pi}{5} \\ 2 \sin \frac{2\pi}{5} \\ 5 \end{pmatrix} = \begin{pmatrix} 0,62 \\ 1,90 \\ 5 \end{pmatrix},$$

$$\vec{r}_2 = \vec{r}(8) = \begin{pmatrix} 2 \cos \frac{4\pi}{5} \\ 2 \sin \frac{4\pi}{5} \\ 5 \end{pmatrix} = \begin{pmatrix} -1,62 \\ 1,18 \\ 5 \end{pmatrix}$$

$$\cos(\vec{r_1}, \vec{r_2}) = \frac{\vec{r_1}\,\vec{r_2}}{|\vec{r_1}||\vec{r_2}|} = \frac{0,62 \cdot (-1,62) + 1,90 \cdot 1,18 + 5\cdot 5}{\sqrt{4 \cos^2 \frac{2\pi}{4} + 4 \sin^2 \frac{2\pi}{4} + 25}\ \sqrt{4 + 25}} =$$

$$= 0,9047 \Rightarrow \ \measuredangle(r_1, r_2) = 25{,}21°$$

1. Methode zur Berechnung von $\measuredangle(\vec{v_1}, \vec{v_2})$

$$\vec{v_1} = \vec{v}(4) = \begin{pmatrix} -\frac{\pi}{5} \sin \frac{2\pi}{5} \\ \frac{\pi}{5} \cos \frac{2\pi}{5} \\ 0 \end{pmatrix} = \begin{pmatrix} -0,60 \\ 0,19 \\ 0 \end{pmatrix},$$

$$\vec{v_2} = \vec{v}(8) = \begin{pmatrix} -\frac{\pi}{5} \sin \frac{4\pi}{5} \\ \frac{\pi}{5} \cos \frac{4\pi}{5} \\ 0 \end{pmatrix} = \begin{pmatrix} -0,37 \\ -0,51 \\ 0 \end{pmatrix}$$

1. Methode zur Berechnung von $\measuredangle(\vec{v_1}, \vec{v_2})$:

$$\cos(\vec{v_1}, \vec{v_2}) = \frac{\vec{v_1}\,\vec{v_2}}{|\vec{v_1}|\,|\vec{v_2}|}\ \ \frac{-0,60(-0,37) + 0,19(-0,51) + 0\cdot 0}{\sqrt{\frac{\pi^2}{25}\sin^2 \frac{2\pi}{5} + \frac{\pi^2}{25}\cos^2 \frac{2\pi}{5}}\ \underbrace{\sqrt{\frac{\pi^2}{25}}}_{}}$$

$$= 0,3169 \Rightarrow \ \measuredangle(\vec{v_1}, \vec{v_2}) = 71{,}53°$$

$$\underbrace{\qquad}_{\frac{\pi^2}{25}}$$

2. Methode zur Berechnung von $\measuredangle(\vec{v_1}, \vec{v_2})$:

$$|\vec{v_1} \times \vec{v_2}| = |\vec{v_1}| \cdot |\vec{v_2}|\ \sin(\vec{v_1}, \vec{v_2}) \Rightarrow$$

$$\sin(\vec{v_1}, \vec{v_2}) = \frac{|\vec{v_1} \times \vec{v_2}|}{|\vec{v_1}| \cdot |\vec{v_2}|} = \frac{\frac{\pi^2}{25} \sin \frac{2\pi}{5}}{\sqrt{\frac{\pi^2}{25}}\ \sqrt{\frac{\pi^2}{25}}} \Rightarrow \ \measuredangle(\vec{v_1}, \vec{v_2}) = \frac{2\pi}{5} = \underline{\underline{72°}}$$

N.P.:

$$\vec{v}_1 \times \vec{v}_2 = \begin{pmatrix} \frac{-\pi}{5} \sin \frac{2\pi}{5} \\ \frac{\pi}{5} \cos \frac{2\pi}{5} \\ 0 \end{pmatrix} \times \begin{pmatrix} \frac{-\pi}{5} \sin \frac{4\pi}{5} \\ \frac{\pi}{5} \cos \frac{4\pi}{5} \\ 0 \end{pmatrix} =$$

$$\begin{array}{cc} \frac{-\pi}{5} \sin \frac{2\pi}{5} & \frac{-\pi}{5} \sin \frac{4\pi}{5} \\ \frac{\pi}{5} \cos \frac{2\pi}{5} & \frac{\pi}{5} \cos \frac{4\pi}{5} \end{array}$$

$$\begin{pmatrix} 0 \\ 0 \\ \frac{-\pi^2}{25} \sin \frac{2\pi}{5} \cos \frac{4\pi}{5} + \frac{\pi^2}{25} \cos \frac{2\pi}{5} \sin \frac{4\pi}{5} \end{pmatrix} = \begin{pmatrix} 0 \\ 0 \\ \frac{\pi^2}{25} \sin(\frac{4\pi}{5} - \frac{2\pi}{5}) \end{pmatrix}$$

$$= \frac{\pi^2}{25} \sin(\frac{2\pi}{5}) \begin{pmatrix} 0 \\ 0 \\ 1 \end{pmatrix}$$

Loesung mit Mathematica

Definition der vektoriellen Bahnvegleichung r[t] und graphische Darstellung

```
r[t_]:={ 2 Cos[t Pi/10], 2 Sin[t Pi/10], 5 }
w={ 0, 0, Pi/10 };
r[t]
```

$$\{2 \cos[\frac{Pi\ t}{10}], 2 \sin[\frac{Pi\ t}{10}], 5\}$$

```
mf[A_]:=MatrixForm[A]; Zwi={"   ","   ","   "};
TableForm[{ {"   r[t]   ","   ","w"},
          {mf[ r[t] ], Zwi, mf[ w ] } }]
```

r[t]	w
$2 \cos[\frac{Pi\ t}{10}]$	0
$2 \sin[\frac{Pi\ t}{10}]$	0
5	$\frac{Pi}{10}$

12.4

Die Vektorfunktion wird mit einer Graphik-"Primitive" fuer die Ausgabe belegt. Die Drehachse ist durch die Gleichung {x,y,z} = {0,0, 0.4 t} , 0 <= t <= 20 gegeben.

```
R[t_]:=Join[r[t],{Thickness[0.015]}];        R[t]
```

$$\{2 \ Cos[\frac{Pi \ t}{10}], \ 2 \ Sin[\frac{Pi \ t}{10}], \ 5, \ Thickness[0.015]\}$$

```
Bahn=ParametricPlot3D[{ {0,0,0.4 t,Thickness[0.03]}, R[t] },
                {t,0,20},Axes->True,AxesLabel->{"x","y","z"},
                BoxRatios->{1.5,1,1.5},FaceGrids->{{0,1,0},
                {-1,0,0},{0,0,-1},{0,0,1}}  ]
```

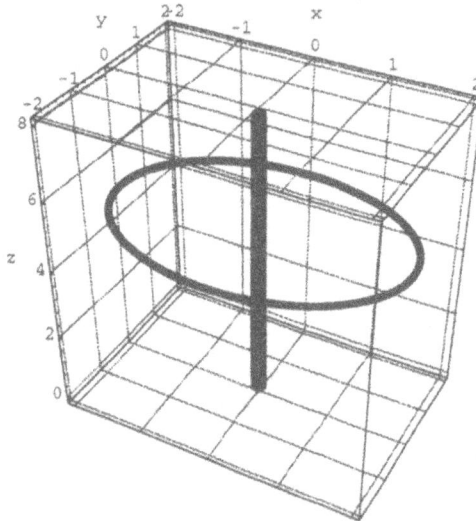

Berechnung des Geschwindigkeitsvektors in Abhaengigkeit von der Zeit mit dem Vektorprodukt

Definition der Vektorfunktionen fuer die Berechnung von Betrag, Winkel und Vektorprodukt

```
l[a_]:=        Sqrt[a.a]

phi[a_,b_]:= ArcCos[ a.b / (l[a] l[b]) ]

vp[a_,b_]:={ a[[2]] b[[3]] - a[[3]] b[[2]],
             a[[3]] b[[1]] - a[[1]] b[[3]],
             a[[1]] b[[2]] - a[[2]] b[[1]] }
```

Anwendung des Vektorprodukts

```
v[t_]:=vp[ w,r[t] ]
```

```
TableForm[{ {"   r[t]    "," ","w "," "," v[t]"},
            {r[t] , Zwi, w ,Zwi, v[t] } }]
```

```
    r[t]                    w                  v[t]

                                                      Pi t
                                               -(Pi Sin[---])
                Pi t                                  10
      2 Cos[----]                                ---------------
             10               0                         5
                                                      Pi t
                                               Pi Cos[----]
                Pi t                                  10
      2 Sin[----]                               ---------------
             10               0                         5
                             Pi
                             --
      5                      10              0
```

Ort und Winkelabstand des Massenpunktes fuer t=4 und t= 8

◼ Rechnung

```
r1=r[4];    r2=r[8];

Zwi1={" "," "," "}; s9={"*********"}; b1={" "}; b9={"        "};

TableForm[{{"   r[4]    "," ","r[4]//N"," "," r[8]"," "," r[8]//N"},
           { r1, Zwi1,r1//N,Zwi1, r2 ,Zwi1,r2//N },
           {s9,b1,s9,b1,s9,b1,s9},
           {"Betrag:  ",b1, l[r1] //N,b1,b9,b1, l[r2] //N } }]
```

```
    r[4]            r[4]//N          r[8]             r[8]//N

        2 Pi                             4 Pi
  2 Cos[----]                      2 Cos[----]
         5            0.618034            5           -1.61803
        2 Pi                             4 Pi
  2 Sin[----]                      2 Sin[----]
         5            1.90211             5            1.17557
  5                   5.          5                    5.

  *********           *********        *********        *********

  Betrag:             5.38516                           5.38516
```

```
SequenceForm[ "phi(r1,r2)= ",phi[r1,r2] / Degree  //N, " Grad"]
```

```
phi(r1,r2)= 25.2182  Grad
```

12.6

■ Graphik

Definition der Funktionen der Vektorgraphik

```
l[a_,b_,te_]:= Graphics3D[{Line[{a,a+b}],Text[te,a+b/2,{2,2}]}]

p[a_]:=Graphics3D[{PointSize[0.06],Point[a]}]

lpro[a_]:= Graphics3D[{Line[{{a[[1]],a[[2]],0},a}],
                          Dashing[{0.01,0.01}]}]

lp[a_,b_,te_]:= Graphics3D[{
    {Thickness[0.01],Line[{a,a+b}],Text[te,a+b-0.1 b/l[b],{3,2}]},
              {PointSize[0.06],Point[a+b]},
              {Line[{{a[[1]]+b[[1]],a[[2]]+b[[2]],0},a+b}],
                                  Dashing[{0.05,0.05}]} }]

o={0,0,0};

Show[Bahn,lp[o,r1,"r1"],lp[o,r2,"r2"],PlotRange->{0,8},
        Axes->True,AxesLabel->{"x","y","z"},BoxRatios->{1.5,1,2},
        FaceGrids->{{0,1,0},{-1,0,0},{0,0,-1},{0,0,1}}]
```

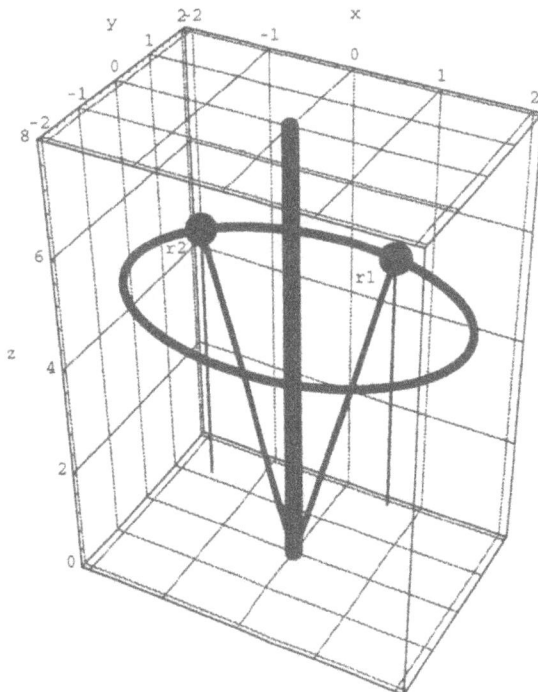

Geschwindigkeitsvektoren und Richtungsaenderung des Massenpunktes
fuer t=4 und t= 8

■ Rechnung

```
v1=v[4]; v2=v[8];

TableForm[{{"    v[4]    ","v[4]//N","  v[8]","v[8]//N"},
           { v1, v1//N, v2 ,v2//N },
           {s9,s9,s9,s9},
           {"Betrag: ", l[v1] //N,b9, l[v2] //N } }]
```

v[4]	v[4]//N	v[8]	v[8]//N
$-\dfrac{\left(Pi\ Sin\left[\dfrac{2\ Pi}{5}\right]\right)}{5}$	-0.597566	$-\dfrac{\left(Pi\ Sin\left[\dfrac{4\ Pi}{5}\right]\right)}{5}$	-0.369316
$\dfrac{Pi\ Cos\left[\dfrac{2\ Pi}{5}\right]}{5}$	0.194161	$\dfrac{Pi\ Cos\left[\dfrac{4\ Pi}{5}\right]}{5}$	-0.50832
0	0	0	0
********	*********	********	*********
Betrag:	0.628319		0.628319

```
SequenceForm[ "Winkelaenderung: phi(v1,v2)= ",
                    phi[v1,v2] / Degree  //N, " Grad"]
```

```
Winkelaenderung: phi(v1,v2)= 72.  Grad
```

12.8

◼ Graphik

```
gs1=Show[Bahn,lp[o,r1,"r1"],lp[o,r2,"r2"],lp[r1,v1,"v1"],
    lp[r2,v2,"v2"],PlotRange->{0,8},
    Axes->True,AxesLabel->{"x","y","z"},BoxRatios->{1.5,1,2},
    FaceGrids->{{0,1,0},{-1,0,0},{0,0,-1},{0,0,1}}]
```

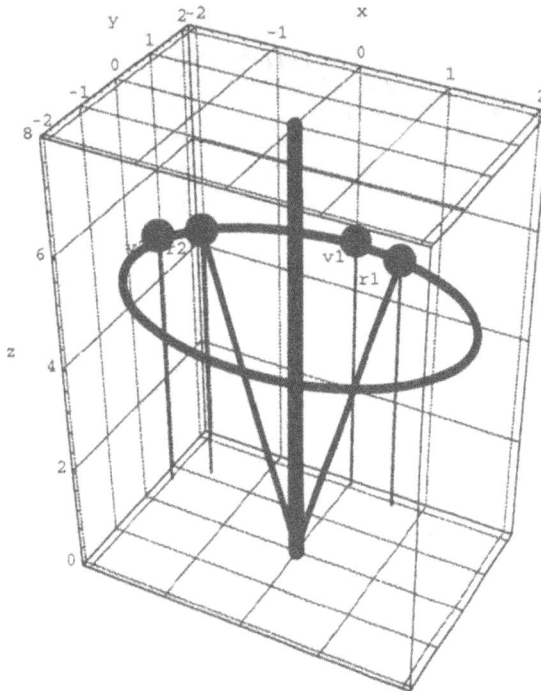

Aufgabe I13:

Bestimmen Sie den Definitionsbereich und zeichnen Sie den
Graph der Funktionen

1. $y = f(x) = +\sqrt{x^2 - 4}$ in $[-6, 6]$

2. $y = f(x) = |x| + |x - 1|$

Lösung:

1. Funktion:

$y = f(x) = \sqrt{x^2 - 4}$

$f(-x) = f(x) \Rightarrow$ gerade
                        Funktion

Definitionsbereich:

$D = \{x \mid x^2 - 4 \geq 0\}$

$\quad = \{x \mid x^2 \geq 4\}$

$\quad = \{x \mid x \leq -2 \vee x \geq 2\}$

$\quad = (-\infty, -2] \cup [2, \infty)$

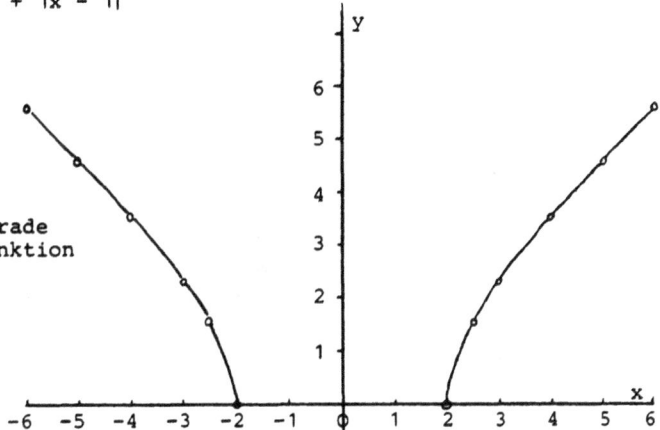

Abb. 13.1 Graph der Funktion
            $f(x) = +\sqrt{x^2 - 4}$

Wertetabelle:

x	± 6	± 5	± 4	± 3	$\pm 2,5$	± 2
y	5,66	4,58	3,46	2,24	1,50	0

2. Funktion:

$y = f(x) = |x| + |x - 1|$

Definitionsbereich: $D = \mathbb{R}$

Berechnung der Funktion mit Fallunterscheidungen:

$$|x| = \begin{cases} -x & \text{für } x < 0 \\ x & \text{für } x \geq 0 \end{cases}, \quad |x - 1| = \begin{cases} -x + 1 & \text{für } x - 1 < 0 \text{ bzw. } x < 1 \\ x - 1 & \text{für } x - 1 \geq 0 \text{ bzw. } x \geq 1 \end{cases}$$

13.2

$$y = f(x) = \begin{cases} -x - x + 1 = -2x + 1 & \text{für } x < 0 \\ x - x + 1 = 1 & \text{für } 0 \leq x < 1 \\ x + x - 1 = 2x - 1 & \text{für } 1 \leq x \end{cases}$$

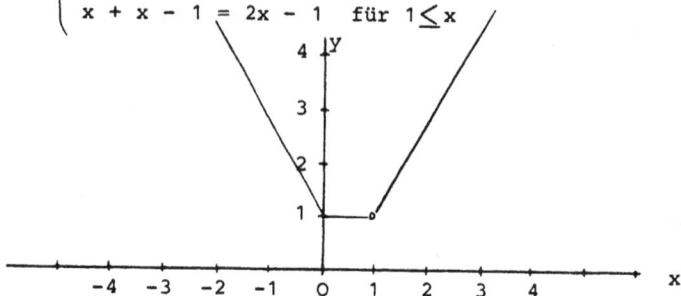

Abb. 13.2   Graph der Funktion f(x) = |x| + | x - 1|

Loesung mit Mathematica

```
wf=Table[{x,Sqrt[x^2-4]},{x,2,6,0.5}];
```

```
MatrixForm[wf]
```

2	0
2.5	1.5
3.	2.23607
3.5	2.87228
4.	3.4641
4.5	4.03113
5.	4.58258
5.5	5.12348
6.	5.65685

```
f131[x_]:=Abs[x]+Abs[x-1]
```

```
Plot[f131[x],{x,-3,3},AxesLabel->{"x","y"},PlotPoints->50]
```

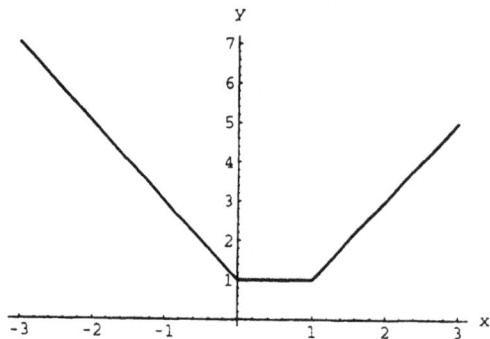

Aufgabe I14:

Es sind die Funktionen $y = f(x) = x^2 - x - 1$,

$$g(x) = x + 1 \text{ gegeben.}$$

Berechnen Sie $f(-1)$, $f(h+1)$, $f(2t-1)$.

Zeigen Sie, daß $f(\frac{1}{2} - t) = f(\frac{1}{2} + t)$ ist.

Ermitteln Sie für $x \geq \frac{1}{2}$ die Umkehrfunktionen $f^{-1}(x)$ und $g^{-1}(x)$

Berechnen Sie die Funktionen:

$$h_1(x) = (2f - 3g) \ (x) = 2f(x) - 3g(x)$$

$$h_2(x) = (f \cdot g) \ (x) = f(x) \cdot g(x)$$

$$h_3(x) = (\frac{f}{g}) \ (x) = \frac{f(x)}{g(x)}$$

$$h_4(x) = (f \circ g) \ (x) = f(g(x))$$

$$h_5(x) = (g \circ f) \ (x) = g(f(x))$$

$$d_f(x,h) = \frac{f(x+h) - f(x)}{h}$$

$$d_{f \cdot g}(x,h) = \frac{(f \cdot g) \ (x+h) - (f \cdot g) \ (x)}{h}$$

Lösung:

Funktionen:

$$y = f(x) = x^2 - x - 1, \quad g(x) = x + 1$$

Funktionswerte:

$f(-1) = 1$, $f(h+1) = h^2 + 2h + 1 - h - 1 - 1 = h^2 + h - 1$

$f(2t-1) = (2t-1)^2 - (2t-1) - 1 = 4t^2 - 4t + 1 - 2t + 1 - 1 =$

$\qquad = 4t^2 - 6t + 1$

$f(\frac{1}{2}-t) = \frac{1}{4} - t + t^2 - \frac{1}{2} + t - 1 = t^2 - \frac{5}{4}$

$f(\frac{1}{2}+t) = \frac{1}{4} + t + t^2 - \frac{1}{2} - t - 1 = t^2 - \frac{5}{4} = f(\frac{1}{2}-t)$

Umkehrfunktionen:

$$f(x) = x^2 - x - 1 = y \implies x^2 - x - (1+y) = 0$$

$$\implies x_{1,2} = \frac{1 \pm \sqrt{1 + 4 + 4y}}{2}$$

$$x \geq \tfrac{1}{2} \implies x = \tfrac{1}{2} + \sqrt{5 + y}$$

Variablentausch $\implies y = f^{-1}(x) = \tfrac{1}{2} + \sqrt{\tfrac{5}{4} + x}$, $x \geq -\tfrac{5}{4}$

$$g(x) = x + 1 = y \implies x = y - 1$$

Variablentausch $\implies y = x - 1 = g^{-1}(x)$, $x \in \mathbb{R}$

Berechnung zusammengesetzter Funktionen

$$h_1(x) = (2f - 3g)(x) = 2x^2 - 2x - 2 - 3x - 3 = 2x^2 - 5x - 5$$

$$h_2(x) = (f \cdot g)(x) = (x^2 - x - 1)(x + 1) = x^3 - x^2 - x + x^2 - x - 1 =$$
$$= x^3 - 2x - 1$$

$$h_3(x) = (\tfrac{f}{g})(x) = \frac{x^2 - x - 1}{x + 1}$$

$$h_4(x) = (f \circ g)(x) = f(g(x)) = f(x+1) = (x+1)^2 - (x+1) - 1 =$$
$$= x^2 + 2x + 1 - x - 1 - 1 = x^2 + x - 1$$

$$h_5(x) = (g \circ f)(x) = g(f(x)) = g(x^2 - x - 1) =$$
$$= x^2 - x - 1 + 1 = x^2 - x$$

$$d_f(x,h) = \frac{f(x+h) - f(x)}{h} = \frac{(x+h)^2 - (x+h) - 1 - (x^2 - x - 1)}{h} =$$
$$= \frac{x^2 + 2hx + h^2 - x - h - 1 - x^2 + x + 1}{h} =$$
$$= \frac{2hx + h^2 - h}{h} = 2x + h - 1$$

$$d_{f \cdot g}(x,h) = \frac{(f \cdot g)(x+h) - (f \cdot g)(x)}{h} =$$

$$= \frac{f(x+h) \cdot g(x+h) - f(x) \cdot g(x)}{h} =$$

$$= \frac{((x+h)^2 - (x+h) - 1)(x+h+1) - (x^2-x-1)(x+1)}{h} =$$

$$= \frac{1}{h}((x+h)^3 - (x+h)^2 - (x+h) + (x+h)^2 - (x+h) - 1$$

$$- x^3 + x^2 + x - x^2 + x + 1) =$$

$$= \frac{1}{h}((x+h)^3 - 2(x+h) - x^3 + 2x) =$$

$$= \frac{1}{h}(x^3 + 3x^2h + 3xh^2 + h^3 - 2x - 2h - x^3 + 2x) =$$

$$= \frac{1}{h}(3x^2h + 3xh^2 + h^3 - 2h) =$$

$$= 3x^2 + 3xh + h^2 - 2$$

Loesung mit Mathematica

```
f[x_]:=x^2-x-1
g[x_]:=x+1
g0=Plot[{f[x],g[x]},{x,-2,6},AxesLabel->("x","y")]
```

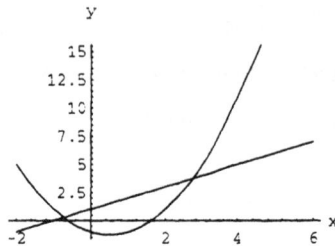

```
f[-1]
1
Simplify[ f[h+1] ]
              2
-1 + h + h
Simplify[ f[2 t-1]  ]
                  2
1 - 6 t + 4 t

f[1/2-t]
   3     1       2
 -(-) + (- - t)   + t
   2     2
Simplify[%]
   5     2
 -(-) + t
   4
Simplify[ f[1/2+t]  ]
   5     2
 -(-) + t
   4
h1[x_]:=2 f[x]-3 g[x]
Simplify[   h1[x]   ]
               2
-5 - 5 x + 2 x
g1=Plot[h1[x],{x,-2,6},AxesLabel->("x","y")]
```

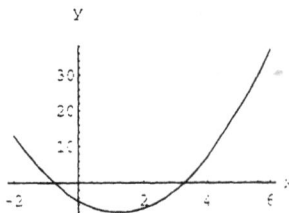

```
h2[x_]:=f[x] g[x]
```

Simplify[h2[x]]

$-1 - 2x + x^3$

g2=Plot[h2[x],{x,-2,6},AxesLabel->{"x","y"}]

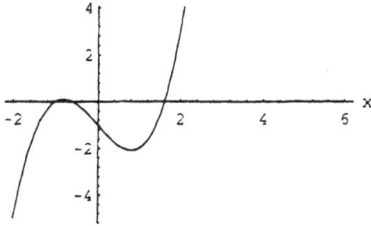

h3[x_]:=f[x]/g[x]

Simplify[h3[x]]

$$\frac{-1 - x + x^2}{1 + x}$$

g3=Plot[h3[x],{x,-4,6},AxesLabel->{"x","y"},PlotPoints->50]

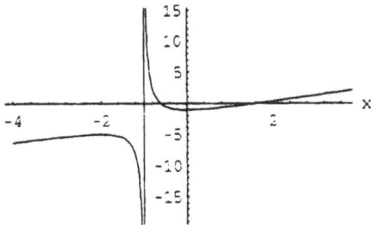

h4[x_]:=f[g[x]]

Simplify[h4[x]]

$-1 + x + x^2$

g4=Plot[h4[x],{x,-2,4},AxesLabel->{"x","y"}]

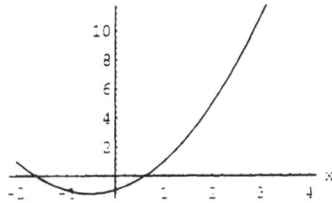

14.6

```
h5[x_]:=g[f[x]]
Expand[  h5[x]  ]
      2
-x + x
g5=Plot[h5[x],{x,-2,4},AxesLabel->{"x","y"}]
```

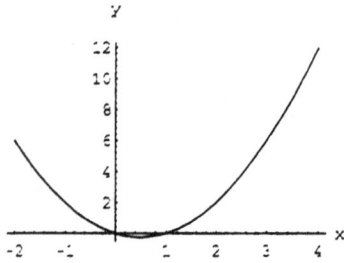

```
df[x_,h_]:=(f[x+h]-f[x])/h
Simplify[  df[x,h]  ]
-1 + h + 2 x

dfg[x_,h_]:=(h2[x+h]-h2[x])/h
Simplify[  dfg[x,h]  ]
      2            2
-2 + h  + 3 h x + 3 x
```

Aufgabe I15:

Bestimmen Sie den Definitionsbereich und Wertebereich
der Funktion:

$$y = f(x) = \sqrt{1-2 \sin 2x} \text{ im Intervall } 0 \le x \le \pi$$

Berechnen Sie mit $g(x) = x^2 - 1$, $(gof)(x) = g(f(x))$,
$$(fog)(x) = f(g(x)) \text{ und}$$

$$\frac{(gof)(x+h) - (gof)(x)}{h}$$

Lösung:

$y = f(x) = \sqrt{1-2 \sin 2x}$ wird im Bereich $0 \le x \le \pi$ untersucht.

$\text{ID} = \{x \mid 1-2\sin 2x \ge 0\} = [0, \frac{\pi}{12}] \cup [\frac{5\pi}{12}, \pi]$

$\text{IW} = \{y \mid y = f(x), x \in \text{ID}\} = [0, \sqrt{3}]$

Beweis:

ID: $\quad 1-2 \sin 2x \ge 0 \iff \sin 2x \le \frac{1}{2}$

$\iff 0 \le 2x \le \frac{\pi}{6} \vee \frac{5\pi}{6} \le 2x \le 2\pi$

$\iff 0 \le x \le \frac{\pi}{12} \vee \frac{5\pi}{12} \le x \le \pi$

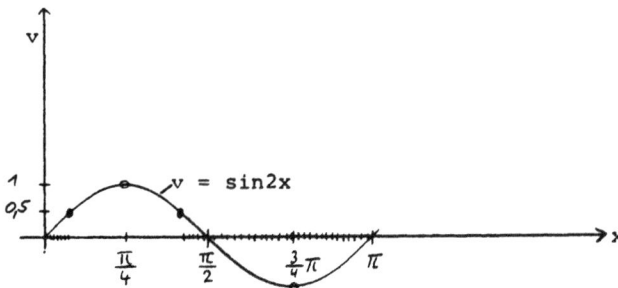

$v = \sin 2x$

15.2

<u>IW:</u> In **D** gilt $-1 \leq \sin 2x \leq \frac{1}{2}$ $\Longleftrightarrow$ $-2 \leq 2\sin 2x \leq 1$

$\Longleftrightarrow$ $2 \geq -2\sin 2x \geq -1$ $\Longleftrightarrow$ $1-1 \leq 1-2\sin 2x \leq 1+2$

$\Longleftrightarrow$ $0 \leq \sqrt{1-2\sin 2x} \leq \sqrt{3}$

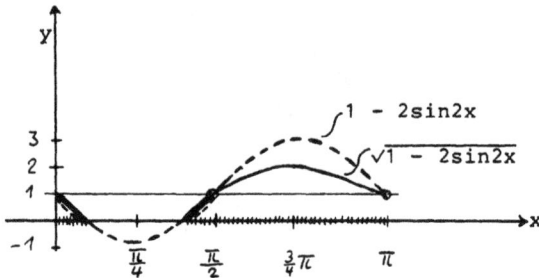

$g(x) = x^2 - 1$

$(g \circ f)(x) = g(f(x)) = g(\sqrt{1-2\sin 2x}) = 1-2\sin 2x - 1 = -2\sin 2x$

$(f \circ g)(x) = f(g(x)) = f(x^2-1) = \sqrt{1-2\sin(2x^2-2)}$

$\dfrac{(g \circ f)(x+h) - (g \circ f)(x)}{h} = \dfrac{-2\sin 2(x+h) + 2\sin 2x}{h}$

$= -\dfrac{2}{h} \cdot 2\cos \dfrac{2(x+h)+2x}{2} \; \sin \dfrac{2(x+h)-2x}{2} = -4\cos(2x+h) \; \dfrac{\sin h}{h}$

[Formel: $\sin x - \sin y = 2\cos \dfrac{x+y}{2} \; \sin \dfrac{x-y}{2}$]

Aufgabe I16:

Ermitteln Sie unter Verwendung der Produktregel komplexer
Zahlen in
$$\cos 3t = f(\sin t, \cos t)$$
$$\sin 3t = g(\sin t, \cos t)$$
die Funktionen f und g (analoge Formeln sind z.B.
$\sin 2t = 2\sin t \cos t$, $\cos 2t = \cos^2 t - \sin^2 t$)

Lösung:

Es gilt: $(\cos t + i \sin t)^3 = \cos 3t + i \cdot \sin 3t$

Mit der binomischen Formel erhält man:

$(\cos t + i \sin t)^3 = \cos^3 t + 3\cos^2 t \cdot i \cdot \sin t +$
$$\qquad\qquad 3\cos t \cdot i^2 \cdot \sin^2 t + i^3 \cdot \sin^3 t$$
$= \cos^3 t - 3\cos t \sin^2 t + i(3\cos^2 t \sin t - \sin^3 t)$
$= \cos 3t \qquad\qquad + i \sin 3t$

$\Rightarrow$
$$\boxed{\begin{aligned} \cos 3t &= \cos^3 t - 3\cos t \sin^2 t, \\ \sin 3t &= 3\cos^2 t \sin t - \sin^3 t. \end{aligned}}$$

Dieses Ergebnis läßt sich noch weiter vereinfachen.

$\cos 3t = \cos^3 t - 3\cos t(1-\cos^2 t) = \cos^3 t - 3\cos t + 3\cos^3 t$

$\sin 3t = 3(1-\sin^2 t)\sin t - \sin^3 t = 3\sin t - 3\sin^3 t - \sin^3 t$

$\Rightarrow$
$$\boxed{\begin{aligned} \cos 3t &= -3\cos t + 4\cos^3 t, \\ \sin 3t &= 3\sin t - 4\sin^3 t \end{aligned}}$$

Aufgabe I17:

Berechnen Sie den Definitionsbereich und die ersten beiden Ableitungen der folgenden Funktionen:

1. $f(x) = \dfrac{2x^3 - 3}{x^2}$ 2. $g(x) = f(\sin x)$

3. $y = \dfrac{6x^{-4} - x^{-6}}{x^{-3} + x^{-4}}$

Lösung:

1. <u>Funktion</u> $f(x) = \dfrac{2x^3-3}{x^2}$, $D = R \setminus \{0\}$

   <u>1-Ableitung:</u>

   $f'(x) = \dfrac{(2x^3-3)'(x^2) - (2x^3-3)(x^2)'}{x^4} =$

   $= \dfrac{6x^2 \cdot x^2 - (2x^3-3) \cdot 2x}{x^4} = \dfrac{6x^4 - 4x^4 + 6x}{x^4} =$

   $= \dfrac{x(2x^3+6)}{x^4} = \dfrac{2x^3+6}{x^3} = 2 + \dfrac{6}{x^3}$

Einfacher erhält man die 1-Ableitung nach der folgenden Umformung der Funktion:

$f(x) = 2x - \dfrac{3}{x^2} = 2x - 3x^{-2} \implies f'(x) = 2 - 3(-2)x^{-3} =$
$= 2 + 6x^{-3} = 2 + \dfrac{6}{x^3}$

   <u>2-Ableitung:</u>

   $f''(x) = 6(-3)x^{-4} = \dfrac{-18}{x^4}$

2. <u>Funktion</u> $z = g(x) = f(\sin x)$ $D = \{x \mid \sin x \neq 0\}$
   $= \{x \mid x \neq k\pi, \ k = 0, \pm 1, \pm 2, \ldots\}$

   Substitution: $y = h(x) = \sin x$
   $\implies z = g(x) = f(h(x)) = (f \circ h)(x) = f(y)$

1-Ableitung:

Nach der Kettenregel erhält man:

$$g'(x) = \frac{dz}{dx} = \frac{dz}{dy} \cdot \frac{dy}{dx} = \frac{df(y)}{dy} \cdot \frac{dh(x)}{dx}$$

$$= (2+\frac{6}{y^3}) \cdot \cos x = (2+\frac{6}{\sin^3 x}) \cdot \cos x$$

2-Ableitung:

$$g''(x) = (2+\frac{6}{\sin^3 x})' \cos x + (2+\frac{6}{\sin^3 x})(\cos x)'$$

$$= 6(-3)\sin^{-4}x \cdot (\sin x)'\cos x + (2+\frac{6}{\sin^3 x})(-\sin x)$$

$$= \frac{-18 \cos^2 x}{\sin^4 x} - \frac{2\sin^5 x + 6\sin^2 x}{\sin^4 x} =$$

$$= -\frac{12\cos^2 x + 6\cos^2 x + 6\sin^2 x + 2\sin^5 x}{\sin^4 x} =$$

$$= -\frac{12\cos^2 x + 2\sin^5 x + 6}{\sin^4 x}$$

3) **Funktion**

$$y = \frac{6\ x^{-4}-x^{-6}}{x^{-3}+x^{-4}}$$

$D = R \setminus \{0,-1\}$ (Anmerkung: $(-1)^{-3}+(-1)^{-4} = -1 + 1 = 0$

In D ist folgende Umformung günstig:

$$y = \frac{6x^{-4} - x^{-6}}{x^{-3} + x^{-4}} = \frac{(6x^{-4} - x^{-6})x^6}{(x^{-3} + x^{-4})x^6} = \frac{6x^2 - 1}{x^3 + x^2} = \frac{6x^2 - 1}{x^2(x + 1)} = \frac{6}{x + 1} - \frac{1}{x^3 + x^2}$$

1 - Ableitung:

$$y' = -\frac{6}{(x + 1)^2} + \frac{3x^2 + 2x}{(x^3 + x^2)^2} = \frac{-6x^4 + 3x^2 + 2x}{(x + 1)^2 x^4} = \frac{-6x^3 + 3x + 2}{x^3(x + 1)^2}$$

2 - Ableitung:

$$y'' = \frac{(-18x^2 + 3)x^3(x + 1)^2 - (-6x^3 + 3x + 2)(3x^2(x + 1)^2 + x^3 \cdot 2(x + 1))}{x^6(x + 1)^4}$$

$$= \frac{(-18x^2 + 3)x^3(x + 1)^2 - (-6x^3 + 3x + 2)(x + 1)x^2(3x + 3 + 2x)}{x^6(x + 1)^4}$$

$$= \frac{(x + 1)x^2(-18x^4 - 18x^3 + 3x^2 + 3x + 30x^4 + 18x^3 - 15x^2 - 9x - 10x - 6)}{x^6(x + 1)^4}$$

$$= \frac{12x^4 - 12x^2 - 16x - 6}{x^4(x + 1)^3}$$

Loesung mit Mathematica

---

1 `f[x_]:=(2 x^3-3)/x^2`

   `Plot[f[x],{x,-1,1}]`

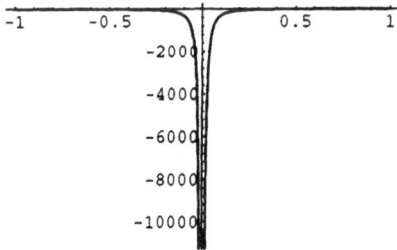

`Simplify[    f'[x]    ]`

$$2 + \frac{6}{x^3}$$

`Simplify[    f''[x]    ]`

$$\frac{-18}{x^4}$$

2 `g[x_]:=f[Sin[x]]`

   `Plot[g[x],{x,0,2Pi},PlotPoints->100]`

`Power::infy: Infinite expression` $\frac{1}{0.}$ `encountered.`

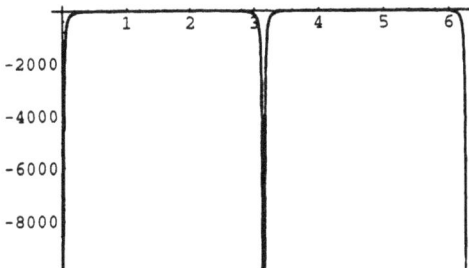

Simplify[g'[x]]

$$\frac{Csc[x]^3 \ (24 \ Cos[x] + 2 \ Sin[2 \ x] - Sin[4 \ x])}{4}$$

Simplify[g''[x]]

$$-(Csc[x]^4 \ (96 + 48 \ Cos[2 \ x] + 10 \ Sin[x] - 5 \ Sin[3 \ x] +$$
$$Sin[5 \ x])) \ / \ 8$$

Ueberpuefen Sie die Identitaet zur manuellen Rechnung, indem Sie Csc[x]=1/Sin[x] setzen und die trigonometrischen Ausdruecke vereinfachen!

3 h[x_]:=(6 x^-4 - x^-6)/(x^-3 + x^-4)

Plot[h[x],{x,-3,1}]

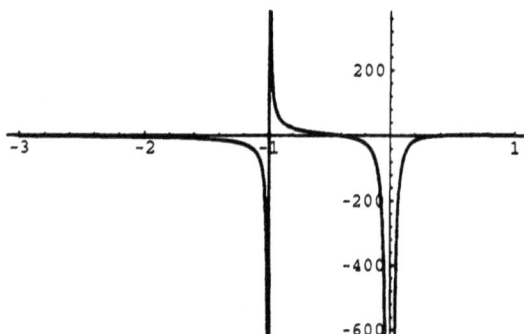

Simplify[h'[x]]

$$\frac{2 + 3 \ x - 6 \ x^3}{x^3 \ (1 + x)^2}$$

Simplify[h''[x]]

$$\frac{2 \ (-3 - 8 \ x - 6 \ x^2 + 6 \ x^4)}{x^4 \ (1 + x)^3}$$

Aufgabe I18:

Differenzieren Sie die Funktionen:

1. $f(x) = 3 \tan x \, (x - \sin x)$ 4. $g(x) = x + \sin(x+\sin x)$

2. $f(x) = x \sqrt{\cos(1-x^2)}$ 5. $g(x) = 2\cos x \sin 2x - \sin x \cos 2x$

3. $h(t) = \cos(\sin t)$ 6. $G(r) = \sqrt{\cot(ar)}$

Lösung:

1. $f(x) = 3\tan x (x-\sin x)$

$$\Longrightarrow f'(x) = 3[(\tan x)'(x-\sin x) + \tan x (x-\sin x)']$$

$$= 3[\frac{1}{\cos^2 x}(x-\sin x) + \tan x(1-\cos x)]$$

$$= 3[\frac{x}{\cos^2 x} - \frac{\tan x}{\cos x} + \tan x(1-\cos x)]$$

$$= 3[\frac{x \cdot 2 \cdot \sin x}{2\cos^2 x \cdot \sin x} - \frac{\tan x}{\cos x} + \tan x(1-\cos x)]$$

$$= 3\tan x(\frac{2x}{\sin 2x} - \frac{1}{\cos x} + 1 - \cos x)$$

2. $f(x) = x\sqrt{\cos(1-x^2)}$

$$\Longrightarrow f'(x) = \sqrt{\cos(1-x^2)} + x \frac{1}{2\sqrt{\cos(1-x^2)}} \cdot (\cos(1-x^2))'$$

$$= \sqrt{\cos(1-x^2)} + \frac{x \cdot (-\sin(1-x^2)) \cdot (-2x)}{2\sqrt{\cos(1-x^2)}}$$

$$= \frac{\cos(1-x^2) + x^2 \cdot \sin(1-x^2)}{\sqrt{\cos(1-x^2)}}$$

3. $z = h(t) = \cos(\sin t) = \cos(y)$ mit Sub. $y = g(t) = \sin t$
   Mit Hilfe der Kettenregel erhält man:

$$\frac{dh(t)}{dt} = \frac{dz}{dt} = \frac{dz}{dy} \cdot \frac{dy}{dt} = -\sin y \cdot \cos t = -\sin(\sin t) \cdot \cos t$$

4. $g(x) = x + \sin(x+\sin x)$

    Mit Hilfe der Kettenregel, die hier in verkürzter
    Form angewendet wird, erhält man:

    $g'(x) = 1 + [\cos(x+\sin x)] \quad (x+\sin x)'$

    $\qquad = 1 + [\cos(x+\sin x)] \quad (1+\cos x)$

    $\qquad = 1 + (1+\cos x) \cdot \cos(x+\sin x)$

5. $g(x) = 2\cos x \sin 2x - \sin x \cos 2x$

    $g'(x) = 2(-\sin x \sin 2x + \cos x \cos 2x \cdot 2) -$
    $\qquad\qquad (\cos x \cos 2x + \sin x(-\sin 2x) \cdot 2)$

    $\qquad = -2\sin x \sin 2x + 4\cos x \cos 2x - \cos x \cos 2x + 2\sin x \sin 2x$

    $\qquad = 3\cos x \cos 2x$

6. $G(r) = \sqrt{\cot ar}$

    $\dfrac{dG(r)}{dr} = \dfrac{1}{2\sqrt{\cot ar}} \; (\cot ar)' = \dfrac{1}{2\sqrt{\cot ar}} \cdot (-\dfrac{1}{\sin^2 ar}) \cdot (ar)'$

    $\qquad = - \dfrac{a}{2\sqrt{\cot ar} \cdot \sin^2 ar}$

Loesung mit Mathematica

1 `f1[x_]:=3 Tan[x] (x-Sin[x])`

   `Simplify[   f1'[x]   ]`

$3 \; \text{Sec}[x]^2 \; (x - \text{Sin}[x]) + 6 \; \text{Sin}[\tfrac{x}{2}]^2 \; \text{Tan}[x]$

```
Plot[{f1[x],f1'[x]},{x,-4,4},PlotPoints->100,
     AxesLabel->{"x","y,y'"},
     PlotStyle->{{Thickness[0.01]},{Dashing[{0.01,0.01}]}}]
```

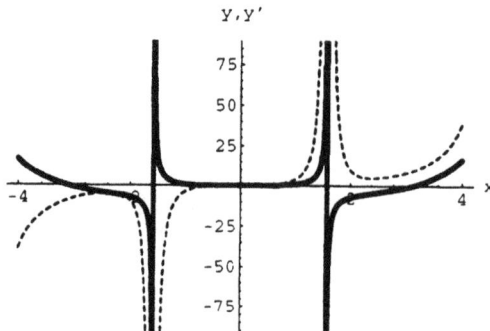

Die Ableitungsfunktionen sind gestrichelt gezeichnet

2 `f2[x_]:=x Sqrt[Cos[1-x^2]]`

   `Simplify[ f2'[x]   ]`

$$\frac{Cos[1 - x^2] + x^2 \ Sin[1 - x^2]}{Sqrt[Cos[1 - x^2]]}$$

`Plot[{f2[x],f2'[x]},{x,0,Sqrt[1+Pi/2]},AxesLabel->{"x","y,y'"},`
`            PlotStyle->{{Thickness[0.01]},{Dashing[{0.01,0.01}]}}]`

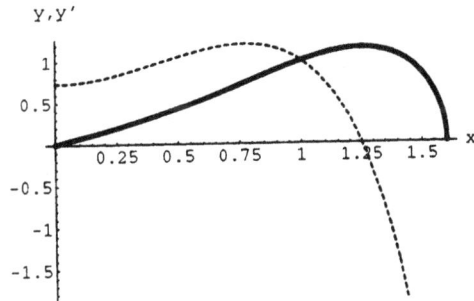

3 `h[t_]:=Cos[Sin[t]]`

   `h'[t]`

`-(Cos[t] Sin[Sin[t]])`

`Plot[{h[t],h'[t]},{t,-2 Pi,2 Pi},AxesLabel->{"x","y,y'"},`
`            PlotPoints->100,`
`            PlotStyle->{{Thickness[0.003]},{Dashing[{0.01,0.01}]}}]`

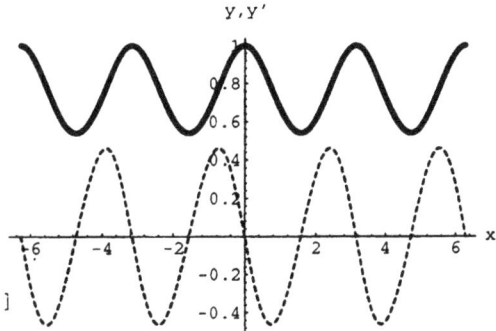

4 `g1[x_]:=x+Sin[x+Sin[x]]`

   `g1'[x]`

`1 + (1 + Cos[x]) Cos[x + Sin[x]]`

`Plot[{g1[x],g1'[x]},{x,-2 Pi,2 Pi},`
`            AxesLabel->{"x","y,y'"},PlotPoints->100,`
`            PlotStyle->{{Thickness[0.003]},{Dashing[{0.01,0.01}]}}]`

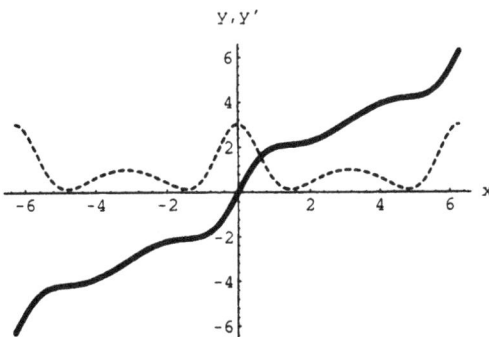

5 `g2[x_]:=2 Cos[x] Sin[2 x] - Sin[x] Cos[2 x]`

   `Simplify[  g2'[x]  ]`

`3 Cos[x] Cos[2 x]`

```
Plot[{g2[x],g2'[x]},{x,-2 Pi,2 Pi},
        AxesLabel->{"x","y,y'"},PlotPoints->100,
        PlotStyle->{{Thickness[0.003]},{Dashing[{0.01,0.01}]}}]
```

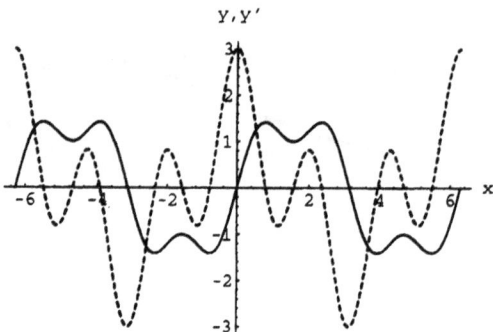

6 `G[r_]:=Sqrt[Cot[a r]]`

   `D[G[r],r]`

$$\frac{-(a\ Csc[a\ r]^2)}{2\ Sqrt[Cot[a\ r]]}$$

```
a=1; Plot[{G[r],G'[r]},{r,0, Pi/2},
        AxesLabel->{"x","y,y'"},PlotPoints->100,
        PlotStyle->{{Thickness[0.003]},{Dashing[{0.01,0.01}]}}]
```

`Infinity::indet:`

$$\text{Indeterminate expression} \quad \frac{-(0\ ComplexInfinity)}{2} \quad \text{encountered.}$$

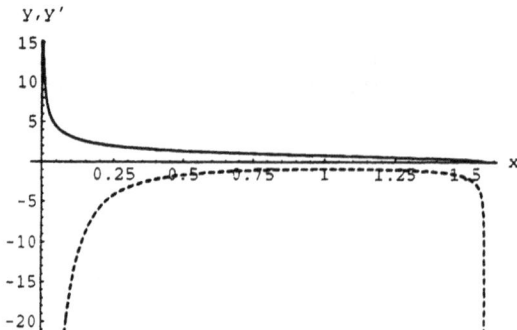

Aufgabe I19:

Berechnen Sie mit der Regel von l'Hospital die folgenden
Grenzwerte:

1. $\displaystyle\lim_{x\to 0} \frac{\sin^2 x}{x}$ 2. $\displaystyle\lim_{x\to 0} (\frac{1}{x} - \frac{1}{\sin x})$

Lösung:

1. $\displaystyle\lim_{x\to 0} \frac{\sin^2 x}{x} = \lim_{x\to 0} \frac{(\sin^2 x)'}{x'} = \lim_{x\to 0} \frac{2\sin x \cos x}{1} = 0$

2. $\displaystyle\lim_{x\to 0} (\frac{1}{x} - \frac{1}{\sin x}) = \lim_{x\to 0} \frac{\sin x - x}{x \sin x} = \lim_{x\to 0} \frac{\cos x - 1}{\sin x + x \cos x} =$

$\displaystyle = \lim_{x\to 0} \frac{- \sin x}{\cos x + \cos x - x \sin x} = 0$

Aufgabe I20:

Gegeben ist die Funktion $f(x) = \dfrac{(1+x)\sin x}{1 + \cos x}$

1. Für welche x ist f(x) definiert?

2. Berechnen Sie $\lim\limits_{x \to \pi+0} f(x)$, $\lim\limits_{x \to \pi-0} f(x)$

3. Berechnen Sie $f'(x)$, $f''(x)$

4. Berechnen Sie die erste Ableitung der Funktion

   $g(t) = f(\sqrt{t})$, $\quad h(t) = f(t+1)$, $\quad u(t) = f(\cot t)$

Lösung:

Funktion: $\quad y = f(x) = \dfrac{(1+x)\sin x}{1+\cos x}$

1. $\mathbb{D} = \{x \mid 1+\cos x \neq 0\} = \{x \mid \cos x \neq -1\} =$

   $= \{x \mid x \neq (2k+1)\pi, \; k \in \mathbb{G}\}$

2.
$$x > \pi \implies \begin{cases} \cos x > -1 \implies 1+\cos x > 0 \\ \sin x < 0 \end{cases} \Bigg\} \implies \frac{(1+x)\sin x}{1+\cos x} < 0$$

$$\implies \lim_{x \to \pi+0} \frac{(1+x)\sin x}{1+\cos x} = \lim_{x \to \pi+0} \frac{\sin x + (1+x)\cos x}{-\sin x} = -\infty$$

$$x < \pi \implies \begin{cases} \cos x > -1 \implies 1+\cos x > 0 \\ \sin x > 0 \end{cases} \Bigg\} \implies \frac{(1+x)\sin x}{1+\cos x} > 0$$

$$\implies \lim_{x \to \pi-0} \frac{(1+x)\sin x}{1+\cos x} = \lim_{x \to \pi-0} \frac{\sin x + (1+x)\cos x}{-\sin x} = \infty$$

3. **1-Ableitung:**

$$f'(x) = \frac{[(1+x)\sin x]'(1+\cos x) - (1+x)\sin x(1+\cos x)'}{(1+\cos x)^2}$$

$$f'(x) = \frac{(\sin x + (1+x)\cos x)(1+\cos x) - (1+x)\sin x(-\sin x)}{(1+\cos x)^2}$$

$$= \frac{\sin x(1+\cos x) + (1+x)\cos x(1+\cos x) + (1+x)\sin^2 x}{(1+\cos x)^2}$$

$$= \frac{\sin x(1+\cos x) + (1+x)(\cos x + \cos^2 x + \sin^2 x)}{(1+\cos)^2}$$

$$= \frac{(1+\cos x)(\sin x + 1 + x)}{(1+\cos x)^2} = \frac{1 + x + \sin x}{1+\cos x}$$

2-Ableitung:

$$f''(x) = \frac{(1+\cos x)(1+\cos x) - (1+x+\sin x)(-\sin x)}{(1+\cos x)^2}$$

$$= \frac{1 + 2\cos x + \cos^2 x + \sin x + x\sin x + \sin^2 x}{(1+\cos x)^2}$$

$$= \frac{2 + 2\cos x + (1+x)\sin x}{(1+\cos x)^2} = \frac{2}{1+\cos x} + \frac{(1+x)\sin x}{(1+\cos x)^2}$$

4. $z = g(t) = f(\sqrt{t}) = f(y)$, $y = \sqrt{t}$

$$\Rightarrow \frac{dz}{dt} = g'(t) = \frac{df(y)}{dy}\frac{dy}{dt} = f'(\sqrt{t})\,(\sqrt{t})'$$

$$= \frac{1 + \sqrt{t} + \sin\sqrt{t}}{1 + \cos\sqrt{t}} \cdot \frac{1}{2\sqrt{t}}$$

Entsprechend erhält man:

$$h(t) = f(1+t) \Rightarrow h'(t) = f'(1+t)\cdot(1+t)' =$$

$$= \frac{2 + t + \sin(1+t)}{1 + \cos(1+t)}$$

Man beachte, daß " ' " in h'(t) die Ableitung nach t
und in f' die Ableitung nach dem Argument 1 + t (=y)
von f bedeutet, also eine jeweils andere Bedeutung hat.

$u(t) = f(\cot t) \Rightarrow u'(t) = f'(\cot t)\cdot(\cot t)'$

$$= \frac{1 + \cot t + \sin(\cot t)}{1 + \cos(\cot t)} \cdot (-\frac{1}{\sin^2 t})$$

Aufgabe I21:

Berechnen Sie die erste Ableitung der Umkehrfunktion von

$$y = x^2 - x - 1, \quad x \geq \tfrac{1}{2}$$

Lösung:

__Funktion:__ $\quad y = f(x) = x^2 - x - 1, \quad x \geq \tfrac{1}{2}$

__1. Lösungsweg:__ $\quad$ Man berechnet die Umkehrfunktion und differenziert diese.

$$x^2 - x - 1 = (x - \tfrac{1}{2})^2 - \tfrac{5}{4} = y \implies x - \tfrac{1}{2} = \pm \sqrt{\tfrac{5}{4} + y}$$

$$x \geq \tfrac{1}{2} \implies x = \tfrac{1}{2}(1 + \sqrt{5 + 4y}) = f^{-1}(y)$$

Nach der Umbenennung der Variablen erhält man:

$$y = \tfrac{1}{2}(1 + \sqrt{5 + 4x}) = f^{-1}(x)$$

$$\implies \frac{dy}{dx} = f^{-1\prime}(x) = \tfrac{1}{2} \cdot \frac{1 \cdot 4}{2\sqrt{5 + 4x}} = \frac{1}{\sqrt{5 + 4x}}$$

__2. Lösungsweg:__ $\quad$ Aus $y = f(x) = x^2 - x - 1$ ermittelt man zunächst

$$\frac{dy}{dx} = 2x - 1 = f'(x) \text{ und erhält mit } \frac{dx}{dy} = \frac{1}{\frac{dy}{dx}} = \frac{1}{f'(x)} = \frac{1}{2x - 1}$$

die Ableitung der Umkehrfunktion, in der nun x durch

die Substitution $x = f^{-1}(y) = \tfrac{1}{2}(1 + \sqrt{5 + 4y})$ zu ersetzen ist.

$$\implies \frac{dx}{dy} = \frac{1}{1 + \sqrt{5 + 4y} - 1} = \frac{1}{\sqrt{5 + 4y}} = f'^{-1}(y)$$

Nach der Umbenennung der Variablen erhält man

$$\frac{dy}{dx} = f'^{-1}(x) = \frac{1}{\sqrt{5 + 4x}}$$

Aufgabe I22:

Lösen Sie die folgenden unbestimmten Integrale:

1. $\int \sqrt{u \sqrt[3]{u^2}} \ du$ 3. $\int x \sin x^2 \ dx$

2. $\int (4-3x)^{12} \ dx$ 4. $\int x \sin x \ dx$

Lösung:

1. $\int \sqrt{u \sqrt[3]{u^2}} \ du = \int \sqrt[6]{u^5} \ du = \int u^{\frac{5}{6}} \ du$

$= \dfrac{u^{\frac{11}{6}}}{\frac{11}{6}} + c = \dfrac{6}{11} \cdot \sqrt[6]{u^{11}} + c = \dfrac{6}{11} \ u \ \sqrt[6]{u^5} + c$

2. $\int (4-3x)^{12} \ dx = \int (-\frac{1}{3}) y^{12} \ dy = -\frac{1}{3} \ \dfrac{y^{13}}{13} + c$

> Substitution: $y = 4 - 3x$
> $dy = -3dx \implies dx = -\frac{1}{3}dy$

$= -\dfrac{1}{39}(4-3x)^{13} + c$

3. $\int x \sin x^2 \ dx = \int \frac{1}{2}\sin y \ dy = -\frac{1}{2}\cos y + c = -\frac{1}{2}\cos x^2 + c$

> Substituion: $y = x^2$
> $dy = 2xdx \implies xdx = \frac{1}{2}dy$

4. $\int x \sin x \ dx = -x\cos x - \int (-\cos x) \cdot 1 \ dx = -x\cos x + \int \cos x \, dx$

> Partielle Integration:
> $u = x \qquad u' = 1$
> $v' = \sin x \quad v = -\cos x$

$= -x\cos x + \sin x + c$

Zum Vergleich der umseitigen Mathematica Loesung von Aufgabe 2:

Expand[-(4-3 x)^13/39]

$-(\dfrac{67108864}{39}) + 16777216 \ x - 75497472 \ x^2 + 207618048 \ x^3 -$

$389283840 \ x^4 + 525533184 \ x^5 - 525533184 \ x^6 + 394149888 \ x^7 -$

$221709312 \ x^8 + 92378880 \ x^9 - 27713664 \ x^{10} + 5668704 \ x^{11} -$

$708588 \ x^{12} + \dfrac{531441 \ x^{13}}{13}$

Loesung mit Mathematica

1 `g1=Plot[Sqrt[u u^(2/3)],{u,0,3},AxesLabel->{"x","u^(5/6)"}];`

`Integrate[Sqrt[u u^(2/3)],u]`

$$\frac{6\ u\ Sqrt[u^{5/3}]}{11}$$

2 `g2=Plot[(4-3 x)^12,{x,-3,3},AxesLabel->{"x","(4-3 x)^12"}];`

`Integrate[(4-3 x)^12,x]`

$16777216\ x\ -\ 75497472\ x^2\ +\ 207618048\ x^3\ -\ 389283840\ x^4\ +$

$525533184\ x^5\ -\ 525533184\ x^6\ +\ 394149888\ x^7\ -\ 221709312\ x^8\ +$

$92378880\ x^9\ -\ 27713664\ x^{10}\ +\ 5668704\ x^{11}\ -\ 708588\ x^{12}\ +$

$$\frac{531441\ x^{13}}{13}$$

3 `g3=Plot[x Sin[x^2],{x,-Pi,Pi},AxesLabel->{"x","x Sin[x^2]"}];`

`Integrate[x Sin[x^2],x]`

$$\frac{-Cos[x^2]}{2}$$

4 `g4=Plot[x Sin[x],{x,-Pi,Pi},AxesLabel->{"x","x Sin[x]"}];`

`Integrate[x Sin[x],x]`

`-(x Cos[x]) + Sin[x]`

`Show[GraphicsArray[{{g1,g2},{g3,g4}}]]`

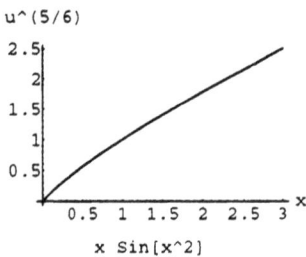

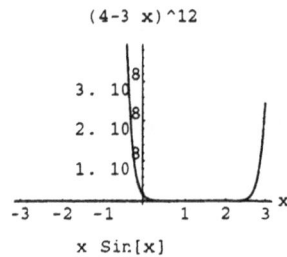

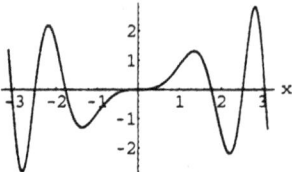

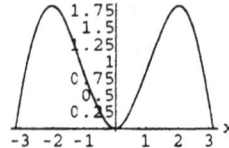

Aufgabe I23:

Lösen Sie die folgenden unbestimmten Integrale:

1. $\int \dfrac{2x-3}{\sqrt{(4x^2-12x+9)^5}}\ dx$

5. $\int x(2+3x)^6\ dx$

2. $\int \cos^3 x\ \sin x\ dx$

6. $\int x\ \cos x\ dx$

3. $\int \dfrac{x^2}{\sqrt{1+x^3}}\ dx$

7. $\int x^3\ \sin x^2\ dx$

4. $\int x\ \sin x^2\ dx$

8. $\int \dfrac{x-5}{(x^2-6x+9)^2}\ dx$

Lösung:

1. $\int \dfrac{2x-3}{\sqrt{(4x^2-12x+9)^5}}\ dx = \int \dfrac{2x-3}{(2x-3)^5}\ dx = \int (2x-3)^{-4}\ dx$

> Substitution: $2x-3 = y \implies 2dx = dy$
> $\implies dx = \frac{1}{2}dy$

$= \dfrac{1}{2}\int y^{-4}\ dy = \dfrac{1}{2}\dfrac{y^{-3}}{-3} + c = -\dfrac{1}{6}\dfrac{1}{(2x-3)^3} + c$

2. $\int \cos^3 x \sin x\ dx = -\int y^3 dy = -\dfrac{y^4}{4} + c$

> Substitution: $\cos x = y \implies -\sin x\ dx = dy$

$= -\dfrac{\cos^4 x}{4} + c$

3. $\int \dfrac{x^2}{\sqrt{1+x^3}}\ dx = \dfrac{1}{3}\int \dfrac{dy}{\sqrt{y}} = \dfrac{1}{3}\int y^{-\frac{1}{2}}\ dy = \dfrac{1}{3}\cdot\dfrac{y^{\frac{1}{2}}}{\frac{1}{2}} + c$

> Substitution: $1+x^3 = y \implies 3x^2\ dx = dy \implies x^2\ dx = \frac{1}{3}\ dy$

$= \dfrac{2}{3}\sqrt{1+x^3} + c$

4. $\int x\sin x^2\ dx = \frac{1}{2}\int \sin y\ dy = -\frac{1}{2}\cos y + c$

> Substitution: $x^2 = y \implies 2xdx = dy \implies xdx = \frac{1}{2}dy$

$= -\frac{1}{2}\cos x^2 + c$

5. $\int x(2+3x)^6\ dx = \frac{x(2+3x)^7}{21} - \frac{1}{21}\int (2+3x)^7\ dx$

> Partielle Integration:
>
> $u = x \qquad\qquad \implies u' = 1$
>
> $v' = (2+3x)^6 \implies v = \frac{(2+3x)^7}{21}$

$= \frac{x(2+3x)^7}{21} - \frac{1}{21}\cdot\frac{(2+3x)^8}{24} + c = \frac{(2+3x)^7}{21\cdot 24}\cdot(24x-2-3x) + c$

$= \frac{1}{504}(2+3x)^7(21x-2) + c$

NR.
$\int (2+3x)^n\ dx = \frac{1}{3}\int y^n\ dy = \frac{1}{3}\frac{y^{n+1}}{n+1} + c$

> Substitution: $2+3x = y \implies 3dx = dy \implies dx = \frac{1}{3}dy$

$= \frac{(2+3x)^{n+1}}{3(n+1)} + c$

6. $\int x\cos x\ dx = x\sin x - \int \sin x\ dx = x\sin x + \cos x + c$

> Partielle Integration:
>
> $u = x \qquad \implies u' = 1$
>
> $v' = \cos x \implies v = \sin x$

7. $\int x^3\sin x^2\ dx = \int x^2 x\sin x^2\ dx$

> Partielle Integration:
>
> $u = x^2 \qquad\quad \implies u' = 2x$
>
> $v' = x\sin x^2 \implies v = -\frac{1}{2}\cos x^2$

$= -\frac{1}{2}x^2\cos x^2 + \frac{1}{2}\int 2x\cos x^2\ dx = -\frac{1}{2}x^2\cos x^2 + \frac{1}{2}\int \cos y\ dy$

> Substitution: $x^2 = y \implies 2xdx = dy$

$$= -\frac{1}{2}x^2\cos x^2 + \frac{1}{2}\sin y + c = -\frac{1}{2}x^2\cos x^2 + \frac{1}{2}\sin x^2 + c$$

$$= \frac{1}{2}(\sin x^2 - x^2\cos x^2) + c$$

8. $\displaystyle\int\frac{x-5}{(x^2-6x+9)^2}\,dx = \int\frac{x-5}{(x-3)^4}\,dx = \int\frac{x-3-2}{(x-3)^4}\,dx$

$$= \int\frac{dx}{(x-3)^3} - 2\int\frac{dx}{(x-3)^4} = \int(x-3)^{-3}d(x-3) - 2\int(x-3)^{-4}d(x-3)$$

Die Substitution $x - 3 = y \Rightarrow dx = dy$
wird ausgeführt, ohne die Variable y
hinzuschreiben.

$$= \frac{(x-3)^{-2}}{-2} - 2\,\frac{(x-3)^{-3}}{-3} + c = -\frac{1}{2(x-3)^2} + \frac{2}{3(x-3)^3} + c$$

$$= \frac{-3(x-3)+4}{6(x-3)^3} \qquad = \frac{-3x+13}{6(x-3)^3} + c$$

Loesung mit Mathematica

1 `f1[x_]:=(2 x-3)/Sqrt[(4 x^2-12 x+9)^5]`

Definition der Integralfunktion:

`I1[x_]=Integrate[f1[t],{t,0,x}]`

$$\frac{1}{162} - \frac{\text{Sqrt}[(-3 + 2\ x)^{10}]}{6\ (-3 + 2\ x)^8}$$

`I11[x_]:=1/162-(-3+2 x)^-3 /6`

`MatrixForm[ Table[{x,I1[x],I11[x]},{x,0,4,0.5}]]//N`

`Power::infy: Infinite expression 0. encountered.`

x	I1[x]	I11[x]
0	0	0.0123457
0.5	-0.0146605	0.0270062
1.	-0.160494	0.17284
1.5	Indeterminate	ComplexInfinity
2.	-0.160494	-0.160494
2.5	-0.0146605	-0.0146605
3.	0.	0.
3.5	0.00356867	0.00356867
4.	0.00483951	0.00483951

23.4

I1'[x]

$$\frac{-5 \ (-3 \ + \ 2 \ x)}{3 \ \text{Sqrt}[(-3 \ + \ 2 \ x)^{10}]} \ + \ \frac{8 \ \text{Sqrt}[(-3 \ + \ 2 \ x)^{10}]}{3 \ (-3 \ + \ 2 \ x)^9}$$

I11'[x]

$$(-3 \ + \ 2 \ x)^{-4}$$

Definition der Funktion g fuer graphische Ausgabe, die Integralfunktion ist gestrichelt:

```
g[f_,I_,a_,b_]:=Plot[{f[x],I[x]},{x,a,b},PlotPoints->100,
        AxesLabel->{"x","y,I(y)"},
        PlotStyle->{{Thickness[0.003]},{Dashing[{0.01,0.01}]}}]
```

g[f1,I1,1,2]

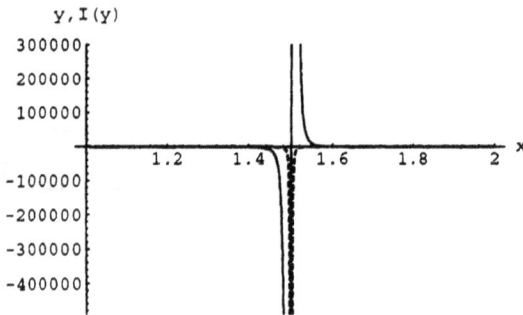

2 **f2[x_]:=Cos[x]^3 Sin[x]**

  I2[x_]=Integrate[f2[t],{t,0,x}]

$$\frac{1}{4} \ - \ \frac{\text{Cos}[x]^4}{4}$$

g[f2,I2,0,Pi]

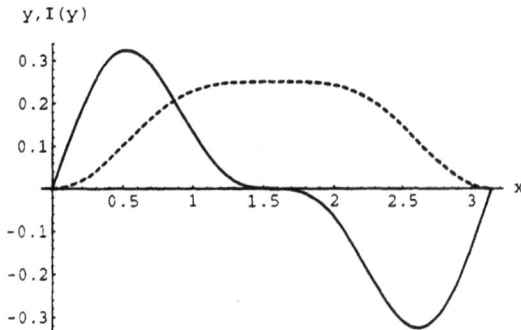

3 `f3[x_]:=x^2/Sqrt[1+x^3]`

`I3[x_]=Integrate[f3[t],{t,0,x}]`

$$-(\frac{2}{3}) + \frac{2 \; Sqrt[1 + x^3]}{3}$$

`g[f3,I3,0,3]`

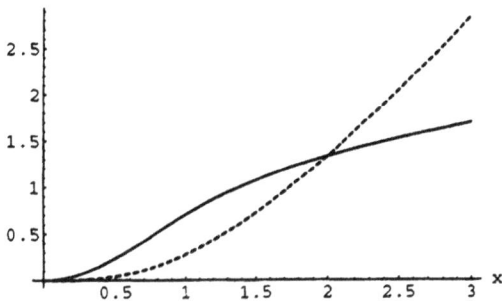

y,I(y)

5 `f5[x_]:=x (2+3 x)^6`

`I5[x_]=Integrate[f5[t],{t,0,x}]`

$$32 \; x^2 + 192 \; x^3 + 540 \; x^4 + 864 \; x^5 + 810 \; x^6 + \frac{2916 \; x^7}{7} + \frac{729 \; x^8}{8}$$

Vergleich mit der manuellen Loesung:

`Expand[(2+3 x)^7(21 x-2)/504]`

$$-(\frac{32}{63}) + 32 \; x^2 + 192 \; x^3 + 540 \; x^4 + 864 \; x^5 + 810 \; x^6 +$$

$$\frac{2916 \; x^7}{7} + \frac{729 \; x^8}{8}$$

`Show[GraphicsArray[{g[f5,I5,0,3],g[f5,I5,0,12]}]]`

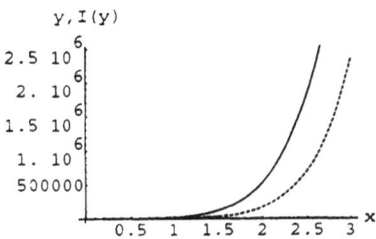

y,I(y)

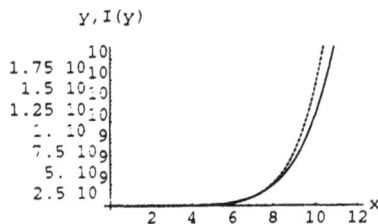

y,I(y)

6 `f6[x_]:=x Cos[x]`

`I6[x_]=Integrate[f6[t],{t,0,x}]`

`-1 + Cos[x] + x Sin[x]`

`g[f6,I6,-Pi,Pi]`

y,I(y)

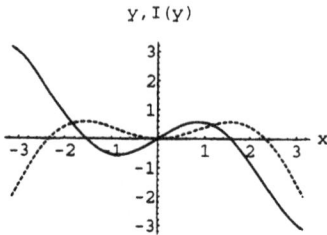

7 `f7[x_]:=x^3 Sin[x]^2`

`I7[x_]=Integrate[f7[t],{t,0,x}]`

$-(\frac{3}{16}) + (2\ x^4 + 3\ Cos[2\ x] - 6\ x^2\ Cos[2\ x] + 6\ x\ Sin[2\ x] -$

$4\ x^3\ Sin[2\ x]) / 16$

`g[f7,I7,0,2Pi]`

y,I(y)

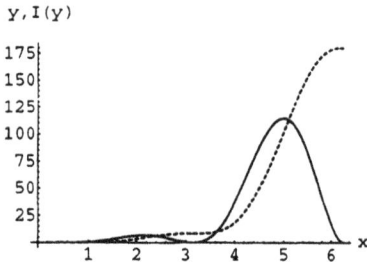

8 `f8[x_]:=(x-5)/(x^2-6 x+9)^2`

`I8[x_]=Integrate[f8[t],{t,0,x}]`

$$\frac{13}{162} + \frac{2}{3\ (-3 + x)^3} - \frac{1}{2\ (-3 + x)^2}$$

`g[f8,I8,2,4]`

y,I(y)

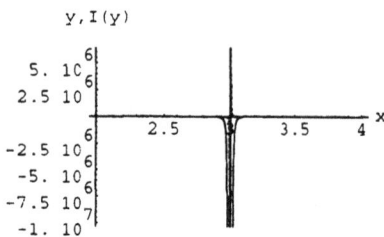

<u>Aufgabe I 24:</u>

Lösen Sie die folgenden bestimmten Integrale:

1. $\displaystyle\int\limits_{1}^{2} \frac{dx}{(1+x)^3}$

   2. $\displaystyle\int\limits_{1}^{2} \frac{x\,dx}{(1+x)^3}$

<u>Lösung:</u>

1. $\displaystyle\int\limits_{1}^{2} \frac{dx}{(1+x)^3} = -\frac{1}{2}\left[\frac{1}{(1+x)^2}\right]_{1}^{2} = -\frac{1}{2}\left[\frac{1}{9} - \frac{1}{4}\right] = \frac{5}{72} = 0{,}0694$

   NR. $\displaystyle\int\frac{dx}{(1+x)^n} = \int(1+x)^{-n}\,d(1+x) = \frac{(1+x)^{-n+1}}{-n+1} + c =$

   $\displaystyle\qquad = -\frac{1}{(n-1)(1+x)^{n-1}} + c \text{ für } n \neq 1$

2. $\displaystyle\int\limits_{1}^{2} \frac{xdx}{(1+x)^3} = -\frac{1}{2}\left[\frac{1+2x}{(1+x)}\right]_{1}^{2} = -\frac{1}{2}\left[\frac{5}{9} - \frac{3}{4}\right] = \frac{7}{72} = 0{,}0972$

   NR. $\displaystyle\int\frac{xdx}{(1+x)^3} = -\frac{x}{2(1+x)^2} + \frac{1}{2}\int\frac{dx}{(1+x)^2}$ (siehe 1.)

   $\boxed{\begin{array}{ll} u = x & \Rightarrow u' = 1 \\ v' = \dfrac{1}{(1+x)^3} & \Rightarrow v = -\dfrac{1}{2(1+x)^2} \end{array} \quad \text{siehe 1.}}$

   $\displaystyle = -\frac{x}{2(1+x)^2} + \frac{1}{2}\cdot\left(-\frac{1}{(1+x)}\right) + c = -\frac{x+1+x}{2(1+x)^2} + c$

   $\displaystyle = -\frac{1+2x}{2(1+x)^2} + c$

Loesung mit Mathematica

---

1 `f1[x_]:=1/(1+x)^3;  Integrate[f1[x],{x,1,2}]`

$$\frac{5}{72}$$

`I1[x_]=Integrate[f1[t],{t,1,x}]`

$$\frac{1}{8} - \frac{1}{2\ (1+x)^2}$$

`g[f_,I_,a_,b_]:=Plot[{f[x],I[x]},{x,a,b},PlotPoints->100,`
`        AxesLabel->{"x","y,I[y]"},`
`        PlotStyle->{{Thickness[0.003]},{Dashing[{0.01,0.01}]}}]`

`g[f1,I1,1,2]`

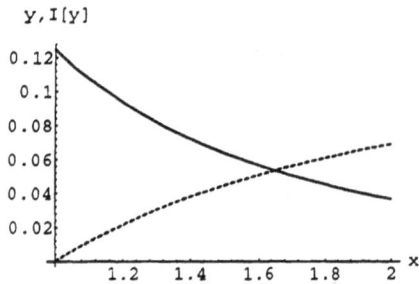

2 `f2[x_]:=x f1[x]; Integrate[f2[x],{x,1,2}]`

$$\frac{7}{72}$$

`I2[x_]=Integrate[f2[t],{t,1,x}]`

$$\frac{3}{8} + \frac{1}{2\ (1+x)^2} - \frac{1}{1+x}$$

`g[f2,I2,1,2]`

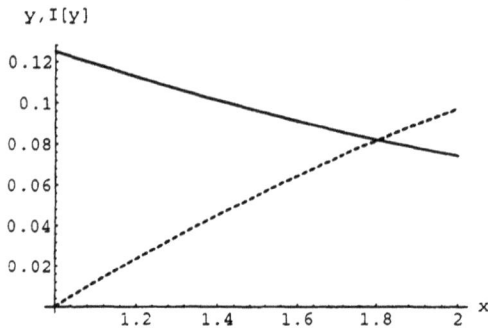

Aufgabe I25:

Berechnen Sie die Fläche, welche die Kurven K_1, K_2 mit
den Gleichungen $y = x$ bzw. $y = x + \cos x$ im Intervall
$[0, 2\pi]$ zwischen ihren Schnittpunkten einschließen.

Lösung:

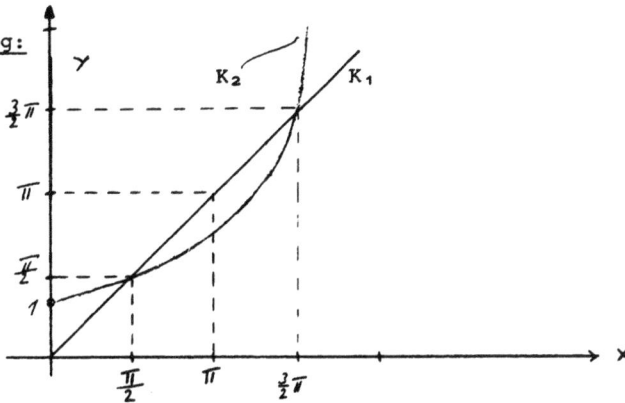

Funktionen $y = f_1(x) = x$, $\quad y = f_2(x) = x + \cos x$

Kurven $\quad K_1 = \{(x,y) \mid y = x\}$, $K_2 = \{(x,y) \mid y = x + \cos x\}$

$0 \le x \le 2\pi \wedge x = x + \cos x \implies \cos x = 0$

$\implies$ Schnittpunkte $S_1(\frac{\pi}{2}, \frac{\pi}{2})$, $\quad S_2(\frac{3}{2}\pi, \frac{3}{2}\pi)$

$\implies A = \int\limits_{\frac{\pi}{2}}^{\frac{3}{2}\pi} x\,dx - \int\limits_{\frac{\pi}{2}}^{\frac{3}{2}\pi} (x+\cos x)\,dx$

$= \int\limits_{\frac{\pi}{2}}^{\frac{3}{2}\pi} (x-x-\cos x)\,dx = [-\sin x]_{\frac{\pi}{2}}^{\frac{3}{2}\pi} = 1 - (-1) = 2$

Aufgabe I26:

Diskutieren Sie die Funktion $y = f(x) = \dfrac{3x-4}{(x-2)^3}$

Welche Fläche schließt der Graph der Funktion im Intervall
$(-\infty$, Nullstelle) mit der Abzisse ein?

Lösung:

Funktion: $y = f(x) = \dfrac{3x-4}{(x-2)^3}$

1. $D = \{x|x \neq 2, x \in \mathbf{R}\} = \mathbf{R}\setminus\{2\}$

2. Nullstelle: $f(x) = 0 \iff 3x-4 = 0 \iff x = \frac{4}{3} \implies N(\frac{4}{3},0)$

3. Polstelle: $x \to 2 \pm 0 \implies f(x) \to \pm\infty$. Pol bei $x = 2$

4. Ableitungen: $f'(x) = \dfrac{3(x-2)^3 - (3x-4)\cdot 3(x-2)^2}{(x-2)^6} =$

$$= \dfrac{3(x-2-3x+4)}{(x-2)^4} = \dfrac{3(-2x+2)}{(x-2)^4}$$

$$= \dfrac{6(1-x)}{(x-2)^4}$$

$$f''(x) = 6 \cdot \dfrac{-1(x-2)^4 - (1-x)\cdot 4(x-2)^3}{(x-2)^8}$$

$$= -6 \cdot \dfrac{x-2 + 4-4x}{(x-2)^5}$$

$$= 6\,\dfrac{3x-2}{(x-2)^5}$$

5. Asymptoten:

horizontal: $\displaystyle\lim_{x\to+\infty} f(x) = \lim_{x\to+\infty} \dfrac{\frac{3}{x^2} - \frac{4}{x^3}}{(1-\frac{2}{x})^3} = 0$

$\implies y = 0$ ist horizontale Asymptote

für $x \to \pm\infty$

vertikal: $\displaystyle\lim_{x\to 2-0} f(x) = -\infty$, da $3\cdot 2 - 4 > 0$

$\wedge\ x < 2 \implies (x-2)^3 < 0$

$\displaystyle\lim_{x\to 2+0} f(x) = +\infty$, da $3\cdot 2 - 4 > 0$

$\wedge\ x > 2 \implies (x-2)^3 > 0$

$\implies x = 2$ ist vertikale Asymptote bei Annäherung
von links und rechts.

Schiefe Asymptote: $\lim\limits_{x \to \pm\infty} f'(x) = 0 \Longrightarrow$ es existiert keine

schiefe Asymptote

6. Monotonie und Extrema:

$f'(x) = 0 \Longleftrightarrow x = 1,\quad f''(1) = 6 \cdot \dfrac{1}{(-1)^5} < 0$

$f(1) = \dfrac{3-4}{(1-2)^3} = 1$

$\Longrightarrow$ H(1,1) ist Hochpunkt

$\Longrightarrow$ ① $x < 1 \Longrightarrow f'(x) > 0 \Longrightarrow$ f(x) ist streng monoton wachsend

② $1 < x < 2 \Longrightarrow f'(x) < 0 \Longrightarrow$ f(x) ist streng monoton fallend

③ $2 < x$ Hier ist eine gesonderte Untersuchung nötig, da bei x = 2 eine Unstetigkeitsstelle vorliegt.

f'(x) wechselt in diesem Bereich das Vorzeichen nicht (andernfalls existierte ein Extremum)

$f'(3) = \dfrac{6(-2)}{1^4} < 0$

$\Longrightarrow$ f(x) ist streng monoton fallend

(Man sieht auch direkt, daß

$f'(x) = \dfrac{6(1-x)}{(x-2)^4} < 0$ für $x > 1$ ist)

7. Krümmungsverhalten, Wendepunkte.

$f''(x) = 0$ für $3x - 2 = 0$ bzw. $x = \dfrac{2}{3}.$

An der Stelle $x = \dfrac{2}{3}$ wechselt f''(x) das Vorzeichen (wegen der Linearität des Zählers 3x - 2)
$\Longrightarrow$ Es liegt ein Wendepunkt vor.

$f(\tfrac{2}{3}) = \dfrac{3 \cdot \frac{2}{3} - 4}{(\frac{2}{3} - 2)^3} = \dfrac{-2}{(-\frac{4}{3})^3} = 0,84$

$\Longrightarrow$ W(0,67; 0,84) ist Wendepunkt

$x < \dfrac{2}{3} \Longrightarrow 3x-2 < 0 \wedge (x-2)^5 < 0 \Longrightarrow f'' > 0 \Longrightarrow$ Linkskrümmung

$\dfrac{2}{3} < x < 2 \Longrightarrow 3x-2 > 0 \wedge (x-2)^5 < 0 \Longrightarrow f'' < 0 \Longrightarrow$ Rechtskrümmung

$2 < x \Longrightarrow 3x-2 > 0 \wedge (x-2)^5 > 0 \Longrightarrow f'' > 0 \Longrightarrow$ Linkskrümmung

8. Graph

Wertetabelle:

						W	H		N	
x	-4	-3	-2	-1	0	0,67	1	1,33	1,5	
y	0,07	0,10	0,16	0,26	0,5	0,84	1	0	-4	

x	1,7	2,3	2,5	3	3,5	4	5	6	7	8
y	-41	107	28	5	1,93	1	0,41	0,22	0,14	0,09

9. Integral

$$\int f(x)\,dx = \int \frac{3x-4}{(x-2)^3}\,dx = \int \frac{3(x-2)+6-4}{(x-2)^3}\,dx$$

$$= \int \frac{3}{(x-2)^2}\,dx + \int \frac{2dx}{(x-2)^3} = 3\int (x-2)^{-2}\,d(x-2) + 2\int (x-2)^{-3}\,d(x-2)$$

$$= 3\frac{(x-2)^{-1}}{-1} + 2\frac{(x-2)^{-2}}{-2} + c = -\frac{3}{x-2} - \frac{1}{(x-2)^2} + c$$

10. Flächenberechnung

$$A = \int_{-\infty}^{\frac{4}{3}} \frac{3x-4}{(x-2)^3} = \lim_{t\to-\infty} \int_{t}^{\frac{4}{3}} \frac{3x-4}{(x-2)^3}\,dx = \lim_{t\to-\infty} \left[-\frac{3}{x-2} - \frac{1}{(x-2)^2}\right]_{t}^{\frac{4}{3}}$$

$$= \lim_{t\to-\infty} \left[-\frac{3}{-\frac{2}{3}} - \frac{1}{(-\frac{2}{3})^2} + \frac{3}{t-2} + \frac{1}{(t-2)^2}\right] =$$

$$= \frac{9}{2} - \frac{9}{4} = \frac{9}{4} = 2,25$$

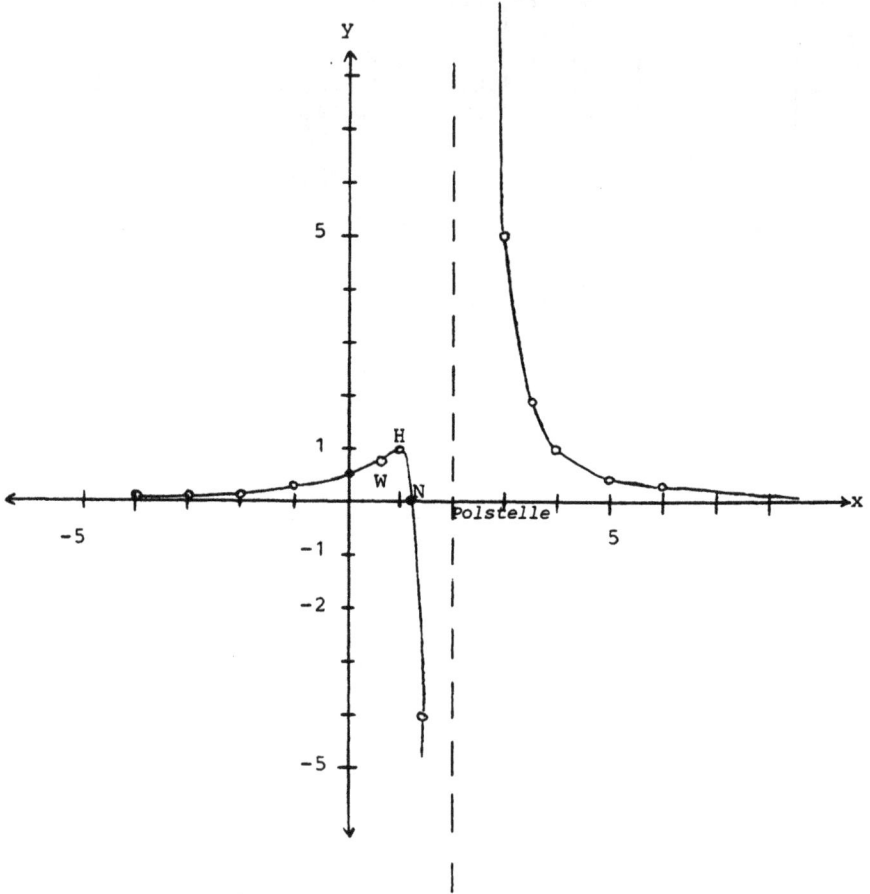

Abb. 26.1 Graph der Funktion $f(x) = \dfrac{3x - 4}{(x - 2)^3}$

Aufgabe I27:

Diskutieren Sie die Funktion:

$$y = f(x) = \sin x - \frac{1}{2} \sin 2x$$

Welche Fläche schließt f(x) im Intervall $[0, 2\pi]$ mit der Abzisse ein?

Lösung:

Funktion $y = f(x) = \sin x - \frac{1}{2} \sin 2x$

1. $D = R$ $\qquad W \subseteq [-\frac{3}{2}, \frac{3}{2}]$, da $-1 \leq \sin x, \sin 2x \leq 1$

2. Symmetrie

$f(-x) = \sin(-x) - \frac{1}{2} \sin(-2x) = -\sin x + \frac{1}{2} \sin 2x$

$\qquad = -(\sin x - \frac{1}{2} \sin 2x) = -f(x)$.

f(x) ist ungerade (Punktsymmetrie zum Ursprung)

3. Periodizität

$\sin x$ hat Periode 2π, $\sin 2x$ hat Periode π.

$\Rightarrow f(x) = \sin x - \frac{1}{2} \sin 2x$ hat Periode 2π.

$\Rightarrow f(x+2\pi) = f(x)$

4. Nullstellen

$f(x) = \sin x - \frac{1}{2} \sin 2x = 0 \iff \sin x - \frac{1}{2} \; 2 \sin x \cos x = 0 \cdot$

$\iff \sin x(1-\cos x) = 0 \iff \sin x = 0 \iff x = k\pi, k \in G$

$\qquad\qquad\qquad\qquad\qquad \cos x = 1 \iff x = 2k\pi, k \in G$

$\Rightarrow N_k = (k\pi, o)$, $k = 0, \pm 1, \pm 2, \ldots$ sind Nullstellen.

5. Es existieren keine Unstetigkeitsstellen.

6. Ableitungen

$f'(x) = \cos x - \frac{1}{2} \cos 2x \cdot 2 = \cos x - \cos 2x$

$f''(x) = -\sin x + \sin 2x \cdot 2 = -\sin x + 2\sin 2x$

7. Es existieren keine Asymptoten.

8. Monotonie, Extrema

$f'(x) = \cos x - \cos 2x = 0$

$\Longleftrightarrow \cos x - (\cos^2 x - \sin^2 x) = \cos x - \cos^2 x + 1 - \cos^2 x = 0$

$\Longleftrightarrow -2\cos^2 x + \cos x + 1 = 0 \Longleftrightarrow \cos x_{1,2} = \dfrac{-1 \pm \sqrt{1+8}}{-4}$

$\cos x_1 = 1 \Longleftrightarrow$ ① $x_{1k} = 2k\pi \Longrightarrow y_{1k} = 0$

$\Longleftrightarrow \qquad\qquad \Longrightarrow f''(x_{1k}) = -\sin(2k\pi) + 2\sin(4k\pi) = 0$

$\cos x_2 = -\dfrac{1}{2}$ ② $x_{2k} = \pi - \dfrac{\pi}{3} + 2k\pi = (\dfrac{1}{3}+k)\,2\pi$

$\Longrightarrow y_{2k} = \sin(\dfrac{2}{3}\pi + 2k\pi) - \dfrac{1}{2}\sin(\dfrac{4}{3}\pi + 4k\pi)$

$\qquad = \sin(\pi - \dfrac{\pi}{3}) - \dfrac{1}{2}\sin(\pi + \dfrac{\pi}{3}) = 1{,}299$

$\Longrightarrow f''(x_{2k}) = -\sin\dfrac{2}{3}\pi + 2\sin\dfrac{4}{3}\pi =$

$\qquad = -\dfrac{\sqrt{3}}{2} + 2(-\dfrac{\sqrt{3}}{2}) < 0$

$\Longrightarrow$ Hochpunkt

③ $x_{3k} = \pi + \dfrac{\pi}{3} + 2k\pi = (\dfrac{2}{3}+k)\cdot 2\pi$

$\Longrightarrow y_{3k} = \sin(\dfrac{4}{3}\pi) - \dfrac{1}{2}\sin(\dfrac{8}{3}\pi)$

$\qquad = \sin(\pi + \dfrac{\pi}{3}) - \dfrac{1}{2}\sin(\pi - \dfrac{\pi}{3})$

$\qquad = -\dfrac{\sqrt{3}}{2} - \dfrac{1}{2}\;\dfrac{\sqrt{3}}{2} = -\dfrac{3}{4}\sqrt{3} = -1{,}299$

$\Longrightarrow f''(x_{3k}) = -\sin(\dfrac{4}{3}\pi) + 2\sin(\dfrac{8}{3}\pi)$

$\qquad\qquad -\sin(\pi + \dfrac{\pi}{3}) + 2\sin(\pi - \dfrac{\pi}{3})$

$\qquad = -(-\dfrac{\sqrt{3}}{2}) + 2\;\dfrac{\sqrt{3}}{2} > 0$

$\Longrightarrow$ Tiefpunkt

Ergebnis:
Extrema
Die Funktion $y = f(x) = \sin x - \dfrac{1}{2}\sin 2x$ besitzt in den

Punkten $\quad H_k\,((\dfrac{1}{3}+k)\cdot 2\pi \mid 1{,}299) = (2{,}094 + 2k\pi \mid 1{,}299)$

$\qquad\qquad$ relative Maxima (Hochpunkte),

$\qquad\quad T_k\,((\dfrac{2}{3}+k)\cdot 2\pi \mid -1{,}299) = (4{,}189 + 2k\pi \mid -1{,}299)$

$\qquad\qquad$ relative Minima (Tiefpunkte),

$\qquad\quad k \in \mathbf{G}$

Monotonieverhalten:

f'(x) ändert zwischen benachbarten Tief- und Hochpunkten
das Vorzeichen und daher das Monotonieverhalten nicht.

$\Rightarrow$ zwischen T_{k-1} und H_k steigt,

" . H_k und T_k fällt die Funktion:

$(\frac{2}{3}+k-1) \cdot 2\pi < x < (\frac{1}{3}+k) \cdot 2\pi \Rightarrow$ f(x) ist m.w.

$(\frac{1}{3}+k) \cdot 2\pi \ < x < (\frac{2}{3}+k) \cdot 2\pi \Rightarrow$ f(x) ist m.f.

9. Krümmungsverhalten, Wendepunkte

$f''(x) = -\sin x + 2\sin 2x = 0$

$\Leftrightarrow -\sin x + 4\sin x\cos x = \sin x(-1+4\cos x) = f''(x) = 0$

$\Leftrightarrow \Bigg[\begin{array}{l} \sin x = 0 \Leftrightarrow \text{①} \quad x_{3k} = k\pi, \ y_{3k} = 0, \ f'(x_{3k}) = \\ \qquad\qquad f''(x_{3k}) = 0 \ (\text{siehe } 8.) \\ \\ \qquad\qquad f''(x) \text{ wechselt in } x_{3k} \text{ das Vorzeichen} \\ \qquad\qquad \Rightarrow \text{Sattelpunkt} \\ \\ -1+4\cos x = 0 \Leftrightarrow \cos x = \frac{1}{4} \end{array}$

$\Leftrightarrow$ ② $x_{4k} = 1{,}318 + 2k\pi = (\frac{1{,}318}{2\pi}+k) \cdot 2\pi = (0{,}210+k) \cdot 2\pi$

$\Rightarrow y_{4k} = \sin 1{,}318 - \frac{1}{2}\sin 2{,}636 = 0{,}726$

③ $x_{5k} = (2\pi-1{,}318)+2k\pi = (1-\frac{1{,}318}{2\pi}+k) \cdot 2\pi = (1-0{,}210+k) \cdot 2\pi$

$\qquad = (0{,}79 + k) \cdot 2\pi$

$\Rightarrow y_{5k} = \sin 4{,}965 - \frac{1}{2}\sin 9{,}930 = -0{,}726$

An den Stellen x_{4k}, x_{5k} ändert 1–4cos x und daher
auch f''(x) das Vorzeichen $\Rightarrow$ es liegen Wendepunkte
vor

Ergebnis:

Wendepunkte:

Sattelpunkt (=Nullstellen) $W_{3k} = N_k = (k\pi\,|\,0)$

$W_{4k}\ ((0{,}21+k) \cdot 2\pi|\ 0{,}726) = (1{,}319+2k\pi|\ 0{,}726)$

$W_{5k}\ ((0{,}79+k) \cdot 2\pi|-0{,}726) = (4{,}964+2k\pi|-0{,}726)$

27.4

Krümmungsverhalten (im Bereich $[0, 2\pi]$):

$0 < x < 1{,}319 \implies f''(x) = \sin x(-1+4\cos x) > 0 \implies$ Linkskrümmung

$1{,}319 < x < \pi \implies f''(x) < 0 \implies$ Rechtskrümmung

$\pi < x < 4{,}964 \implies f''(x) > 0 \implies$ Linkskrümmung

$4{,}964 < x < 2\pi \implies f''(x) < 0 \implies$ Rechtskrümmung

Hinweis: $\cos x = \frac{1}{4} \iff x = 1{,}319 \vee x = 4{,}964$

$\implies 0 < x < 1{,}319 \implies \cos x > \frac{1}{4} \implies$ $4\cos x - 1 > 0$

$1{,}319 < x < 4{,}964 \implies \cos x < \frac{1}{4} \implies$ $4\cos x - 1 < 0$

$4{,}964 < x < 2\pi \implies \cos x > \frac{1}{4} \implies$ $4\cos x - 1 > 0$

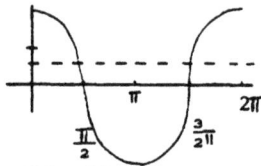

Abb. 27.1
10. Graph

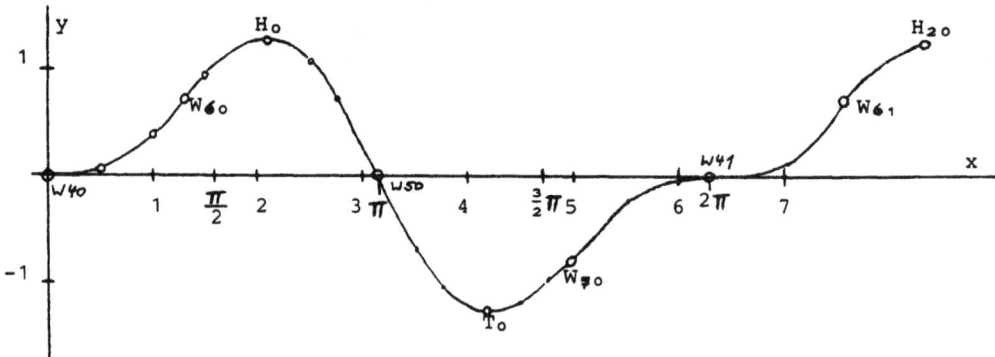

Abb. 27.2 Graph der Funktion $f(x) = \sin x - \frac{1}{2}\sin x$
Wertetabelle:

x	0,5	1	1,5	2,5	2,75	3,5	3,75	4,5
y	0,06	0,39	0,93	1,08	0,73	-0,70	-1,04	-1,18

x	4,75	5,5	5,75	6	6,5	7
y	-0,96	-0,21	0,07	-0,01	0,005	0,162

Bemerkung: Der Graph läßt sich auch gut als Superposition
der Funktionen $\sin x$, $-\frac{1}{2}\sin 2x$ zeichnen.

11. Integral:

$$F(x) = \int f(x)\ dx = \int (\sin x - \tfrac{1}{2}\sin 2x)\ dx$$

$$= \int \sin x\ dx - \tfrac{1}{4}\int \sin 2x\ d(2x)$$

$$= \underline{-\cos x + \tfrac{1}{4}\cos 2x + c}$$

12. Fläche:

$$A = |\int_0^{\pi} f(x)\ dx| + |\int_{\pi}^{2\pi} f(x)\ dx|$$

$$= |F(\pi) - F(0)| + |F(2\pi) - F(\pi)|$$

$$= |-\cos\pi + \tfrac{1}{4}\cos 2\pi + \cos 0 - \tfrac{1}{4}\cos 0| +$$

$$|-\cos 2\pi + \tfrac{1}{4}\cos 4\pi + \cos\pi - \tfrac{1}{4}\cos 2\pi|$$

$$= |1 + \tfrac{1}{4} + 1 - \tfrac{1}{4}| + |-1 + \tfrac{1}{4} - 1 - \tfrac{1}{4}| = 2 + 2 = 4$$

Aufgabe I28:

Diskutieren Sie die Funktion:

$$f(x) = x - \frac{2}{|x-1|} + 3$$

Berechnen Sie im Bereich $(-\infty, 1)$ die Fläche, welche zwischen den Nullstellen von $f(x)$ und der Abszisse eingeschlossen wird.

Lösung:

Funktion $y = f(x) = x - \frac{2}{|x-1|} + 3$

1. **Definitionsbereich**

Es ist $|x-1| = \begin{cases} -(x-1) & \text{für } x-1 < 0 \quad \text{bzw} \quad x < 1 \\ x-1 & \text{für } x-1 \geq 0 \quad \text{bzw} \quad x \geq 1 \end{cases}$

$D = R\setminus\{1\} = D_1 \cup D_2$ mit $D_1 = (-\infty, 1)$, $D_2 = (1, \infty)$

$x \in D_1 \implies x < 1 \implies f(x) = x - \frac{2}{-(x-1)} + 3 =$

$$= x + \frac{2}{x-1} + 3 = \frac{x^2-x+2+3x-3}{x-1} =$$

$$= \frac{x^2+2x-1}{x-1}$$

$x \in D_2 \implies x > 1 \implies f(x) = x - \frac{2}{x-1} + 3 =$

$$= \frac{x^2-x-2+3x-3}{x-1} = \frac{x^2+2x-5}{x-1}$$

$$\implies f(x) = \begin{cases} f_1(x) = x+\frac{2}{x-1}+3 = \frac{x^2+2x-1}{x-1} & \text{für } x < 1 \\ f_2(x) = x-\frac{2}{x-1}+3 = \frac{x^2+2x-5}{x-1} & \text{für } x > 1 \end{cases}$$

2. **Symmetrie** $f(-x) \neq f(x)$, $f(-x) \neq -f(x) \implies f(x)$ ist weder gerade noch ungerade

3. **Periodizität** nicht vorhanden

4. Nullstellen

$x < 1 \implies f(x) = f_1(x) = 0 \iff x^2 + 2x - 1 = 0 \implies$

$$x_{1,2} = -1 \pm \sqrt{1+1} = -1 \pm \sqrt{2}$$

$$\begin{cases} x_1 = -1 - \sqrt{2} = -2,41 < 1 \\ x_2 = -1 + \sqrt{2} = 0,41 < 1 \text{ sind Nullstellen} \end{cases}$$

$x > 1 \implies f(x) = f_2(x) = 0 \iff x^2 + 2x - 5 = 0 \iff$

$$x_{3,4} = -1 \pm \sqrt{1+5}$$

$\implies x_3 = -1 - \sqrt{6} < 1 \implies x_3 \notin D_2 \implies$

$\qquad\qquad x_3$ ist keine Nullstelle

$x_4 = -1 + \sqrt{6} = 1,45 > 1 \implies x_4$ ist Nullstelle

Die Nullstellen lauten:

$N_1(-2,41/0)$, $N_2(0,41/0)$, $N_3(1,45/0)$

5. Unstetigkeiten

$\lim\limits_{x \to 1 \pm 0} f(x) = -\infty \implies$ in $x=1$ liegt eine Polstelle vor.

6. Ableitungen

x < 1:   **x > 1:**

$f(x) = f_1(x) = x + \dfrac{2}{x-1} + 3$ $f(x) = f_2(x) = x - \dfrac{2}{x-1} + 3$

$\implies f'(x) = f_1'(x) = 1 - \dfrac{2}{(x-1)^2}$ $\implies f'(x) = f_2'(x) = 1 + \dfrac{2}{(x-1)^2}$

$\implies f''(x) = f_1''(x) = \dfrac{4}{(x-1)^3}$ $\implies f''(x) = f_2''(x) = \dfrac{-4}{(x-1)^3}$

7. Asymptoten

horizontal: $\lim\limits_{x \to -\infty} f(x) = \lim\limits_{x \to -\infty} f_1(x) = -\infty$

$\qquad\qquad\qquad \lim\limits_{x \to \infty} f(x) = \lim\limits_{x \to \infty} f_2(x) = \infty$

es existieren keine horizontalen Asymptoten

vertikal: $\quad \lim_{x \to 1-0} f(x) = \lim_{x \to 1-0} f_1(x) = \lim_{x \to 1-0} (x + \frac{2}{x-1} + 3) = -\infty$

$$\boxed{\text{es ist } x - 1 < 0}$$

$\quad \lim_{x \to 1+0} f(x) = \lim_{x \to 1+0} f_2(x) = \lim_{x \to 1+0} (x - \frac{2}{x-1} + 3) = -\infty$

$$\boxed{\text{es ist } x - 1 > 0}$$

$\Longrightarrow$ x = 1 ist die Gleichung der vertikalen
Asymptote

schief: $\quad$ <u>x < 1:</u>

$m_1 = \lim_{x \to -\infty} f'(x) = \lim_{x \to -\infty} f_1'(x) = \lim_{x \to -\infty} (1 - \frac{2}{(x-1)^2}) = 1$

$t_1 = \lim_{x \to -\infty} (f(x) - m_1 \ x) = \lim_{x \to -\infty} (x + \frac{2}{x-1} + 3 - x) = 3$

$\Longrightarrow$ s_1: y = m_1x + t_1 = x + 3 ist schiefe
Asymptote für x $\to$ $-\infty$

(Anmerkung: Die Gleichung der schiefen
Asymptote kann im Spezialfall
rationaler Funktionen direkt aus
dem Term der Funktionen abgelesen
werden.)

<u>x > 1:</u>

$m_2 = \lim_{x \to \infty} f'(x) = \lim_{x \to \infty} f_2'(x) = \lim_{x \to \infty} (1 + \frac{2}{(x-1)^2}) = 1$

$t_2 = \lim_{x \to \infty} (f_2(x) - m_2 \ x) = \lim_{x \to \infty} (x - \frac{2}{x-1} + 3 - x) = 3$

$\Longrightarrow$ s_2: y = m_2x + t = x + 3 ist schiefe
Asymptote für x $\to$ ∞

Es gilt: $s_1 = s_2$

$\Longrightarrow$ s: y = x + 3 ist die Gleichung der schiefen
Asymptote für x $\to$ $\pm$ ∞

8. Monotonie, Extrema

$\underline{x \in D_1} \implies x < 1 \implies f_1'(x) = 1 - \dfrac{2}{(x-1)^2} = 0$

$\iff (x-1)^2 = 2 \iff x - 1 = \pm\sqrt{2}$

$\implies x_1 = 1 + \sqrt{2} > 1 \qquad \notin ID_1$

$x_2 = 1 - \sqrt{2} = -0,41 \in ID_1$

$y_2 = f_1(1-\sqrt{2}) = 1-\sqrt{2} + \dfrac{2}{-\sqrt{2}} + 3$

$= 4 - 2\sqrt{2} = 1,17$

$f''(1-\sqrt{2}) = f_1''(1-\sqrt{2}) = \dfrac{4}{(-\sqrt{2})^3} < 0$

$\implies$ rel Maximum

$\implies$ H(-0,41/1,17) ist Hochpunkt

$\implies$ für $-\infty < x < -0,41$ ist $f(x)$ str.m.w,
für $-0,41 < x < 1$ ist $f(x)$ str.m.f

$\underline{x \in D_2} \implies x > 1 \implies f'(x) = f_2'(x) = 1+\dfrac{2}{(x-1)^2} = 0$

$\iff (x-1)^2 = -2$

es existieren keine Extrema

$f'(x) > 0 \implies$ für $1 < x < \infty$ ist $f(x)$
streng monoton wachsend

9. Krümmungsverhalten, Wendepunkte

$\underline{x \in D_1} \implies x < 1 \implies (x-1) < 0 \implies f''(x) = f_1''(x) =$

$= \dfrac{4}{(x-1)^3} < 0$

$\implies$ 1. es existiert kein Wendepunkt
2. Rechtskrümmung

$\underline{x \in D_2} \implies x > 1 \implies (x-1) > 0 \implies f''(x) = f_2''(x) =$

$= - \dfrac{4}{(x-1)^3} < 0$

$\implies$ 1. es existiert kein Wendepunkt
2. Rechtskrümmung

10. <u>Graph</u>

Wertetabelle   N₁   H   N₂

x	-5	-4	-3	-2,41	-2	-1	-0,41	0	0,4142
y	-2,33	-1,40	-0,50	0	0,33	1	1,17	1	0

x	0,5	0,7	0,9	1,1	1,3	1,5	1,4495	2
y	-0,5	-2,97	-16	-15,9	-2,37	0,5	0,00	3

N₃

x	3	4	5
y	5	6,33	7,5

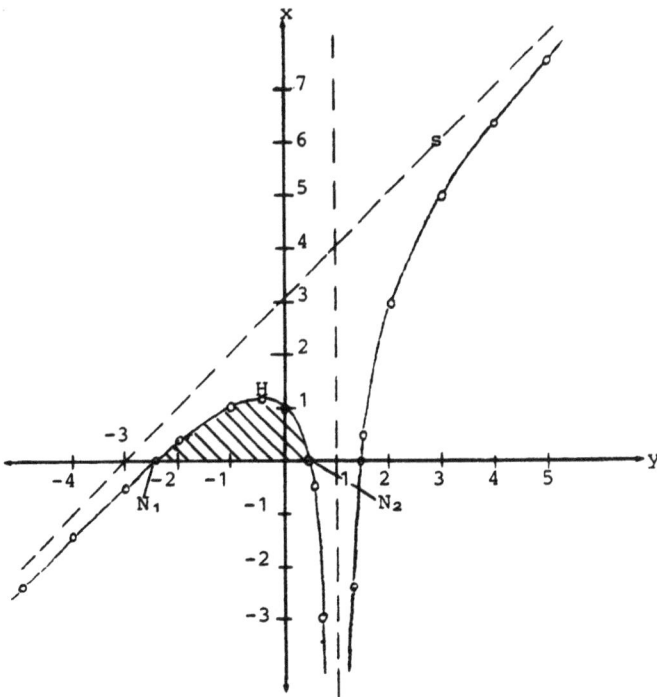

Abb. .1 Graph der Funktion

$$y = f(x) = x - \frac{2}{|x-1|} + 3 \quad \text{für} \quad -5 \le x \le 5$$

11. Integral

$$x < 1 \implies F_1(x) = \int f(x)\,dx = \int f_1(x)\,dx = \int \left(x + \frac{2}{x-1} + 3\right) dx =$$

$$= \int x\,dx + 2\int \frac{d(x-1)}{x-1} + 3\int dx$$

$$= \frac{x^2}{2} + 2\ln |x-1| + 3x + c =$$

$$= \frac{x^2}{2} + 2\ln(1-x) + 3x + c$$

$$x > 1 \implies F_2(x) = \int f(x)\,dx = \int f_2(x)\,dx = \int \left(x - \frac{2}{x-1} + 3\right) dx =$$

$$= \frac{x^2}{2} - 2\ln|x-1| + 3x + c$$

12. Flächenberechnung $\quad x \in \mathbb{D}_1$

$$A = \int\limits_{-1-\sqrt{2}}^{-1+\sqrt{2}} f(x)\,dx = F_1(-1+\sqrt{2}) - F_1(-1-\sqrt{2}) = \frac{(-1+\sqrt{2})^2}{2}$$

Das Integrationsintervall zwischen N_1, N_2 liegt im Bereich $\mathbb{D}_1$.

$$A = \int\limits_{-1-\sqrt{2}}^{-1+\sqrt{2}} f(x)\,dx = F_1(-1+\sqrt{2}) - F_1(-1-\sqrt{2})$$

$$= \frac{(-1+\sqrt{2})^2}{2} + 2\ln(1+1-\sqrt{2}) + 3(-1+\sqrt{2})$$

$$- \frac{(-1-\sqrt{2})^2}{2} - 2\ln(1+1+\sqrt{2}) - 3(-1-\sqrt{2})$$

$$= \frac{1}{2}(-1+\sqrt{2}-1-\sqrt{2})(-1+\sqrt{2}+1+\sqrt{2}) + 2\ln\frac{2-\sqrt{2}}{2+\sqrt{2}} + 6\sqrt{2}$$

$$= -2\sqrt{2} + 2\ln\frac{(2-\sqrt{2})^2}{2} + 6\sqrt{2} = 4\sqrt{2} + 4\ln(2-\sqrt{2}) - \ln 4 = 2,1314 \text{[FE]}$$

Aufgabe I29:

Einen Kreis mit Radius r ist das Rechteck

a) mit größtem Flächeninhalt A
b) mit größtem Umfang
c) mit größten Trägheitsmoment T(T = $\frac{1}{2}$ab³ in Bezug auf die zu

   a parallele Achse durch den Schwerpunkt)

d) mit größtem Widerstandsmoment W(W = $\frac{1}{6}$ab² einzuschreiben.

   Wie lang sind jeweils die Seiten des Rechtecks?

Anmerkung zu d): Ein Balken hat die größte Tragfähigkeit,
wenn das Widerstandsmoment seines Querschnitts am größten
ist.

Lösung:

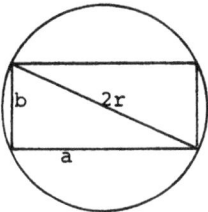

$a^2+b^2 = 4r^2 \implies b = \sqrt{4r^2-a^2}$

a) $A = a \cdot b = a\sqrt{4r^2-a^2}$ wird maximal, falls

   $A^2 = a^2(4r^2-a^2) = 4r^2a^2-a^4$ maximal wird

   $\dfrac{dA^2}{da} = 8r^2a - 4a^3 = 4a(2r^2 - a^2) = 0$

   $\implies a_1 = 0, a_{2,3} = \pm r\sqrt{2} \implies a = r\sqrt{2}$

$\dfrac{d^2A^2}{da^2} = 8r^2-12a^2 \implies \dfrac{d^2A^2}{da^2}\bigg|_{a = r\sqrt{2}} = 8r^2-24r^2 = -16r^2 < 0$

$\implies$ rel. Maximum $\implies$ abs. Maximum, da keine weiteren rel.
                             Maxima, Minima und keine Unstetigkeit
                             existieren.

$a = r\sqrt{2} \implies b = r\sqrt{2} = a$

$\implies$ Das einbeschriebene Quadrat hat die größte Fläche

   $A_{max} = 2r^2$

b) $U = 2a + 2b = 2(a + \sqrt{4r^2 - a^2})$

$\dfrac{dU}{da} = 2(1 + \dfrac{1 \cdot (-2a)}{2\sqrt{4r^2 - a^2}}) = 2(1 - \dfrac{a}{\sqrt{4r^2 - a^2}})$

$= 2(1 - a(4r^2 - a^2)^{-\frac{1}{2}}) = 0$

$\Rightarrow \sqrt{4r^2 - a^2} = a \Rightarrow 4r^2 = 2a^2 \Rightarrow a = r\sqrt{2} \Rightarrow b = r\sqrt{2}$

$\dfrac{d^2U}{da^2} = -2[(4r^2 - a^2)^{-\frac{1}{2}} + a(-\frac{1}{2})(4r^2 - a^2)^{-\frac{3}{2}}(-2a)]$

$= -2(4r^2 - a^2)^{-\frac{3}{2}}[4r^2 - a^2 + a^2] = -\dfrac{8r^2}{\sqrt{(4r^2 - a^2)^3}} < 0$

$\Rightarrow$ rel. Maximum $\Rightarrow$ absolutes Maximum.

Das einbeschriebene Quadrat der Seitenlänge $a = b = r\sqrt{2}$ hat den größten Umfang unter allen einbeschriebenen Rechtecken.

c) $T = \frac{1}{2}ab^3 = \frac{1}{2}a(4r^2 - a^2)^{\frac{3}{2}}$ wird maximal, falls

$(2T)^2 = a^2(4r^2 - a^2)^3$ maximal wird.

$\dfrac{d(2T)^2}{da} = 2a(4r^2 - a^2)^3 + a^2 \; 3(4r^2 - a^2)^2 \; (-2a)$

$= 2a(4r^2 - a^2)^2(4r^2 - a^2 - 3a^2)$

$= 8a(4r^2 - a^2)(r^2 - a^2) = 0$

$\Rightarrow a_1 = 0, \; a_2 = 2r, \; a_3 = r$

$a_3 = r$ ist aus geometrischen Gründen der einzige interessierende Wert.

$\dfrac{d^2(2T)^2}{da^2} = 8[(4r^2 - a^2)(r^2 - a^2) + a(-2a)(r^2 - a^2) + a(4r^2 - a^2)(-2a)]$

| Formel: $(fgh)' = f'gh + fg'h + fgh')$ |

$= \begin{cases} 32r^4 > 0 \quad \text{für } a = 0 \Rightarrow \text{rel. Min.} \\ 24r^4 > 0 \quad " \quad a = 2r \Rightarrow \text{rel. Min.} \\ -6r^4 < 0 \quad " \quad a = r \Rightarrow \text{rel. Max.} \end{cases}$

$\Rightarrow$ für $0 < a < 2r$ ist $a = r$ absolutes Maximum

$\Rightarrow b = r\sqrt{3}$

$\Rightarrow T_{max} = \dfrac{3\sqrt{3}}{2} r^4 = 2,6r^4$

d) $W = \frac{1}{6}ab^2 = \frac{1}{6}a(4r^2-a^2) = \frac{1}{6}(4r^2 \cdot a - a^3)$

$\frac{dW}{da} = \frac{1}{6}[4r^2-3a^2] = 0 \Rightarrow a = {(\pm)}\frac{2r}{\sqrt{3}} = 1,1547r$

$\frac{d^2W}{da^2} = \frac{1}{6}(-6a) < 0 \Rightarrow$ rel. Max. $\Rightarrow$ abs. Max.

$\Rightarrow b = \sqrt{4r^2-\frac{4r^2}{3}} = \sqrt{\frac{8r^2}{3}} = 2\sqrt{\frac{2}{3}}\, r = 1,6330r$

$W_{max} = \frac{1}{6}\frac{2r}{\sqrt{3}} \cdot 4 \cdot \frac{2}{3}r^2 = \frac{8}{9\sqrt{3}}r^3 = 0,5132r^3$

Ein Balken der Abmessungen a = 1,1547r, b = 1,6330r
hat das größte Widerstandsmoment W_{max} = 0,5132r³

Aufgabe I30:

Der stationäre Anteil einer gedämpften erzwungenen Schwingung ist gleich $K \cos(wt + \delta)$. Für die Amplitude gilt

$$K = \frac{-K_0}{\sqrt{(w_0^2 - w^2)^2 + (2\delta w)^2}} = f(w)$$

K_0, w_0, δ sind konstant. Für welche Kreisfrequenz $w = w_r$ ergibt sich die maximale Amplitude (Resonanz)?
Es wird $w_0^2 > 2\delta^2$ vorausgesetzt.

Lösung:

$$K = f(w) = \frac{-K_0}{\sqrt{w_0^2 - w^2)^2 + (2\delta w)^2}} \quad \text{wird maximal,}$$

falls $g(w) = (w_0^2 - w^2)^2 + (2\delta w)^2$ minimal wird.

$$\frac{dg(w)}{dw} = 2(w_0^2 - w^2)(-2w) + 2 \cdot 2\delta w \cdot 2\delta$$

$$= 4w(-w_0^2 + w^2 + 2\delta^2) = 0$$

$$\implies w_1 = 0, \quad w_2 = \sqrt{w_0^2 - 2\delta^2} \quad \text{für } w_0^2 > 2\delta^2$$

$$\frac{d^2 g}{dw^2} = 4[-w_0^2 + w^2 + 2\delta^2 + w \cdot 2w] = 4[-w_0^2 + 2\delta^2 + 3w^2]$$

$$\frac{d^2 g}{dw^2} \bigg|_{w=0} = 4[-w_0^2 + 2\delta^2] < 0 \quad \text{für } w_0^2 > 2\delta^2 \implies \text{Max.}$$

$$\frac{d^2 g}{dw^2} \bigg|_{w=w_2} = 4[-w_0^2 + 2\delta^2 + 3w_0^2 - 6\delta^2] = 4[2w_0^2 - 4\delta^2]$$

$$> 4[4\delta^2 - 4\delta^2] = 0 \implies \text{Minimum}$$

$$\implies K_{max} = \frac{K_0}{\sqrt{(w_0^2 - w_0^2 + 2\delta^2)^2 + 4\delta^2(w_0^2 - 2\delta^2)}} = \frac{K_0}{\sqrt{4\delta^4 + 4\delta^2 w_0^2 - 8\delta^4}}$$

$$= \frac{K_0}{\sqrt{4\delta^2 w_0^2 - 4\delta^4}} = \frac{K_0}{2\delta\sqrt{w_0^2 - \delta^2}}$$

Die Amplitude erreicht für $w_r = \sqrt{w_0^2 - 2\delta^2}$ ihren maximalen

Wert $K_{max} = \dfrac{K_0}{2\delta\sqrt{w_0^2 - \delta^2}}$

Loesung mit Mathematica

```
K[w_]:=K0/Sqrt[(w0^2-w^2)^2+(2 d w)^2]
u[t_,w_]:=K[w] Cos[w t +d];              K0=2; w0=Pi/3; d=Pi/10;
w2=Sqrt[w0^2-2 d^2]//N
```

0.948278

```
Plot[K[w],{w,-1,2 Pi}]
```

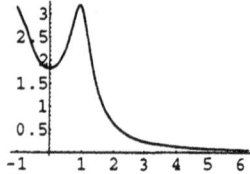

```
g[w_]:=Plot[u[t,w],{t,0,5 Pi},AxesLabel->{"x","y"}]
Show[GraphicsArray[{{g[0.5],g[w2]},{g[2],g[4]}}]]
```

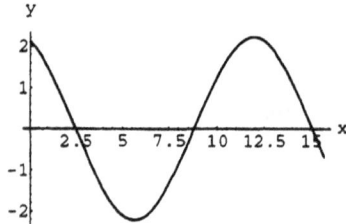

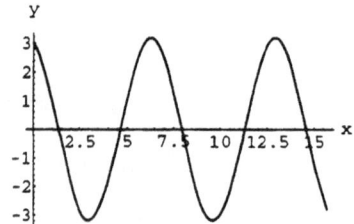

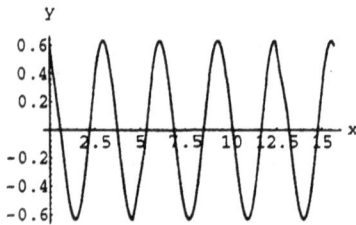

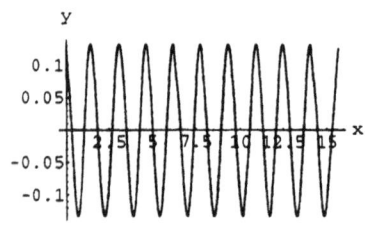

```
Show[{{g[0.5],g[w2]},{g[2],g[4]}}]
```

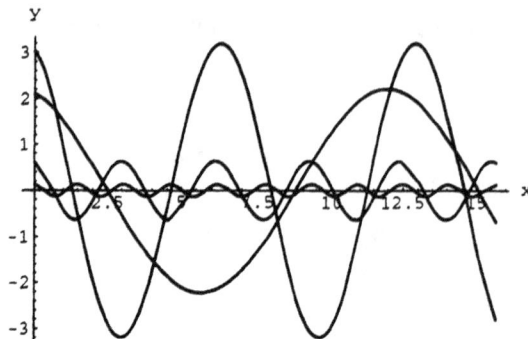

Aufgabe I31:

Zwei Punkte P_1, P_2 bewegen sich auf den beiden Koordinaten-achsen gleichförmig mit $v_1 = 0,3$ ms^{-1} und $v_2 = 0,4$ ms^{-1} in Richtung auf den Ursprung O hin.
Am Anfang der Bewegung sind sie vom Ursprung 12m bzw. 9m entfernt.
Nach wieviel Sekunden ist ihre Entfernung am kleinsten?

Lösung:

P_1: $x(t) = 12 - 0,3t$ P_2: $y(t) = 9 - 0,4t$

$e^2(t) = x^2(t) + y^2(t) = (12 - 0,3t)^2 + (9 - 0,4t)^2$

$$\frac{de^2}{dt} = 2(12 - 0,3t)(-0,3) + 2(9 - 0,4t)(-0,4)$$

$$= -2(3,6 - 0,09t + 3,6 - 0,16t)$$

$$= -2(7,2 - 0,25t) = 0 \implies t = 28,8 [s]$$

$$\frac{d^2e^2}{dt^2} = 0,5 > 0 \implies \text{rel. Minimum} \implies \text{absolutes Minimum}$$

$$e(28,8) = \sqrt{(12-0,3\cdot 28,8)^2+(9-0,4\cdot 28,8)^2} =$$
$$= \sqrt{3,36^2 + (-2,52)^2} = 4,2 [m]$$

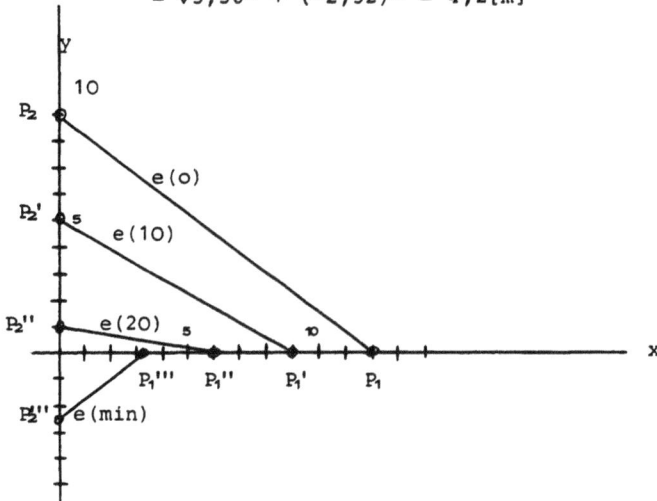

Aufgabe I32:

Es sind die Polynome

$$P_3(x) = 8 + 16x + 10x^2 + 2x^3$$
$$P_5(x) = 2 - 8x + 3x^2 - 4x^3 + 6x^4 + x^5$$

gegeben.

1. Entwickeln Sie $P_5(x)$ an der Stelle -1 nach dem Hornerchema und geben Sie sämtliche Ableitungen von $P_5(x)$ an der Stelle $x = -1$ an.

2. Führen Sie die Polynomdivision $\frac{P_5(x)}{P_3(x)}$ durch.

3. Bestimmen Sie $\lim\limits_{x \to (\pm)\,\infty} \frac{P_5(x)}{P_3(x)}$

4. Welche Fläche schließt $P_3(x)$ zwischen den Nullstellen mit der x-Achse ein?

5. Für welche x ist $P_3(x)$ streng monoton wachsend bzw. fallend?

Lösung:

1. $P_5(x) = 2 - 8x + 3x^2 - 4x^3 + 6x^4 + x^5$

		1	6	-4	3	-8	2
-1	≡		-1	-5	9	-12	20
		1	5	-9	12	-20	22 = r_0
-1	≡		-1	-4	13	-25	
		1	4	-13	25	-45 = r_1	
-1	≡		-1	-3	16		
		1	3	-16	41 = r_2		
-1	≡		-1	-2			
		1	2	-18 = r_3			
-1	≡		-1				
		1	1 = r_4				
-1	≡						
		1 = r_5					

$$\Rightarrow \; P_5(x) = \sum_{i=0}^{5} r_i (x+1)^i =$$

$$= 22 - 45(x+1) + 41(x+1)^2 - 18(x+1)^3 + (x+1)^4 + (x+1)^5$$

$$= \sum_{i=0}^{5} \frac{P_5^{(i)}(-1)}{i!}(x+1)^i \qquad \Rightarrow$$

0. Abl: $\quad P_5^{(0)}(-1) = r_0 \cdot 0! = 22$

1. Abl: $\quad P_5^{(1)}(-1) = r_1 \cdot 1! = -45$

2. Abl: $\quad P_5^{(2)}(-1) = r_2 \cdot 2! = 41 \cdot 2 = 92$

3. Abl: $\quad P_5^{(3)}(-1) = r_3 \cdot 3! = -18 \cdot 6 = -108$

4. Abl: $\quad P_5^{(4)}(-1) = r_4 \cdot 4! = 1 \cdot 24 = 24$

5. Abl: $\quad P_5^{(5)}(-1) = r_5 \cdot 5! = 1 \cdot 120 = 120$

2. $(x^5+6x^4-4x^3+3x^2-8x+2) : (2x^3+10x^2+16x+8) =$

$$= \tfrac{1}{2}x^2 + \tfrac{1}{2}x - \tfrac{17}{2} + \frac{76x^2 + 124x + 70}{2x^3 + 10x^2 + 16x + 8}$$

$(\mp) x^5 (\mp) 5x^4 (\mp) 8x^3 (\mp) 4x^2$

———————————————————

$\qquad\qquad x^4 -12x^3 - x^2 - 8x + 2$

$\qquad\qquad (\mp) x^4 (\mp) 5x^3 (\mp) 8x^2 (\mp) 4x$

———————————————————

$\qquad\qquad\qquad -17x^3 - 9x^2 -12x + 2$

$\qquad\qquad\qquad (\pm) 17x^3 (\pm) 85x^2 (\pm) 136x (\pm) 68$

———————————————————

$\qquad\qquad\qquad\qquad 76x^2 + 124x + 70$

3. $\quad \lim\limits_{x \to (\pm)\infty} \dfrac{P_5(x)}{P_3(x)} = \lim\limits_{x \to (\pm)\infty} \left[x^2 \left(\tfrac{1}{2}+\tfrac{1}{2x}-\tfrac{17}{2x^2}\right) + \dfrac{\frac{76}{x}+\frac{124}{x^2}+\frac{70}{x^3}}{2+\frac{10}{x}+\frac{16}{x^2}+\frac{8}{x^3}} \right] = \qquad \infty$

4. Bestimmung der Nullstellen in $P_3(x)$.

Durch Erraten findet man, daß $x_1 = -1$ Nullstelle von $P_3(x)$ ist. $P_3(x)$ wird nach dem Hornerschema durch $(x+1)$ geteilt, indem man $P_3(x)$ an der Stelle $x_1 = -1$ berechnet:

$$
\begin{array}{c|cccc}
 & 2 & 10 & 16 & 8 \\
-1 & \equiv & -2 & -8 & -8 \\
\hline
 & 2 & 8 & 8 & 0
\end{array}
$$

$\Longrightarrow P_3(x) = (x+1)(8+8x+2x^2) = 2(x+1)(x^2+4x+4)$

$\qquad\qquad = 2(x+1)(x+2)^2$

$\Longrightarrow P_3(x)$ hat die Nullstellen $N_1(-2/0)$, $N_2(-1/0)$

$\qquad N_1$ ist Doppelnullstelle, $P_3(x)$ berührt die Abszisse,

$\qquad P_3'(-2) = 0$

$A = \displaystyle\int_{-2}^{-1} P_3(x)\,dx = \int_{-2}^{-1} (8+16x+10x^2+2x^3)\,dx$

$\quad = [8x + 16\tfrac{x^2}{2} + 10\tfrac{x^3}{3} + 2\tfrac{x^4}{4}]_{-2}^{-1}$

$\quad = -8+8-\tfrac{10}{3}+\tfrac{1}{2}-(-16+32-\tfrac{80}{3}+8) = -0{,}167$

5. $P_3'(x) = 16+20x+6x^2 = 2(3x^2+10x+8) = 0$

$\qquad\Longrightarrow x_{1,2} = \dfrac{-10\pm\sqrt{100-96}}{6} = \dfrac{-10\pm2}{6} \Longrightarrow x_1 = -2,\ x_2 = -\tfrac{4}{3}$

$P_3'(x)$ ist eine (wegen $6x^2$) nach oben geöffnete Parabel

mit den Nullstellen $N_1(-2/0)$, $N_2(-\tfrac{4}{3},0)$. $\Longrightarrow$

$x < -2 \Longrightarrow P_3'(x) > 0 \Longrightarrow P_3(x)$ ist streng monoton wachsend.

$-2 < x < -\tfrac{4}{3} \Longrightarrow P_3'(x) < 0 \Longrightarrow P_3(x)$ ist streng monoton fallend.

$-\tfrac{4}{3} < x \Longrightarrow P_3'(x) > 0 \Longrightarrow P_3(x)$ ist streng monoton wachsend.

Loesung mit Mathematica

Berechnung von Polynomwerten mit dem Hornerschema

```
a={8,16,10,2} //N;   b={2,-8,3,-4,6, 1}
```

```
{2, -8, 3, -4, 6, 1}
```

```
p[x_,n_,a_]:=Module[{pw},
          pw=a[[n+1]];Do[pw=a[[n+1-i]]+x pw,{i,1,n}];pw]
```

```
p[1,3,a]
```

```
36.
```

```
p[2,5,b]
```

```
94
```

```
p[x,3,a]
```

```
8. + x (16. + x (10. + 2. x))
```

Speichern des Funktionsausdrucks in der Variablen p3

```
p3=Simplify[%]
```

$$8. + 16. \, x + 10. \, x^2 + 2. \, x^3$$

```
p3/.x->1
```

```
36.
```

Plot und Nullstellenbestimmung des Polynoms p3(x)

```
Plot[p[x,3,a],{x,-3,2}]
```

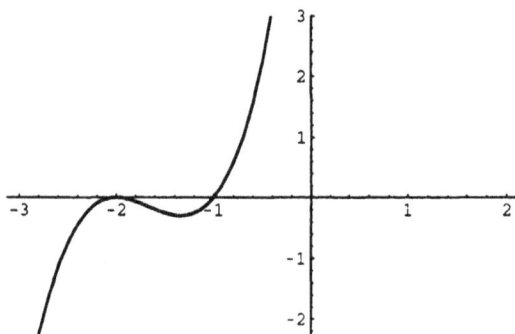

```
FindRoot[p[x,3,a]==0,{x,-3}]
```

```
{1 -> -2.00022}
```

```
FindRoot[p[x,3,a],{x,0}]
```

```
{1 -> -1.}
```

Verschiedene Mglichkeiten bei der Integration

A[x]=Integrate[p3,x]

$8. \; x + 8. \; x^2 + 3.33333 \; x^3 + 0.5 \; x^4$

OG=A[x]/.x->-1

-2.83333

UG=A[x]/.x->-2

-2.66667

OG-UG

-0.166667

Integrate[p3,{x,-2,-1}]

-0.166667

Integrate[p[x,3,a],x]

$8. \; x + 8. \; x^2 + 3.33333 \; x^3 + 0.5 \; x^4$

Integrate[p[x,3,a],{x,-2,-1}]

-0.166667

32.6

Betrachtung des Polynnoms p5(x)

Plot[p[x,5,b],{x,-1,2}]

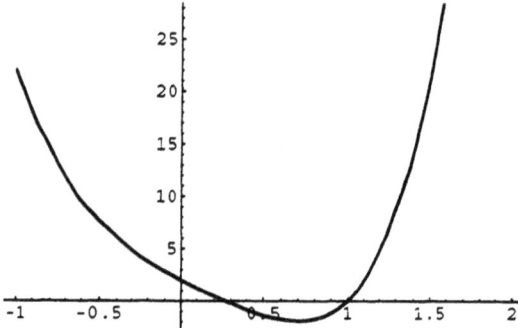

x=.

p5=Simplify[p[x,5,b]]

$$2 - 8 x + 3 x^2 - 4 x^3 + 6 x^4 + x^5$$

FindRoot[p[x,5,b],{x,0}]

{1 -> 0.271969}

FindRoot[p[x,5,b],{x,1.5}]

{1 -> 1.}

Integrate[p[x,5,b],x]

$$2 x - 4 x^2 + x^3 - x^4 + \frac{6 x^5}{5} + \frac{x^6}{6}$$

Integrate[p[x,5,b],{x,0.271969,1}]

-0.897901

Aufgabe I33:

Diskutieren Sie die Funktion

$$y = f(x) = \tfrac{1}{2}(e^{-x} - e^{-4x})$$

Welche Fläche A(x) schließt f(x) im Intervall [0,x] mit
der Abszisse ein.
Bestimmen Sie $\lim\limits_{x \to \infty} A(x)$.

Lösung:

Funktion $y = f(x) = \tfrac{1}{2}(e^{-x} - e^{-4x})$

1. $D = R$

2. Keine Symmetrie

3. Keine Periodizität

4. Nullstellen

$f(x) = \tfrac{1}{2}(e^{-x}-e^{-4x}) = \tfrac{1}{2}e^{-x}(1-e^{-3x}) = 0$

$\Longleftrightarrow e^{-3x} = 1 \Longleftrightarrow -3x = 0$ (da $e^0 = 1$) $\Longleftrightarrow x = 0$

$\Longrightarrow N(0/0)$ ist Nullstelle

(Man kann die Nullstelle auch so bestimmen:

$\left.\begin{array}{l} y = e^{-x} = e^{-4x}, \\ e^x \text{ streng monoton} \end{array}\right\} \Longrightarrow -x = -4x \Longrightarrow 3x = 0 \Longrightarrow x = 0$)

5. Es existieren keine Unstetigkeiten

6. Ableitungen

$f'(x) = \tfrac{1}{2}(e^{-x}(-1)-e^{-4x}(-4)) = \tfrac{1}{2}(-e^{-x}+4e^{-4x})$

$\qquad = \tfrac{1}{2}e^{-x}(-1+4e^{-3x})$

$f''(x) = \tfrac{1}{2}(-e^{-x}(-1)+4e^{-4x}(-4)) = \tfrac{1}{2}(e^{-x}-16e^{-4x})$

$\qquad = \tfrac{1}{2}e^{-x}(1-16e^{-3x})$

7. Asymptoten

Verhalten am Rande des Definitionsbereichs

Horizontale Asymptote

$$\lim_{x \to -\infty} f(x) = \lim_{x \to -\infty} \tfrac{1}{2}e^{-4x}(e^{3x}-1) = -\infty$$

$$\lim_{x \to \infty} f(x) = \lim_{x \to \infty} \tfrac{1}{2}(e^{-x}-e^{-4x}) = 0$$

$\Longrightarrow$ y = 0 ist die Gleichung der horizontalen Asymptote
für x → ∞

Es existiert keine vertikale Asymptote

Schiefe Asymptote

$$\lim_{x \to -\infty} f'(x) = \lim_{x \to -\infty} \tfrac{1}{2}e^{-4x}(-e^{3x}+4) = \infty$$

$$\lim_{x \to \infty} f'(x) = \lim_{x \to \infty} \tfrac{1}{2}(-e^{-x}+4e^{-4x}) = 0 \quad \Longrightarrow \text{ hor. Asymptote}$$

Es existiert keine schiefe Asymptote.

8. Monotonie, Extrema

$$f'(x_0) = \tfrac{1}{2}e^{-x_0}(-1+4e^{-3x_0}) = 0 \iff e^{-3x_0} = \tfrac{1}{4}$$

$$\iff -3x_0 = \ln\tfrac{1}{4} = -\ln 4$$

$$\iff x_0 = \frac{\ln 4}{3} = 0,46 \implies f(x_0) = \tfrac{1}{2}e^{-x_0}(1-e^{-3x_0}) =$$

$$\tfrac{1}{2}\sqrt[3]{\tfrac{1}{4}}\cdot(1-\tfrac{1}{4}) = \frac{3}{8\sqrt[3]{4}} = 0,24$$

$$f''(x_0) = \tfrac{1}{2}e^{-x_0}(1-16e^{-3x_0}) = \tfrac{1}{2}\sqrt[3]{\tfrac{1}{4}}\,(1-16\cdot\tfrac{1}{4}) < 0$$

$\Longrightarrow$ f(x) hat in x_0 ein relatives Maximum
$\Longrightarrow$ H(0,46/0,24) ist Hochpunkt
f(x) und f'(x) ist stetig für x ∈ IR. f(x) hat keine
weiteren Extrema.

$$\Longrightarrow \begin{cases} x < 0,46 \implies f(x) \text{ ist streng monoton wachsend} \\ x > 0,46 \implies f(x) \text{ ist streng monoton fallend} \end{cases}$$

9. Krümmung, Wendepunkte

$$f''(x_0) = \tfrac{1}{2}e^{-x_0}(1-16e^{-3x_0}) = 0 \iff e^{-3x_0} = \tfrac{1}{16}$$

$$\iff -3x_0 = \ln\tfrac{1}{16} = -\ln 16$$

$$\iff x_0 = \frac{\ln 16}{3} = 0{,}92 \implies f(x_0) = \tfrac{1}{2}e^{-x_0}(1-e^{-3x_0}) =$$

$$= \tfrac{1}{2}\sqrt[3]{\tfrac{1}{16}}\cdot(1-\tfrac{1}{16}) = \frac{15}{2\cdot 2\cdot\sqrt[3]{2}\cdot 16} = 0{,}19$$

Wegen der Monotonie von e^{-x} wechselt $(1-16e^{-3x})$ beim

Durchgang durch $x_0 = \dfrac{\ln 16}{3}$ das Vorzeichen.

$\implies$ $f(x)$ hat in $W(0{,}92/0{,}19)$ einen Wendepunkt.

e^{-3x} ist streng monoton fallend

$$x < x_0 \implies e^{-3x} > \tfrac{1}{16} \implies 1-16e^{-3x} < 0$$

$$x > x_0 \implies e^{-3x} < \tfrac{1}{16} \implies 1-16e^{-3x} > 0$$

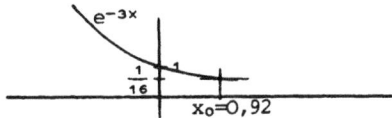

Abb 33.1 Prinzipskizze von e^{-3x}

$$\implies \begin{cases} x < x_0 \implies f''(x) < 0 \implies \text{Rechtskrümmung} \\ x > x_0 \implies f''(x) > 0 \implies \text{Linkskrümmung} \end{cases}$$

(Wegen der Stetigkeit von $f''(x)$ und da $f''(x)$ genau eine Nullstelle $x = 0{,}92$ hat, wird nur in dieser Nullstelle das Krümmungsverhalten geändert.)

10. Graph

x	-1	-0,5	-0,3	-0,2	-0,1	0	0,2	0,4
y	-25,94	-2,87	-0,99	-0,50	-0,19	0	0,18	0,23

x	0,46	0,6	0,8	0,92	1	1,2	1,4
y	0,24	0,23	0,20	0,19	0,17	0,15	0,12

x	1,6	1,8	2	2,5	3	4	10
y	0,10	0,08	0,06	0,04	0,02	0,009	$0{,}23\cdot 10^{-4}$

11. Integral

$$\int f(x)\,dx = \tfrac{1}{2}\int (e^{-x} - e^{-4x})\,dx = \tfrac{1}{2}[-\int e^{-x}d(-x) - (-\tfrac{1}{4})\int e^{-4x}d(-4x)]$$

$$= \tfrac{1}{2}[-e^{-x} + \tfrac{1}{4}e^{-4x}] + c = -\tfrac{1}{2}e^{-x} + \tfrac{1}{8}e^{-4x} + c$$

12. Fläche

$$A(x) = \int_0^x f(t)\,dt = [-\tfrac{1}{2}e^{-t} + \tfrac{1}{8}e^{-4t}]_0^x =$$

$$= -\tfrac{1}{2}e^{-x} + \tfrac{1}{8}e^{-4x} - (-\tfrac{1}{2} + \tfrac{1}{8}) = -\tfrac{1}{2}e^{-x} + \tfrac{1}{8}e^{-4x} + \tfrac{3}{8}$$

$$\lim_{x \to \infty} A(x) = \tfrac{3}{8} = 0,375$$

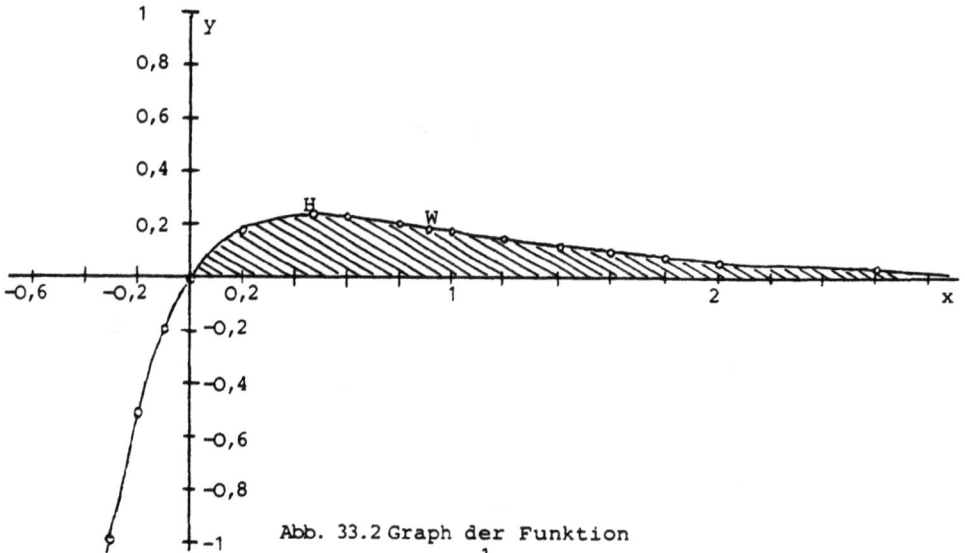

Abb. 33.2 Graph der Funktion

$$f(x) = \tfrac{1}{2}(e^{-x} - e^{-4x})$$

Aufgabe I34:

Berechnen Sie die folgenden Grenzwerte:

1. $\lim\limits_{x \to 1+0} \dfrac{\ln x}{\sqrt{x^2-1}}$, 2. $\lim\limits_{x \to \infty} \dfrac{x^4}{e^x}$, 3. $\lim\limits_{x \to +0} x^x$

Lösung:

1. $\lim\limits_{x \to 1+0} \dfrac{\ln x}{\sqrt{x^2-1}} = \lim\limits_{x \to 1+0} \dfrac{\frac{1}{x}}{\frac{2x}{2\sqrt{x^2-1}}} = \lim\limits_{x \to 1+0} \dfrac{\sqrt{x^2-1}}{x^2} = 0$

Regel nach l'Hospital:

$\lim\limits_{x \to x_0} f(x) = \lim\limits_{x \to x_0} g(x) = \begin{cases} 0 \\ \pm\infty \end{cases} \Longrightarrow \lim\limits_{x \to x_0} \dfrac{f(x)}{g(x)} = \lim\limits_{x \to x_0} \dfrac{f'(x)}{g'(x)}$

---

2. $\lim\limits_{x \to \infty} \dfrac{x^4}{e^x} = \lim\limits_{x \to \infty} \dfrac{4x^3}{e^x} = \lim\limits_{x \to \infty} \dfrac{12x^2}{e^x} = \lim\limits_{x \to \infty} \dfrac{24x}{e^x} = \lim\limits_{x \to \infty} \dfrac{24}{e^x} = 0$

3. $\lim\limits_{x \to +0} x^x$

$y = x^x \implies \ln y = x \ln x = \dfrac{\ln x}{\frac{1}{x}}$

$\lim\limits_{x \to +0} \ln y = \lim\limits_{x \to +0} \dfrac{\ln x}{\frac{1}{x}} = \lim\limits_{x \to +0} \dfrac{\frac{1}{x}}{-\frac{1}{x^2}} = \lim\limits_{x \to +0} (-x) = 0$

$\ln y$ ist stetige Funktion $\implies \lim\limits_{x \to +0} y = \lim\limits_{x \to +0} x^x = 1$

```
1 Limit[Log[x]/Sqrt[x^2-1],x->1,Direction->-1]

0

Limit[Log[x]/Sqrt[x^2-1],x->Infinity]

0

g1=Plot[Log[x]/Sqrt[x^2-1], {x,1.001,10},AxesLabel->{"x","y"},
    PlotRange->{{0,10},{0,0.5}}];

g2=Plot[Log[x]/Sqrt[x^2-1], {x,1.001,120},AxesLabel->{"x","y"},
    PlotRange->{{0,120},{0,0.5}}];

Show[GraphicsArray[{g1,g2}]]
```

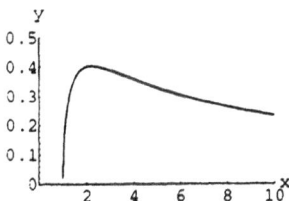

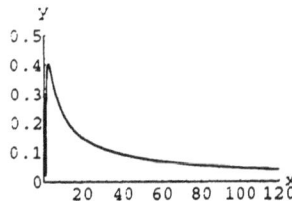

2 `Limit[x^4 / Exp[x],x->Infinity]`

$$\text{Limit}[\frac{x^4}{E^x},\ x \to \text{Infinity}]$$

Regel von L·Hospital

`Limit[D[x^4,x] / D[Exp[x],x],x->Infinity]`

0

`Limit[D[x^4,x] / D[Exp[x],x],x->-Infinity]`

-Infinity

`g21=Plot[x^4 / Exp[x], {x,-1,5},AxesLabel->{"x","y"}];`

`g22=Plot[x^4 / Exp[x], {x,-2,15},AxesLabel->{"x","y"}];`

`Show[GraphicsArray[{g21,g22}]]`

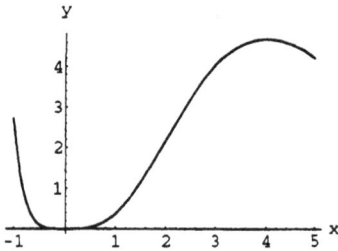

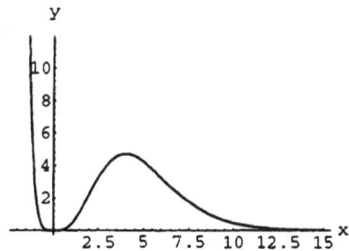

3 `Limit[x^x,x->0,Direction->-1]`

1

`Limit[x^x,x->Infinity]`

ComplexInfinity

`Plot[x^x,{x,0,5},AxesLabel->{"x","y"}]`

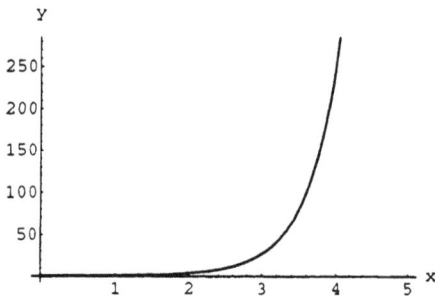

Aufgabe I35:

Berechnen Sie die folgenden Ableitungen und geben Sie die
Definitionsbereiche an.

1. $y = x^x$ 2. $y = \ln(x + \sqrt{1+x^2})$

3. $y = \dfrac{e^x}{e^x-a}$ 4. $y = \dfrac{e^x-e^{-x}}{2}$

5. $y = \dfrac{e^x+e^{-x}}{2}$ 6. $y = 2^x e^x$

Lösung:

1. $y = x^x$ $|D = \{x|x > 0\}$, z.B. ist $\left(-\tfrac{1}{2}\right)^{-\tfrac{1}{2}} = \dfrac{1}{\left(-\tfrac{1}{2}\right)^{\tfrac{1}{2}}} = \dfrac{1}{\sqrt{-\tfrac{1}{2}}}$

                                              nicht definiert

   Die Funktion wird implizit differenziert:

   $\ln y = x\ln x \;\Longrightarrow\; \dfrac{1}{y}y' = \ln x + x\cdot\dfrac{1}{x} = \ln x + 1$

   $\Longrightarrow\; y' = y(\ln x+1) = x^x(1+\ln x)$

2. $y = \ln(x+\sqrt{1+x^2})$

   $|D = \{x|x+\sqrt{1+x^2} > 0\} = |R$, da $\sqrt{1+x^2} > \sqrt{x^2} = |x|$ und

   $$x + \sqrt{1+x^2} > x + |x| \geq 0$$

   $y' = \dfrac{1\cdot\left(1+\dfrac{1\cdot 2x}{2\sqrt{1+x^2}}\right)}{x+\sqrt{1+x^2}} = \dfrac{\sqrt{1+x^2} + x}{(x+\sqrt{1+x^2})\sqrt{1+x^2}} = \dfrac{1}{\sqrt{1+x^2}}$

3. $y = \dfrac{e^x}{e^x-a}$

   $a < 0 \;\Longrightarrow\; |D = |R, \; a > 0 \Longrightarrow\; |D = \{x|e^x \neq a\} =$

   $\qquad\qquad\qquad\qquad = \{x|x \neq \ln a\}$

   $y' = \dfrac{e^x(e^x-a)-e^x\cdot e^x}{(e^x-a)^2} = \dfrac{e^x(e^x-a-e^x)}{(e^x-a)^2} = \dfrac{-ae^x}{(e^x-a)^2}$

35.2

4. + 5. $y = \dfrac{e^x - e^{-x}}{2} = f(x)$, $y = \dfrac{e^x + e^{-x}}{2} = g(x)$

   $ID = IR$ für beide Funktionen

   $y' = f'(x) = \dfrac{e^x - e^{-x}(-1)}{2} = \dfrac{e^x + e^{-x}}{2} = g(x)$

   $y' = g'(x) = \dfrac{e^x + e^{-x}(-1)}{2} = \dfrac{e^x - e^{-x}}{2} = f(x)$

6. $y = 2^x e^x = (2e)^x$ $ID = IR$

   $y' = (2e)^x \ln(2e)$

Regel: $(a^x)' = a^x \ln a,\ a > 0$

Loesung mit Mathematica

---

1 `f1[x_]:=x^x;  Simplify[ f1'[x] ]`

$x^x (1 + \text{Log}[x])$

`g1=Plot[ {f1[x],f1'[x]},{x,1,5},AxesLabel->{"x","   x^x,(x^x)' "},`
`       PlotStyle->{Automatic,Dashing[{0.01, 0.02}]}]`

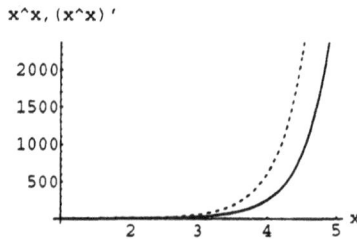

2 `f2[x_]:=Log[x+Sqrt[1+x^2]]; Simplify[ f2'[x]  ]`

$\dfrac{1}{\text{Sqrt}[1 + x^2]}$

`g2=Plot[ {f2[x],f2'[x]},{x,0,5},AxesLabel->{"x",`
`       "  f=Log[x+Sqrt[1+x^2] , f' "},`
`       PlotStyle->{Automatic,Dashing[{0.01, 0.02}]}]`

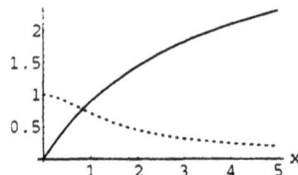

4 `f4[x_]:=(Exp[x]-Exp[-x])/2; f4'[x]`

$$\frac{E^{-x} + E^{x}}{2}$$

`g4=Plot[ {f4[x],f4'[x]},{x,-5,3},AxesLabel->{"x",`
`"  f=Sinh[x], f' "},PlotStyle->{Automatic,Dashing[{0.01, 0.02}]}]`

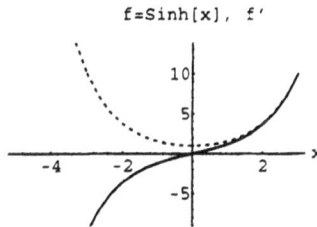

f=Sinh[x], f'

5 `f5[x_]:=(Exp[x]+Exp[-x])/2; f5'[x]`

$$\frac{-E^{-x} + E^{x}}{2}$$

`g5=Plot[ {f5[x],f5'[x]},{x,-5,3},AxesLabel->{"x",`
`"  f=Cosh[x], f' "},PlotStyle->{Automatic,Dashing[{0.01, 0.02}]}]`

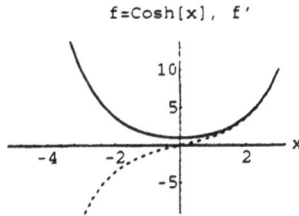

f=Cosh[x], f'

6 `f6[x_]:=2^x Exp[x]; Simplify[  f6'[x]  ]`

$$2^{x} E^{x} (1 + Log[2])$$

`g6=Plot[ {f6[x],f6'[x]},{x,-2,3},AxesLabel->{"x",`
`"  f=2^x E^x, f' "},PlotStyle->{Automatic,Dashing[{0.01, 0.02}]}]`

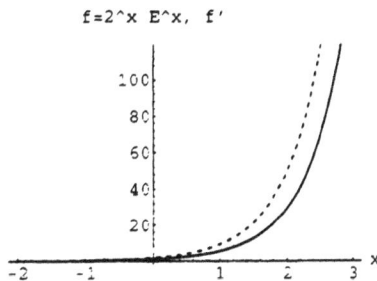

f=2^x E^x, f'

Aufgabe I36:

Lösen Sie die folgenden Integrale:

1. $\int 2e^{3y-6}\,dy$ 2. $\int x^2 e^{2x}\,dx$

3. $\int_{2a} \frac{\ln(\ln x)}{x}\,dx$ (subs: $y=\ln x$)   4. $\int x(\ln x + 1)\,dx$

5. $\int_{a} \frac{e^x}{e^x + a}\,dx$

Lösung:

1. $\int 2e^{3y-6}\,dy = \frac{2}{3}\int e^{3y-6}\,d(3y-6) = \frac{2}{3}e^{3y-6}+c$

$$\boxed{d(3y-6) \;=\; 3dy}$$

2. $\int x^2 e^{2x}\,dx = \int (\frac{y}{2})^2 e^y\,\frac{1}{2}dy = \frac{1}{8}\int y^2 e^y\,dy$

$$\boxed{\text{Sub.}\quad y = 2x \Longrightarrow \quad dy = 2dx \Longrightarrow dx = \tfrac{1}{2}dy \Longrightarrow x = \tfrac{y}{2}}$$

$$\boxed{\begin{array}{ll}\text{Part.Int:} \; u &= y^2 \;\Longrightarrow\; u' = 2y \\ v' &= e^y \;\Longrightarrow\; v = e^y\end{array}}$$

$= \frac{1}{8}[y^2 e^y - 2\int y e^y\,dy] = \frac{1}{8}[y^2 e^y - 2(ye^y - \int e^y\,dy)]$

$$\boxed{\begin{array}{ll}\text{Part.Int:} \; u &= y \;\Longrightarrow\; u' = 1 \\ v' &= e^y \;\Longrightarrow\; v = e^y\end{array}}$$

$= \frac{1}{8}[y^2 e^y - 2ye^y + 2e^y]+c = \frac{1}{8}e^y[y^2 - 2y + 2]+c$

$= \frac{1}{8}e^{2x}[4x^2 - 4x + 2]+c = \frac{1}{4}e^{2x}[2x^2 - 2x + 1]+c$

3. $\int \frac{\ln(\ln x)}{x}\,dx = \int \ln y\,dy = y\ln y - \int y\cdot\frac{1}{y}dy$

$$\boxed{\text{Sub } y = \ln x \;\Longrightarrow\; dy = \tfrac{1}{x}dx}\qquad \boxed{\begin{array}{ll}\text{Part.} \; u &= \ln y \Longrightarrow u' = \frac{1}{y} \\ \text{Int.} \; v' &= 1 \;\;\Longrightarrow\; v = y\end{array}}$$

$= y\ln y - y + c = y(\ln y - 1) + c = \ln x[\ln(\ln x) - 1] + c$

4. $\int x(\ln x+1)\,dx = \frac{x^2}{2}(\ln x+1) - \int \frac{x^2}{2}\cdot\frac{1}{x}dx =$

Part.Int.	$u = \ln x+1$	$\Longrightarrow$	$u' = \frac{1}{x}$
	$v' = x$	$\Longrightarrow$	$v = \frac{x^2}{2}$

$= \frac{x^2}{2}(\ln x+1) - \frac{1}{2}\int x\,dx = \frac{x^2}{2}(\ln x+1) - \frac{1}{2}\cdot\frac{x^2}{2}+c =$

$= \frac{x^2}{4}(2\ln x+2-1)+c = \frac{x^2}{4}(\ln x^2+1)+c$

5. $\displaystyle\int_{a}^{2a} \frac{e^x}{e^x+a}dx = \int_{e^a+a}^{e^{2a}+a} \frac{dy}{y} = [\ln|y|]_{e^a+a}^{e^{2a}+a}$

Sub.	$y = e^x+a$	$\Longrightarrow$	$dy = e^x dx$
	$x = a$	$\Longrightarrow$	$y = e^a+a$
	$x = 2a$	$\Longrightarrow$	$y = e^{2a}$

$= \ln\left|e^{2a}\right| - \ln\left|e^a+a\right| = \ln\left|\dfrac{e^{2a}}{e^a+a}\right|$

Loesung mit Mathematica

```
2 Integrate[x^2 Exp[2 x],x]
```

$E^{2\,x}\,(\frac{1}{4} - \frac{x}{2} + \frac{x^2}{2})$

```
f2[x_]:=x^2 Exp[2 x];   Inf2[x_]=Integrate[f2[t],{t,0,x}];


g2:=Plot[ {f2[x],Inf2[x]},{x,0,x2},AxesLabel->{"x",
         "   f=x^2 Exp[2 x], Int[f dx]   "},
        PlotStyle->{Automatic,Dashing[{0.01, 0.02}]}];

Inf2[x]
```

$-(\frac{1}{4}) + \dfrac{E^{2\,x}\,(1 - 2\,x + 2\,x^2)}{4}$

```
Show[GraphicsArray[{g2/.x2->1, g2/.x2->3}]]
```

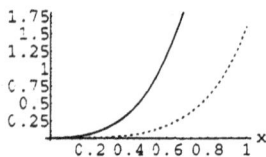

f=x^2 Exp[2 x], Int[f dx]

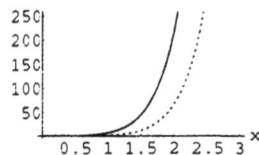

f=x^2 Exp[2 x], Int[f dx]

3 `Integrate[Log[Log[x]]/x,x]`

`-Log[x] + Log[x] Log[Log[x]]`

`f3[x_]:=Log[Log[x]]/x; Inf3[x]=Integrate[f3[t],{t,E,x}]`

`Integrate::gener: Unable to check convergence.`

`1 + Log[x] (-1 + Log[Log[x]])`

`Inf3[3]`

`Inf3[3]`

`g3=Plot[Log[Log[x]]/x,{x,1.1,4},AxesLabel->{"x",`
`      " f=Log[Log[x]] / x "},PlotRange->{{0.5,4},{-1.5,0.5}}]`

f=Log[Log[x]] / x

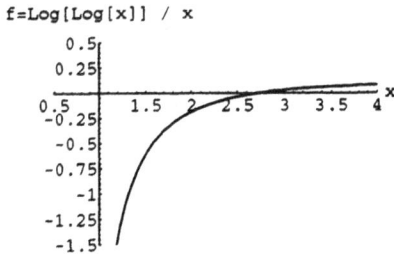

4 `Integrate[x (Log[x]+1),x]`

$$\frac{x^2}{4} + \frac{x^2 \ Log[x]}{2}$$

`g4=Plot[x (Log[x]+1),{x,1.1,4},AxesLabel->{"x",`
`      " f=x (Log[x]+1)"}]`

f=x (Log[x]+1)

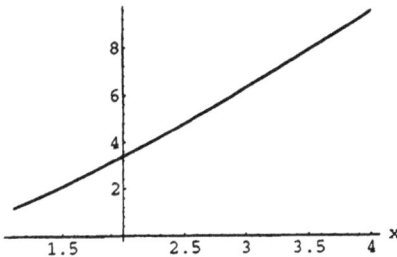

5 `Integrate[Exp[x]/(Exp[x]+a),x]`

$\text{Log}[a + E^x]$

`Integrate[Exp[x]/(Exp[x]+a),{x,a,2 a}]`

$-\text{Log}[a + E^a] + \text{Log}[a + E^{2\,a}]$

```
g[a_]:=Plot[Exp[x]/(Exp[x]+a),{x,-3,3},AxesLabel->{"x",
          "Exp[x]/(Exp[x]+a)"}, PlotRange->{{-3,3},{0,1.2}}]
```

`Show[g[0],g[1],g[5],g[10],g[50], PlotLabel->"a=0, 1, 5, 10, 50"]`

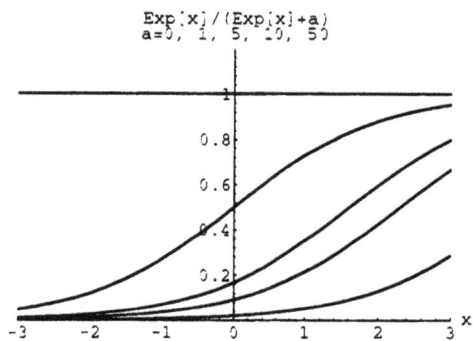

Aufgabe I37:

Berechnen Sie folgenden Grenzwerte:

1. $\displaystyle\lim_{x\to 0} \frac{\sqrt{2x - x^2}}{\arccos(1-x)}$

2. $\displaystyle\lim_{x\to 0} \frac{a^{\log(x+1)}}{x}$, $a > 0$

3. $\displaystyle\lim_{x\to 0} \frac{a^x - 1}{x}$, $a > 0$

4. $\displaystyle\lim_{x\to +0} \frac{\operatorname{arc\,cot} x - \frac{\pi}{2}}{x}$

Lösung:

Bei den Aufgaben 1. bis 4. streben für $x \to 0$ Zähler und

Nenner gegen 0. Daher ist die Regel nach l'Hospital

anwendbar.

1. $\displaystyle\lim_{x\to 0} \frac{\sqrt{2x-x^2}}{\arccos(1-x)} = \lim_{x\to 0} \frac{\dfrac{1\cdot(2-2x)}{2\sqrt{2x-x^2}}}{-\dfrac{1\cdot(-1)}{\sqrt{1-(1-x)^2}}} = \lim_{x\to 0} \frac{(1-x)\sqrt{1-1+2x-x^2}}{\sqrt{2x - x^2}} = 1$

2. $\displaystyle\lim_{x\to 0} \frac{a^{\log(x+1)}}{x} = \lim_{x\to 0} \frac{\dfrac{1}{(x+1)\ln a}}{1} = \frac{1}{\ln a}$

3. $\displaystyle\lim_{x\to 0} \frac{a^x-1}{x} = \lim_{x\to 0} \frac{a^x \ln a}{1} = \ln a$

4. $\displaystyle\lim_{x\to +0} \frac{\operatorname{arc\,cot} x - \frac{\pi}{2}}{x} = \lim_{x\to +0} \frac{-\dfrac{1}{1+x^2}}{1} = -1$

Anmerkung: Setzen Sie $x = 0{,}01$, $a = 2$ und berechnen Sie
mit Ihrem Taschenrechner die Ausdrücke der Aufgaben 1. bis 4. Das Resultat muß in der Nähe der
gefundenen Grenzwerte liegen.

Loesung mit Mathematica

---

1 `Limit[ Sqrt[2 x-x^2]/ArcCos[1-x] ,x->0, Direction->-1]`

1

Naeherungswerte und Plot

`Sqrt[2 x-x^2]/ArcCos[1-x]/.x->0.01`

0.996664

`Plot[Sqrt[2 x-x^2]/ArcCos[1-x],{x,0.01,2},PlotRange->{0,1.2},`
`            AxesLabel->{"x","Sqrt[2 x-x^2]/ArcCos[1-x]"}]`

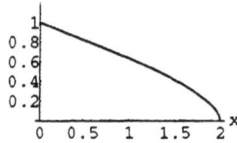

Sqrt[2 x-x^2]/ArcCos[1-x]

2 `Limit[Log[a,x+1]/x,x->0]`

$$\frac{1}{Log[a]}$$

Naeherungswerte und Plot

`1/Log[2]   //N`

1.4427

`Log[a,x+1]/x /.{a->2,x->0.01}   //N`

1.43553

`Plot[ Log[2,x+1]/x ,{x,0.05,2},PlotRange->{0.6,1.8},`
`          AxesLabel->{"x","Log[2,x+1]/x"}]`

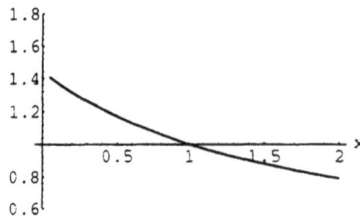

Log[2,x+1]/x

3 `Limit[(a^x-1)/x,x->0]`

Log[a]

 Naeherungswerte und Plot

Log[2]//N

0.693147

(a^x-1)/x/.{a->2,x->0.01}

0.695555

Plot[(2^x-1)/x,{x,0.01,2},PlotRange->{0,2},
               AxesLabel->{"x","(a^x-1)/x, a=2"}]

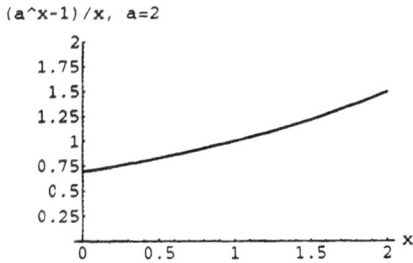

4 `Limit[(ArcCot[x]-Pi/2),x->0,Direction->-1]`

$\text{Limit}[\dfrac{-Pi}{2} + \text{ArcCot}[x], \ x \ {\to} \ 0, \ \text{Direction} \ {\to} \ {-1}]$

Regel von l'Hospital

`Limit[ D[(ArcCot[x]-Pi/2),x]/D[x,x] ,x->0,Direction->-1]`

`-1`

Naeherungswerte und Plot

`(ArcCot[x]-Pi/2)/x /.x->0.01 //N`

`-0.999967`

`g[a_,b_]:=Plot[(ArcCot[x]-Pi/2)/x,{x,a,b},PlotStyle->`
`    {Thickness[0.009]},AxesLabel->{"x","ArcCot[x]-Pi/2)/x"}]`

`Show[GraphicsArray[{g[-20,-0.1],g[0.1,20]}]]`

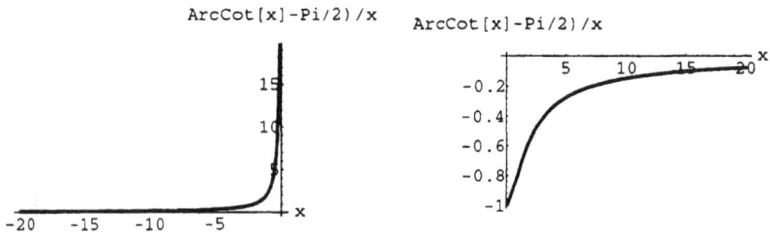

`Show[g[-20,-0.1],g[0.1,20]]`

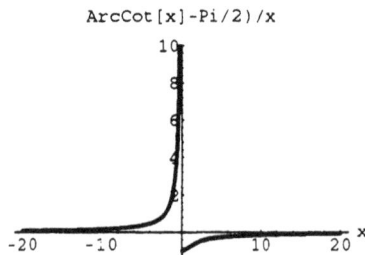

Aufgabe I38:

Differenzieren Sie folgende Funktionen:

1. $y = \arcsin \dfrac{a^2-x^2}{a^2+x^2}$ 2. $y = (1+x^2) \arctan x$

3. $y = 3^{\arccos \frac{1}{x}}$ 4. $y = \operatorname{arc cot}(x - \arcsin x)$

Lösung:

1. $y = \arcsin \dfrac{a^2-x^2}{a^2+x^2}$

$$y' = \frac{1}{\sqrt{1-\left(\frac{a^2-x^2}{a^2+x^2}\right)^2}} \left(\frac{a^2-x^2}{(a^2+x^2)}\right)' =$$

$$= \frac{1}{\sqrt{1-\left(\frac{a^2-x^2}{a^2+x^2}\right)^2}} \cdot \frac{-2x(a^2+x^2)-(a^2-x^2)\cdot 2x}{(a^2+x^2)^2}$$

$$= \frac{-2x(a^2+x^2+a^2-x^2)}{\sqrt{\frac{(a^2+x^2)^2-(a^2-x^2)^2}{(a^2+x^2)^2}} \; (a^2+x^2)^2}$$

$$= \frac{-4a^2x}{\sqrt{(a^2+x^2-a^2+x^2)(a^2+x^2+a^2-x^2)} \cdot (a^2+x^2)}$$

$$= \frac{-4a^2x}{\sqrt{2x^2 \cdot 2a^2} \cdot (a^2+x^2)} = -\frac{2a}{a^2+x^2}$$

2. $y = (1+x^2)\arctan x$

$$y' = 2x \cdot \arctan x + (1+x^2)\frac{1}{1+x^2} = 1 + 2x \arctan x$$

3. $y = 3^{\text{arc } \cos \frac{1}{x}}$

> Regel:
>
> $(a^x)' = a^x \ln a,\ a > 0$

$$y' = 3^{\text{arc } \cos \frac{1}{x}} \ln 3 \cdot (\text{arc } \cos \tfrac{1}{x})'$$

$$= 3^{\text{arc } \cos \frac{1}{x}} \ln 3 \; \frac{-1}{\sqrt{1-(\frac{1}{x})^2}} \cdot (\tfrac{1}{x})'$$

$$= 3^{\text{arc } \cos \frac{1}{x}} \ln 3 \; \frac{-1}{\sqrt{\frac{x^2-1}{x^2}}} \cdot \frac{-1}{x^2}$$

$$= \ln 3 \; \frac{1}{x\sqrt{x^2-1}} \cdot 3^{\text{arc } \cos \frac{1}{x}}$$

4. $y = \text{arc } \cot(x - \text{arc } \sin x)$

$$y' = \frac{-1}{1+(x-\arcsin x)^2} \cdot (x-\arcsin x)'$$

$$= \frac{-1}{1+(x-\arcsin x)^2} \cdot (1-\frac{1}{\sqrt{1-x^2}})$$

Loesung mit Mathematica

1 `f1[x_]:=ArcSin[(a^2-x^2)/(a^2+x^2)]; Simplify[ f1'[x] ]`

$$-2 \text{ Sqrt}\left[\frac{a^2\, x^2}{(a^2 + x^2)^2}\right] \Big/ x$$

```
a=2; Plot[{f1[x],f1'[x]},{x,-a,a}, AxesLabel->
         {"x","f[x]=ArcSin[(a^2-x^2)/(a^2+x^2)], f'[x]"},
         PlotStyle->{Automatic,{Dashing[{0.01,0.01}]}}]
```

f[x]=ArcSin[(a^2-x^2)/(a^2+x^2)], f'[x]

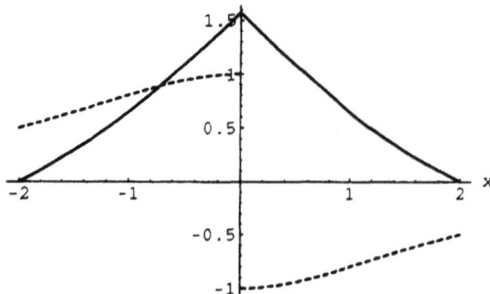

2 `f2[x_]:=(1+x^2) ArcTan[x]; f2'[x]`

`1 + 2 x ArcTan[x]`

```
Plot[{f2[x],f2'[x]},{x,-5,5},
      AxesLabel->{"x","f[x]=(1+x^2) ArcTan[x], f'[x]"},
      PlotStyle->{Automatic,{Dashing[{0.01,0.01}]}}]
```

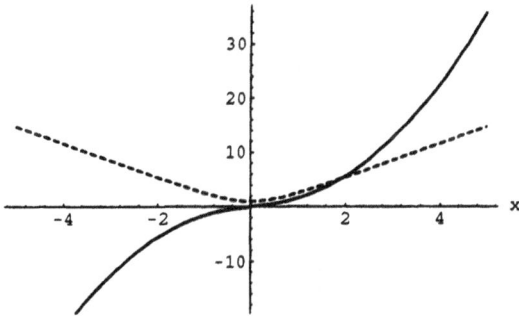

f[x]=(1+x^2) ArcTan[x], f'[x]

3 `f3[x_]:=3^ArcCos[1/x];    f3'[x]`

$$\frac{3^{ArcCos[1/x]} \; Log[3]}{Sqrt[1 - x^{-2}] \; x^{2}}$$

```
g[a_,b_]:=Plot[{f3[x],f3'[x]},{x,a,b},
      AxesLabel->{"x","f[x]=3^ArcCos[1/x], f'[x]"},
      PlotStyle->{Automatic,{Dashing[{0.01,0.01}]}}]
```

`Show[g[-5,-1.01],g[1.01,5],PlotRange->{0,30}]`

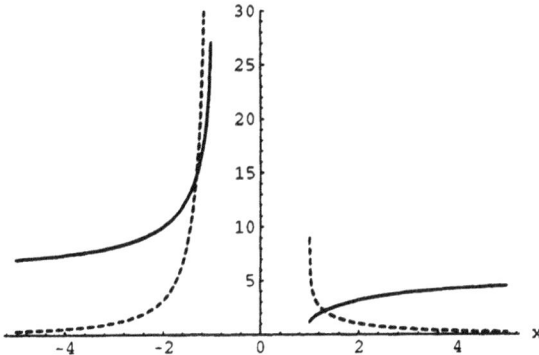

f[x]=3^ArcCos[1/x], f'[x]

4 `f4[x_]:=ArcCot[x-ArcSin[x]]; f4'[x]`

$$-1 + \frac{1}{Sqrt[1 - x^2]}$$
$$\overline{1 + (-x + ArcSin[x])^2}$$

```
Plot[{f4[x],f4'[x]},{x,-0.99,0.99},
        AxesLabel->{"x","ArcCot[x-ArcSin[x]], f'[x]"},
        PlotStyle->{Automatic,{Dashing[{0.01,0.01}]}}]
```

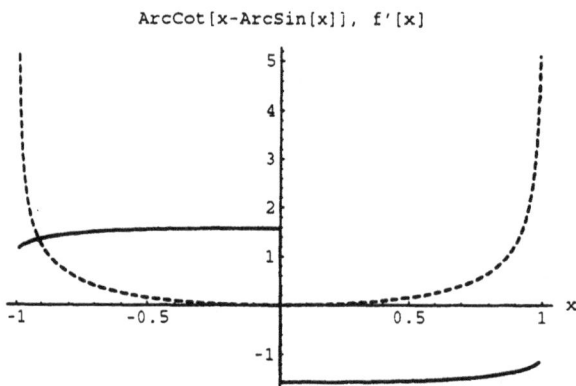

ArcCot[x-ArcSin[x]], f'[x]

Aufgabe I39:

Berechnen Sie folgende Integrale:

1. $\int \text{arc sin } x \, dx$ 2. $\int \text{arc cot } x \, dx$

3. $\int_0^1 \text{arc cos } x \, dx$ 4. $\int_{-1}^{1} \frac{dx}{6+3x^2}$

5. $\int_0^2 \frac{dx}{\sqrt{24-6x^2}}$

Lösung:

1. $\int \text{arc sin} x \, dx = x \text{arcsin} x - \int \frac{x}{\sqrt{1-x^2}} dx$

Part.Int. u $= \text{arc sin } x \Longrightarrow u' = \dfrac{1}{\sqrt{1-x^2}}$
$\qquad\qquad v' = 1 \qquad\qquad \Longrightarrow v = x$

Sub. $\quad y = 1-x^2 \Longrightarrow dy = -2x dx \Longrightarrow x dx = -\frac{1}{2}dy$

$= x \text{arcsin} x + \frac{1}{2}\int y^{-\frac{1}{2}} dy = x \text{arcsin} x + \frac{1}{2} \cdot \frac{y^{\frac{1}{2}}}{\frac{1}{2}} + c$

$= x \text{arcsin} x + \sqrt{1-x^2} + c$

2. $\int \text{arc cot} x \, dx = x \text{arccot} x + \int \frac{x}{1+x^2} dx$

Part.Int.	Sub.
u $= \text{arccot} x \Longrightarrow u' = -\dfrac{1}{1+x^2}$	$y = 1+x^2 \Longrightarrow dy = 2x dx$
v' $= 1 \qquad\qquad \Longrightarrow v = x$	

$= x \text{arccot} x + \frac{1}{2}\int \frac{dy}{y} = x \text{arccot} x + \frac{1}{2}\ln|y| + c$

$= x \text{arccot} x + \frac{1}{2}\ln(1+x^2) + c$

3. $\int\limits_0^1 \text{arc cos } x\,dx = [\frac{\pi}{2}x - x\arcsin x - \sqrt{1-x^2}]_0^1 = \frac{\pi}{2} - 1 \cdot \frac{\pi}{2} - 0 - (0-0-1) = 1$

N.R.: arc sinx + arc cosx $= \frac{\pi}{2} \Longrightarrow$ arc cosx $= \frac{\pi}{2}$-arc sinx
Damit kann das in 2. errechnete Integral verwendet
werden.

$\int \arcsin x\,dx = \int(\frac{\pi}{2}-\arcsin x)dx = \frac{\pi}{2}x - x\arcsin x - \sqrt{1-x^2}+c$

4. $\int\limits_{-1}^1 \frac{dx}{6+3x^2} = \frac{\sqrt{2}}{6}[\arctan\frac{x}{\sqrt{2}}]_{-1}^1 = \frac{\sqrt{2}}{6}[\arctan\frac{\sqrt{2}}{2}-\arctan(-\frac{\sqrt{2}}{2})] = 0,29$

N.R.: $\int\frac{dx}{6+3x^2} = \int\frac{dx}{6(1+\frac{1}{2}x^2)} = \frac{1}{6}\int\frac{dx}{1+(\frac{x}{\sqrt{2}})^2} = \frac{1}{6}\sqrt{2}\int\frac{dy}{1+y^2}$

$$\boxed{\text{Sub. } \quad y = \frac{x}{\sqrt{2}} \Longrightarrow dy = \frac{dx}{\sqrt{2}} \Longrightarrow dx=\sqrt{2}dy}$$

$= \frac{\sqrt{2}}{6} \arctan y + c = \frac{\sqrt{2}}{6} \arctan \frac{x}{\sqrt{2}} + c$

5. $\int\limits_0^2 \frac{dx}{\sqrt{24-6x^2}} = \frac{1}{\sqrt{6}}[\arcsin\frac{x}{2}]_0^2 = \frac{1}{\sqrt{6}}[\arcsin 1 - \arcsin 0] = \frac{\pi}{2\sqrt{6}} = 0,64$

N.R.: $\int\frac{dx}{\sqrt{24-6x^2}} = \int\frac{dx}{\sqrt{24(1-\frac{x^2}{4})}} = \frac{1}{\sqrt{24}}\int\frac{dx}{\sqrt{1-(\frac{x}{2})^2}} =$

$= \frac{1}{2\sqrt{6}}2\cdot\int\frac{dy}{\sqrt{1-y^2}}$

$$\boxed{\text{Sub. } \quad y = \frac{x}{2} \Longrightarrow dy = \frac{dx}{2} \Longrightarrow dx = 2dy}$$

$= \frac{1}{\sqrt{6}} \text{ arc sin} y + c = \frac{1}{\sqrt{6}} \text{ arc sin } \frac{x}{2} + c$

Aufgabe I40:

Diskutieren Sie die Funktion:

$y = f(x) = $ arc tan x $ - $ ln $\sqrt{1 + x^2}$

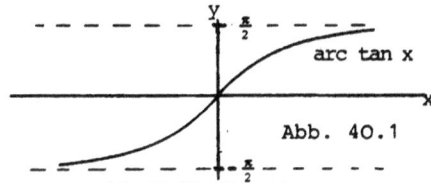

arc tan x

Abb. 40.1

Welche Fläche schließt $y = f(x)$ im Intervall (0/3,5) mit
der Abszisse ein?

Lösung:

$y = $ arc tanx $ - $ ln $\sqrt{1+x^2} = f(x)$

1. $\underline{ID = IR}$

2. Nullstellen

    offensichtlich $x = 0$ wegen
    arc tan 0 $ - $ ln $\sqrt{1} = 0$
    Nullstelle. N (0/0)

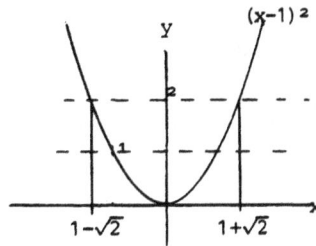

$(x-1)^2$

$1-\sqrt{2}$ $1+\sqrt{2}$

Abb. 40.2

3. Grenzwerte

    $\lim\limits_{x \to -\infty} f(x) = -\frac{\pi}{2} - \lim\limits_{x \to -\infty} \ln\sqrt{1+x^2} = -\infty$

    $\lim\limits_{x \to \infty} f(x) = \frac{\pi}{2} - \lim\limits_{x \to \infty} \ln\sqrt{1+x^2} = -\infty$

4. Monotonie, Extrema

    $f'(x) = \dfrac{1}{1+x^2} - \dfrac{1}{\sqrt{1+x^2}} \cdot \dfrac{1}{2\sqrt{1+x^2}} 2x = \dfrac{1-x}{1+x^2}$ $\begin{cases} > 0 \text{ für } x < 1 \implies \text{str m w} \\ = 0 \text{ für } x = 1 \\ < 0 \text{ für } x > 1 \implies \text{str m f} \end{cases}$

    $f''(x) = \dfrac{-(1+x^2) - (1-x) 2x}{(1+x^2)^2} = \dfrac{x^2-2x-1}{(1+x^2)^2} = \dfrac{(x-1)^2-2}{(1+x^2)^2}$

    $f''(1) < 0 \implies$ Hochp. H(1/0,44)

    (arc tan $1 - \ln\sqrt{2} = \frac{\pi}{4} - 0,35 = 0,44$)

5. Krümmung, Wendepunkte

$f''(x) = 0$ für $x = 1 \pm \sqrt{2}$

Aus Abb. 40.2 erkennt man:

$$f''(x) \begin{cases} < 0 \text{ für } +1-\sqrt{2} < x < 1+\sqrt{2} \implies \text{Rechtskrümmung} \\ = 0 \text{ für } x = 1\pm\sqrt{2} \implies \text{W.P., da } f''(x) \text{ Vorzeichen wechselt} \\ > 0 \text{ für } x < 1-\sqrt{2} \lor x > 1+\sqrt{2} \implies \text{Linkskrümmung} \end{cases}$$

$$\left.\begin{array}{l} H(1/0,44) \Rightarrow f(1) > 0 \\ \lim\limits_{x\to\infty} f(x) = -\infty \\ f'(x) < 0 \text{ für } x > 1 \end{array}\right\} \implies \text{es existiert eine zweite Nullstelle (und zwar genau eine weitere.)}$$

Näherungswert (Probieren mit Taschenrechner)

x	3	4	3,5
f(x)	0,0978	-0,0908	0,0005

$\implies \approx N_2(3,5/0,0005)$ ist zweite Nullstelle

6. Graph

Wertetabelle

x	-3	-2	-1	-0,41	0	0,5	1
y	-2,40	-1,91	-1,13	-0,47	0	0,35	0,44

(Spaltenbeschriftungen: W₁, N₁, H)

x	1,5	2	2,41	3	3,5
y	0,39	0,30	0,22	0,10	0,0005

(Spaltenbeschriftungen: W₂, N₂ (Näherung))

x	4	5	10	20	100
y	-0,09	-0,25	-0,84	-1,48	-3,04

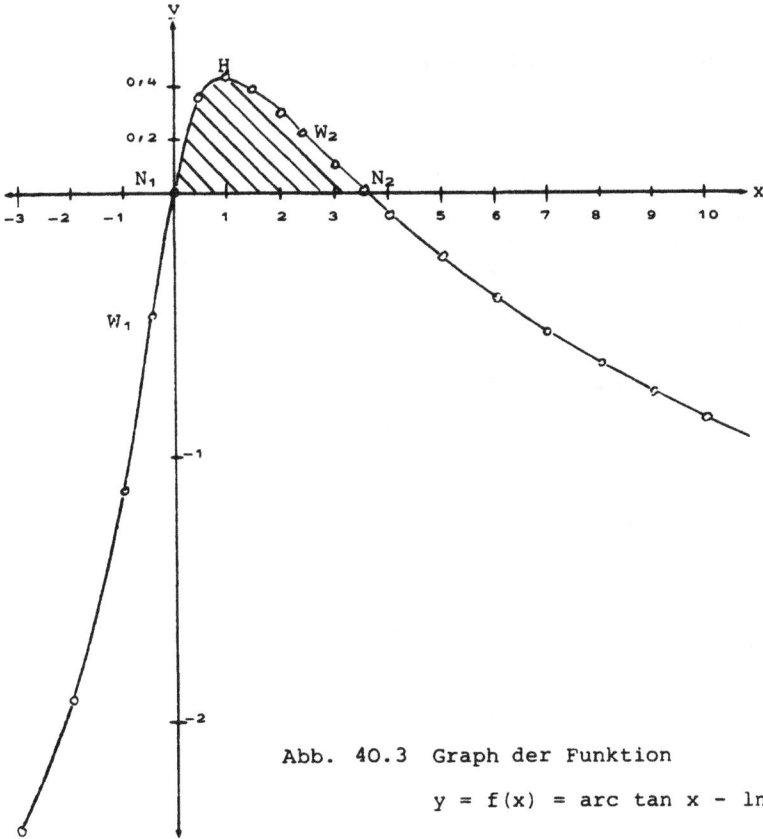

Abb. 40.3 Graph der Funktion

$$y = f(x) = \arctan x - \ln \sqrt{1 + x^2}$$

7. <u>Integration</u>

$$\int f(x)\,dx = \int \arctan x\,dx - \int \ln[(1+x^2)^{\frac{1}{2}}]\,dx =$$

$$= \int \arctan x\,dx - \frac{1}{2}\int \ln(1+x^2)\,dx$$

$$= x\arctan x - \frac{1}{2}\ln(1+x^2) - \frac{1}{2}x\ln(1+x^2) + x - \arctan x + c$$

$$= x + (x-1)\arctan x - (x+1)\ln\sqrt{1+x^2} + c$$

<u>N.R.:</u>

$$\int \arctan x\,dx = x\arctan x - \int \frac{1x}{1+x^2}\,dx = x\arctan x - \frac{1}{2}\int \frac{d(1+x^2)}{1+x^2}$$

$$\boxed{\begin{array}{ll} u = \arctan x & u' = \frac{1}{1+x^2} \\ v' = 1 & v = x \end{array}} \quad = x\arctan x - \frac{1}{2}\ln(1+x^2) + c$$

$$\int \ln(1+x^2)\,dx = x\ln(1+x^2) - \int \frac{x\cdot 2x}{1+x^2}\,dx = x\ln(1+x^2) - 2\int \frac{x^2+1-1}{1+x^2}\,dx$$

$$\boxed{\begin{array}{ll} u = \ln(1+x^2) & u' = \frac{2x}{1+x^2} \\ v' = 1 & v = x \end{array}} \quad = x\ln(1+x^2) - 2\int (1 - \frac{1}{1+x^2})\,dx =$$

$$= \underline{x\ln(1+x^2) - 2x + 2\arctan x + c}$$

Anwendung auf Flächenberechnung:

Die zwischen den Nullstellen mit der Abszisse eingeschlossenen Fläche beträgt

$$\int\limits_{0}^{3,5} f(x)\,dx = [x + (x-1)\arctan x - (x+1)\ln\sqrt{1+x^2}]_{0}^{3,5}$$

$$= 3,5 + 2,5 \arctan 3,5 - 4,5 \ln\sqrt{13,25} -$$

$$-(0 + 0 - 1\ln 1) = 0,9172$$

Aufgabe I41:

Berechnen Sie die Ableitungen der folgenden Funktionen und geben Sie die Definitionsbereiche an:

1. $y = \cos h^2 x + \sin h^2 x$
2. $y = \ln \cos h^2 x$
3. $y = \text{ar}\cos h \dfrac{1}{\cos x}$

Lösung:

1. $y = \cos h^2 x + \sin h^2 x$

   $ID = IR$

   $y' = 2\cos hx \sin hx + 2\sin hx \cos hx = 2\sin h2x$

2. $y = \ln \cos h^2 x$

   $ID = IR$, da $\cos h^2 x > 0$ für $x \in IR$

   $y' = \dfrac{1}{\cos h^2 x} \cdot 2\cos hx \cdot \sin hx = 2\tan hx$

3. $y = \text{ar}\cos h \dfrac{1}{\cos x}$

   $ID = \{x \mid \dfrac{1}{\cos x} \geq 1\} = \{x \mid \dfrac{1}{\cos x} \geq 1 \wedge \cos x > 0\}$

   $= \{x \mid 1 \geq \cos x \wedge \cos x > 0\} = \{x \mid 0 < \cos x \leq 1\} =$

   $= \{x \mid -\dfrac{\pi}{2} + 2k\pi < x < \dfrac{\pi}{2} + 2k\pi \} \qquad k \in IG$

   $y' = \dfrac{1}{\sqrt{(\frac{1}{\cos x})^2 - 1}} \; \dfrac{\sin x}{\cos^2 x} = \dfrac{\cos x \cdot \sin x}{\sqrt{1-\cos^2 x} \cdot \cos^2 x}$

   $= \begin{cases} \dfrac{1}{\cos x} = \text{scx für } 0 \leq x \leq \dfrac{\pi}{2} \\[2mm] -\dfrac{1}{\cos x} = -\text{scx für } -\dfrac{\pi}{2} < x < 0 \end{cases} = \text{sgn } x \cdot \text{scx}$

   (Es ist $\text{scx} = \dfrac{1}{\cos x} = $ sekans von x, $\text{cscx} = \dfrac{1}{\sin x} = $ kosekans von x.

   Daher gilt auch : $\boxed{\displaystyle\int \text{scxdx} = \text{sgn } x \cdot \text{ar}\cosh \text{scx} + C}$)

41.2

1 `f1[x_]:=Cosh[x]^2+Sinh[x]^2; Simplify[ f1'[x] ]`

`2 Sinh[2 x]`

`Plot[{f1[x],f1'[x]},{x,-2,2}, AxesLabel->{"x","f[x]=Cosh[x]^2+Sinh[x]^2,`
`            f'[x]"}, PlotStyle->{Automatic,{Dashing[{0.01,0.01}]}}]`

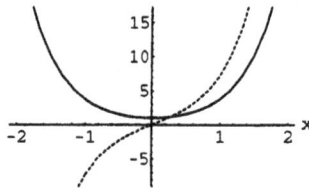

f[x]=Cosh[x]^2+Sinh[x]^2, f'[x]

2 `f2[x_]:=Log[Cosh[x]^2]; f2'[x]`

`2 Tanh[x]`

`Plot[{f2[x],f2'[x]},{x,-4,4}, AxesLabel->{"x","f[x]=Log[Cosh[x]^2],`
`            f'[x]"}, PlotStyle->{Automatic,{Dashing[{0.01,0.01}]}}]`

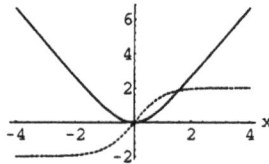

f[x]=Log[Cosh[x]^2], f'[x]

3 `f3[x_]:=ArcCosh[1/Cos[x]];  Simplify[ f3'[x] ]`

$$\frac{Sec[x] \; Tan[\frac{x}{2}]}{Sqrt[Tan[\frac{x}{2}]^2]}$$

`g31=Plot[{f3[x],f3'[x]},{x,-Pi/2+0.01,Pi/2-0.01}, AxesLabel->{"x","f[x]=`
`    ArcCosh[1/Cos[x]], f'[x]"},PlotStyle->{Automatic,{Dashing[{0.01,0.01}]}}];`

`g32=Plot[Sign[x]/Cos[x],{x,-Pi/2+0.01,Pi/2-0.01},AxesLabel->{"x","f[x]=`
`                Sign[x]/Cos[x]"},PlotStyle->{Dashing[{0.01,0.01}]}}];`

Graphischer Vergleich der Mathematica- und manuell berechnetetn Ableitung

`Show[GraphicsArray[{g31,g32}]]`

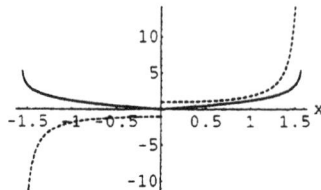 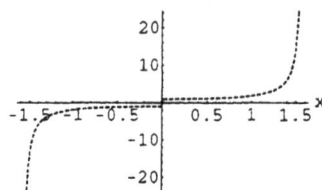

f[x]=ArcCosh[1/Cos[x]], f'[x]   f'[x]=Sign[x]/Cos[x]

Aufgabe I42:

Beweisen Sie, daß die Funktionen u und v sich nur um eine additive Konstante unterscheiden.

$$u(x) = \arcsin(\tanh x), \qquad v(x) = 2\arctan e^x$$

Lösung:

Zwei Funktionen unterscheiden sich um eine additive Konstante, falls ihre Ableitungen gleich sind.

$$u = \arcsin(\tan hx) \;\Rightarrow\; u' = \frac{1}{\sqrt{1-\tan h^2x}} \;\; \frac{1}{\cos h^2x} =$$

$$= \frac{1}{\sqrt{1-\dfrac{\sinh^2x}{\cosh^2x}} \cdot \cos h^2x}$$

$$= \frac{1}{\sqrt{\cosh^2x - \sinh^2x} \cdot \cosh x} = \frac{1}{\cosh x}$$

$$v = 2\arctan e^x \;\Rightarrow\; v' = \frac{1 \cdot e^x \cdot 2}{1 + e^{2x}} = \frac{2}{e^x + e^x} = \frac{1}{\cosh x}$$

Loesung mit Mathematica

```
u[x_]:=ArcSin[Tanh[x]]; v[x_]:=2 ArcTan[Exp[x]]
Simplify[ {u'[x], v'[x]} ]
```

$$\{\text{Sqrt}[\text{Sech}[x]^2], \quad \frac{2\,E^x}{1 + E^{2x}}\}$$

```
Plot[{u[x],v[x],u[x]-v[x]},{x,-20,20},AxesLabel->{"x",
          "u[x]=ArcSin[Tanh[x]],v[x]=2 ArcTan[Exp[x]], "},
          PlotStyle->{Automatic,{Dashing[{0.01,0.01}]},
          {Dashing[{0.01,0.05}]}}]
```

Vergleich der Graphen von u[x],v[x]

u[x]=ArcSin[Tanh[x]],v[x]=2 ArcTan[Exp[x]],

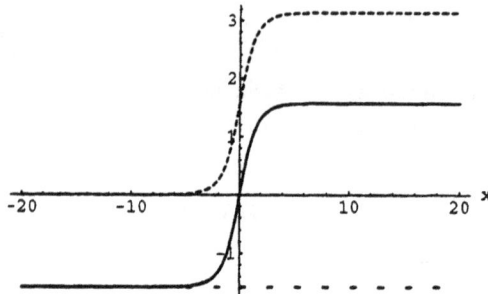

Differenz einiger Funktionswerte

Table[{u[x]-v[x]},{x,-16,16,8}]//N

{{-1.5708}, {-1.5708}, {-1.5708}, {-1.5708}, {-1.5708}}

gu=Plot[u'[x],{x,-5,5},AxesLabel->{"x","u'[x]"}];

gv=Plot[v'[x],{x,-5,5},AxesLabel->{"x","v'[x]"}];

Show[GraphicsArray[{gu,gv}]]

Vergleich der Ableitungsfunktionen

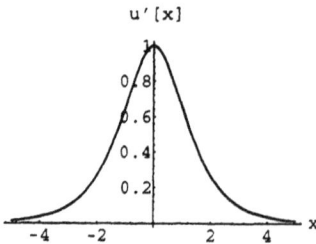

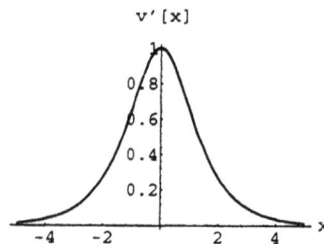

Aufgabe I43:

Beim freien Fall mit Luftwiderstand gilt für den zurück-
gelegten Weg

$$s(t) = \frac{a^2}{g} \ln \cosh \frac{g}{a} t, \quad a = \sqrt{\frac{mg}{c}}$$

Dabei wird angenommen, daß der Luftwiderstand F_L proportional
dem Quadrat der Fallgeschwindigkeit ist: $F_L = c \cdot v^2$

1. Es ist die Geschwindigkeit v zu berechnen
2. Aus beiden Formeln sind s und v für den freien Fall
    im luftleeren Raum zu berechnen.

Lösung:

1. $s(t) = \frac{a^2}{g} \ln \cosh \frac{g}{a} t, \quad a = \sqrt{\frac{mg}{c}}$

    $v = \dot{s} = \frac{a^2}{g} \cdot \frac{1}{\cosh \frac{g}{a}t} \cdot \sinh \frac{g}{a}t \cdot \frac{g}{a} = a \tanh \frac{g}{a}t$

2. Im luftleeren Raum gilt: $F_L = 0 \Leftrightarrow c = 0 \Leftrightarrow a \to \infty$

    2.1 $\lim\limits_{a \to \infty} s(t) = \lim\limits_{a \to \infty} \frac{a^2}{g} \ln \cosh \frac{g}{a}t = \lim\limits_{a \to \infty} \dfrac{\ln \cosh \frac{g}{a}t}{\frac{g}{a^2}}$

> (nach l'Hospital wird Zähler und Nenner nach
> a differenziert)

$$= \lim\limits_{a \to \infty} \dfrac{\frac{1}{\cosh \frac{g}{a}t} \cdot \sinh \frac{g}{a}t \cdot (\frac{-gt}{a^2})}{g \cdot \frac{-2}{a^3}} = \lim\limits_{a \to \infty} \left(\frac{t}{2} \ \dfrac{\tanh \frac{g}{a}t}{\frac{1}{a}}\right)$$

> nochmals l'Hospital

43.2

$$= \frac{t}{2} \lim_{a \to \infty} \frac{\dfrac{1}{\cosh^2 \frac{g}{a} t} \cdot (\frac{-gt}{a^2})}{-\dfrac{1}{a^2}} = \frac{t}{2} \lim_{a \to \infty} \frac{gt}{\cosh^2 \frac{g}{a} t} = \frac{g}{2} t^2$$

Man erhält das bekannte Fallgesetz.

2.2 $\lim_{a \to \infty} v(t) = \lim_{a \to \infty} a \tan \frac{g}{a} t \overline{} g \; t$
$\qquad\qquad\qquad\qquad\qquad\qquad$ (siehe oben)

Loesung mit Mathematica

`s[t_]:=( a^2/g ) Log[Cosh[ (g/a) t]]`

`v[t_]:=s'[t]`

`s0=Limit[s[t], a->Infinity]`

$$\frac{g \, t^2}{2}$$

`v0=Limit[v[t],a->Infinity]`

g t

Ablesebeispiel der Grenzwertfunktionen

`s0/.{g->9.81,t->3}`

44.145

`v0/.{g->9.81,t->3}`

29.43

```
a=20.5; g=9.81;
gs:=Plot[{s[t],g t^2/2},{t,0,6}, AxesLabel->{"t sec", "s,s0 m"},
         PlotStyle->{Thickness[0.02],Thickness[0.01]}]

gv:=Plot[{v[t],g t},{t,0,6}, AxesLabel->{"t sec", "v,v0 m"},
         PlotStyle->{Thickness[0.02],Thickness[0.01]}]
```

`Show[GraphicsArray[{gs,gv}]]`

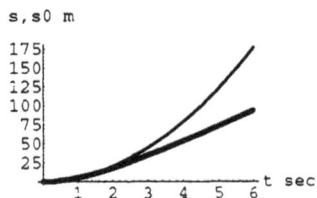

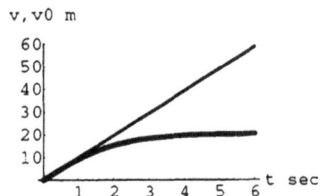

Aufgabe I44:

Ermitteln Sie folgende Grenzwerte:

1. $\lim\limits_{x \to 1-0} \dfrac{ar\ tanh\ x}{ln\ (1-x)}$

2. $\lim\limits_{x \to 0} \dfrac{cosh\ x - 1}{x^2}$

Lösung:

Die Aufgaben werden nach der Regel n l'Hospital gelöst.

1. $\lim\limits_{x \to 1-0} \dfrac{ar\ tanh\ x}{ln\ (1-x)} = \lim\limits_{x \to 1-0} \dfrac{\frac{1}{1-x^2}}{\frac{-1}{1-x}} = \lim\limits_{x \to 1-0} -\dfrac{1}{1+x} = -\dfrac{1}{2}$

2. $\lim\limits_{x \to 0} \dfrac{cosh\ x - 1}{x^2} = \lim\limits_{x \to 0} \dfrac{sinh\ x}{2x} = \lim\limits_{x \to 0} \dfrac{cosh\ x}{2} = \dfrac{1}{2}$

44.2

Loesung mit Mathematica

1 `Limit[D[ArcTanh[x],x]/D[Log[1-x],x],x->1,Direction->+1]`

$-(\frac{1}{2})$

`Plot[ArcTanh[x]/Log[1-x],{x,0.001,0.999},PlotRange->{-1,0.2},`
`AxesLabel->{"x","ArcTanh[x]/Log[1-x]"}]`

ArcTanh[x]/Log[1-x]

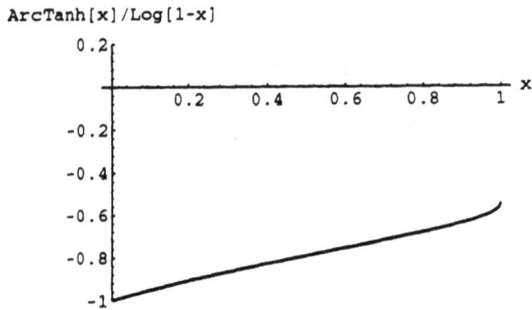

2 `Limit[(Cosh[x]-1)/x^2,x->0]`

$\frac{1}{2}$

`Plot[(Cosh[x]-1)/x^2,{x,-2,2},AxesLabel->{"x","(Cosh[x]-1)/x^2"}]`

(Cosh[x]-1)/x^2

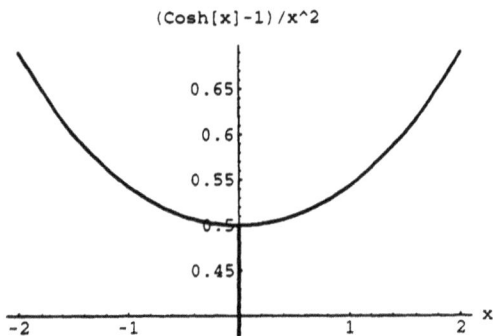

Aufgabe I45:

Diskutieren Sie die Funktion $y = \text{artan h } \dfrac{2x}{1 + x^2}$

Lösung:

Funktion $y = \text{artan h} \dfrac{2x}{1 + x^2} = f(x)$

1. $\text{ID} = \{x \mid -1 < \dfrac{2x}{1+x^2} < 1\} = \{x \mid -1-x^2 < 2x < 1+x^2\}$

   $= \{x \mid -1-2x-x^2 < 0 < 1-2x+x^2\}$

   $= \{x \mid -(1+x)^2 < 0 < (1-x)^2\} = \{x \mid x \neq -1 \wedge x \neq 1\}$

   $\Longrightarrow$

   $\text{ID} = \text{IR} \backslash\backslash \{-1,1\}$

2. **Symmetrie:**

   $f(-x) = \text{artan h } \dfrac{2(-x)}{1+(-x)^2} = \text{artan h}(-\dfrac{2x}{1+x^2}) =$

   $= -\text{artan h } \dfrac{2x}{1+x^2} = -f(x)$

   $\Longrightarrow$ Die Funktion ist ungerade.

3. **Nullstellen:**
   $f(x) = 0 \iff \dfrac{2x}{1+x^2} = 0 \iff x = 0$

   N (0,0) ist Nullstelle

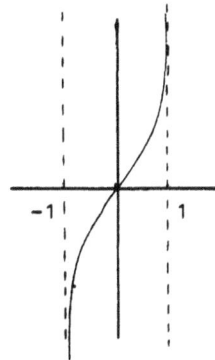

Abb. 45.1 Prinzipbild
für $y = \text{artanh}(x)$.
Es gilt:
$\text{artanh}(-x) = -\text{artanh}x$

4. **Unstetigkeitsstellen:**

   Bei $x = -1 \wedge x = 1$ ist $|\dfrac{2x}{1+x^2}| = 1$,

   sodaß hier $y = \text{artan h } \dfrac{2x}{1+x^2}$ nicht definiert ist.

5. Ableitungen:

$$f'(x) = \frac{1}{1-(\frac{2x}{1+x^2})^2} \cdot 2 \cdot \frac{1+x^2 - x \cdot 2x}{(1+x^2)^2} = 2 \frac{1 - x^2}{(1+x^2)^2 - (2x)^2} =$$

$$= 2 \frac{1 - x^2}{1+2x^2+x^4-4x^2} = 2 \frac{1 - x^2}{1-2x^2+x^4} = 2 \frac{1 - x^2}{(1-x^2)^2} = \frac{2}{1-x^2}$$

$$f''(x) = 2(-1) \cdot (1-x^2)^{-2} \cdot (-2x) = \frac{4x}{(1-x^2)^2}$$

6. Verhalten im Unendlichen. Asymptoten.

$$\lim_{x \to -1-0} \text{artan h } \frac{2x}{1+x^2} = -\infty \quad , \quad \lim_{x \to -1+0} \text{artan h } \frac{2x}{1+x^2} = -\infty$$

$$\lim_{x \to 1-0} \text{artan h } \frac{2x}{1+x^2} = \infty \quad , \quad \lim_{x \to 1+0} \text{artan h } \frac{2x}{1+x^2} = \infty$$

$\Longrightarrow$ x = -1 und x = 1 sind die Gleichungen der vertikalen Asymptoten.

$$\lim_{x \to \pm\infty} \text{artan h } \frac{2x}{1+x^2} = \lim_{x \to \pm\infty} \text{artan h } \frac{\frac{2}{x}}{\frac{1}{x^2}+ 1} = 0$$

$\Longrightarrow$ y = 0 ist die Gleichung der horizontalen Asymptoten für x $\to$ $\pm$ ∞ .

7. Monotonie, Extrema:

$x^2 < 1 \Longleftrightarrow -1 < x < 1 \Longrightarrow f'(x) > 0 \Longrightarrow$ f(x) ist streng monoton wachsend.

$x^2 > 1 \Longleftrightarrow x < -1 \lor x > 1 \Longrightarrow f'(x) < 0 \Longrightarrow$ f(x) ist streng monoton fallend.

Es existieren keine Extrema, da $f'(x) \neq 0$ für alle $x \in$ ID

8. Krümmung, Wendepunkt:

$f''(x) = 0 \Longleftrightarrow x = 0$

$x < 0 \Longrightarrow f''(x) < 0 \Longrightarrow$ Rechtskrümmung

$x > 0 \Longrightarrow f''(x) > 0 \Longrightarrow$ Linkskrümmung

Vorzeichenwechsel von $f''(x)$ in $x = 0 \Longrightarrow$ Wendepunkt $w(0,0)$

9. Wertetabelle:

x	-5	-4	-3	-2	-1,5	-1,2	-1,1	-0,9	-0,7
f(x)	-0,41	-0,51	-0,69	-1,10	-1,61	-2,40	-3,04	-2,94	-1,73

x	-0,5	-0,3	-0,1	0
f(x)	-1,10	-0,62	-0,20	0

für $x > 0$ gilt $f(x) = -f(-x)$

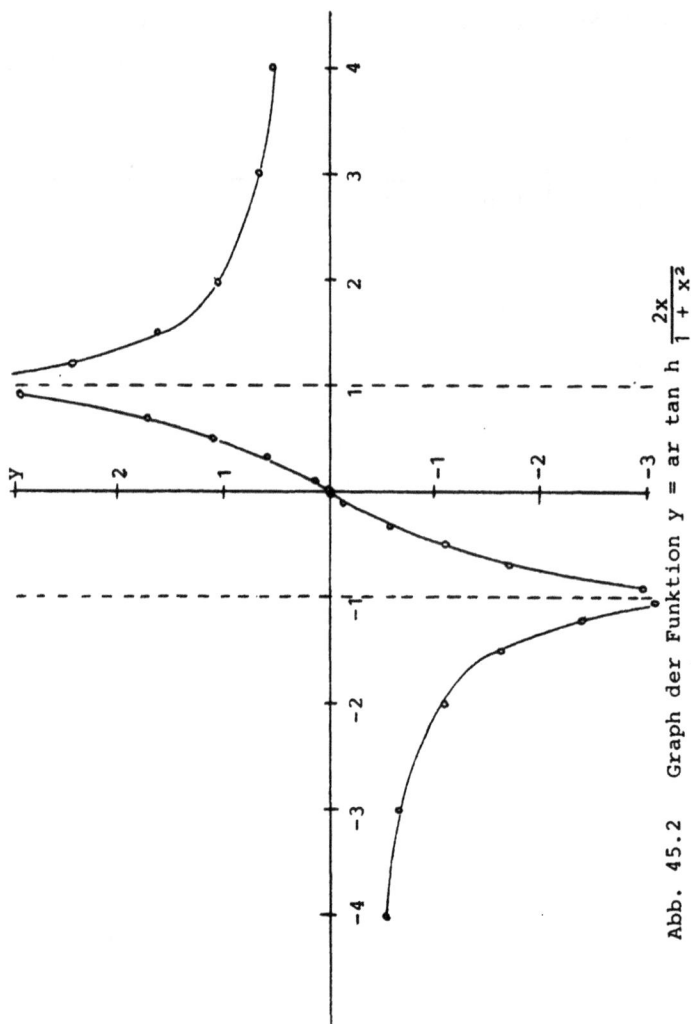

Abb. 45.2   Graph der Funktion $y = ar\ tan\ h\ \dfrac{2x}{1 + x^2}$

Aufgabe I46:

Lösen Sie die folgenden Integrale:

1. $\int \sin h^2 x\, dx$ 2. $\int \tan h\, x\, dx$

3. $\int x \sin h\, x\, dx$ 4. $\int \dfrac{dx}{\cos h\, x}$

5. $\int \dfrac{dx}{x^2 - 2}$

Lösung:

1. $\int \sin h^2 x\, dx$

    1. Lösungsweg: partielle Integration.

$$\int \sinh^2 x\, dx = \int \sinh x \cdot \sinh x\, dx = \sinh x \cosh x - \int \cosh^2 x\, dx$$

$$\boxed{\begin{array}{l} u = \sinh x \implies u' = \cosh x \\ v' = \sinh x \implies v = \cosh x \end{array}} \qquad \boxed{\cosh^2 x - \sinh^2 x = 1}$$

$$= \sinh x \cosh x - \int (1 + \sinh^2 x)\, dx = \tfrac{1}{2}\sinh 2x - \int dx - \int \sinh^2 x$$

$$\boxed{\sinh 2x = 2\sinh x \cosh x}$$

$$\implies 2\int \sinh^2 x\, dx = \tfrac{1}{2}\sinh 2x - x + \tilde{\tilde{c}} \implies$$

$$\int \sinh^2 x\, dx = \tfrac{1}{4}\sinh 2x - \tfrac{1}{2}x + c$$

    2. Lösungsweg: funktionale Umformung: $\cosh 2x =$

$$\cosh^2 x + \sinh^2 x = 1 + \sinh^2 x + \sinh^2 x = 1 + 2\sinh^2 x$$

$$\implies \sinh^2 x = \tfrac{1}{2}(\cosh 2x - 1)$$

$$\implies \int \sinh^2 x\, dx = \tfrac{1}{2}\int (\cosh 2x - 1)\, dx = \tfrac{1}{2}\left(\tfrac{1}{2}\int \cosh 2x\, d(2x) - \int dx\right)$$

$$= \tfrac{1}{4}\sinh 2x - \tfrac{1}{2}x + c$$

2. $\int \tanh x \, dx = \int \frac{\sinh x}{\cosh x} \, dx = \int \frac{dy}{y} = \ln|y| + c$

$$\boxed{\text{Sub} \quad y = \cosh x \implies dy = \sinh x \, dx}$$

$\quad = \ln \cosh x + c$

3. $\int x \sinh x \, dx = x \cosh x - \int \cosh x \, dx = x \cosh x - \sinh x + c$

$$\boxed{\begin{array}{l} u = x \implies u' = 1 \\ v' = \sinh x \implies v = \cosh x \end{array}}$$

4. $\int \frac{dx}{\cosh x} = 2 \int \frac{dx}{e^x + e^{-x}} = 2 \int \frac{e^x dx}{e^{2x} + 1} = 2 \int \frac{e^x dx}{(e^x)^2 + 1}$

$$\boxed{\cosh x = \tfrac{1}{2}(e^x + e^{-x})} \qquad \left. \quad \boxed{\text{Sub} \quad y = e^x \implies dy = e^x dx}\right.$$

$\quad = 2 \int \frac{dy}{1 + y^2} = 2 \arctan y + c = 2 \arctan e^x + c$

Bemerkung: Dieses Ergebnis hätte man gleich hinschreiben
können, wenn man das Ergebnis der Aufgabe I42
nämlich $\quad v' = (2 \arctan e^x)' = \dfrac{1}{\cosh x}$

verwendet hätte.

5. $\int \frac{dx}{x^2 - 2} = \int \frac{dx}{2(\frac{x^2}{2} - 1)} = \int \frac{dx}{2((\frac{x}{\sqrt{2}})^2 - 1)} = \frac{\sqrt{2}}{2} \int \frac{dy}{y^2 - 1} = \frac{-\sqrt{2}}{2} \int \frac{dy}{1 - y^2}$

$$\boxed{\text{Sub} \quad y = \frac{x}{\sqrt{2}} \implies dy = \frac{dx}{\sqrt{2}} \implies dx = \sqrt{2}\, dy}$$

$$= \begin{cases} \dfrac{-\sqrt{2}}{2} \,\text{ar} \tanh y + c = -\dfrac{\sqrt{2}}{2} \operatorname{artanh} \dfrac{x}{\sqrt{2}} + c & \text{für } |x| < \sqrt{2} \\[3mm] -\dfrac{\sqrt{2}}{2} \operatorname{arcoth} y + c = -\dfrac{\sqrt{2}}{2} \operatorname{arcoth} \dfrac{x}{\sqrt{2}} + c & \text{für } |x| > \sqrt{2} \end{cases}$$

Aufgabe I47:

Bestimmen Sie den Schwerpunkt des von der Kurve y = sinhx
im Interwall [0,2] mit der Abzisse eingeschlossenen
Flächenstückes.

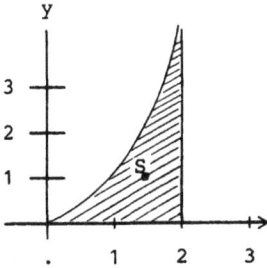

Abb. 47.1 y = sinhx
für 0 ≤ x ≤ 2

Die benötigten unbestimmten Integrale
wurden in Aufgabe I46 gelöst.

$y = \sinh x, \quad x \in [0,2]$

Flächenberechnung:

$$A = \int_a^b f(x)\,dx = \int_0^2 \sinh x\,dx = [\cosh x]_0^2$$

$\cosh 2 - \cosh 0 = 3{,}76 - 1 = 2{,}76 \ [FE]$

Berechnung der Schwerpunktskoordinaten:

$$x_s = \frac{1}{A}\int_{(A)} x\,dA = \frac{1}{A}\int_a^b x f(x)\,dx = \frac{1}{A}\int_0^2 x\sinh x\,dx$$

$$= \frac{1}{A}|x\cosh x - \sinh x]_0^2 = \frac{2\cosh 2 - \sinh 2}{\cosh 2 - \cosh 0} = \frac{3{,}90}{2{,}76} = 1{,}41 \ [LE]$$

$$y_s = \frac{1}{A}\int_{(A)} y\,dA = \frac{1}{A}\int_a^b \tfrac{1}{2}f^2(x)\,dx = \frac{1}{2A}\int_0^2 \sinh^2 x\,dx$$

$$= \frac{1}{2A}[\tfrac{1}{4}\sinh 2x - \tfrac{1}{2}x]_0^2 = \frac{\tfrac{1}{4}\sinh 4 - 1}{2(\cosh 2 - 1)} = \frac{5{,}82}{2\cdot 2{,}76} = 1{,}05 \ [LE]$$

Der Schwerpunkt hat die Koordinaten S (1,41; 1,05)

Loesung mit Mathematica

```
A=Integrate[Sinh[x],{x,0,2}]//N
```

```
2.7622
```

```
xs=Integrate[x Sinh[x],{x,0,2}] / A   //N;
```

```
ys=Integrate[Sinh[x]^2/2,{x,0,2}] / A   //N;
```

Schwerpunkt

```
S={xs,ys}
```

```
{1.41103, 1.05396}
```

```
gf:=Plot[Sinh[x],{x,0,2},PlotStyle->{Thickness[0.01]}]
```

```
gS:=Graphics[{PointSize[0.05],Point[{xs,ys}]}]
```

```
gRand:=Graphics[{{Thickness[0.01],Line[{{0,0},{2,0},{2,Sinh[2]}}]},]
```

```
Show[gf,gRand,gS, Frame->True]
```

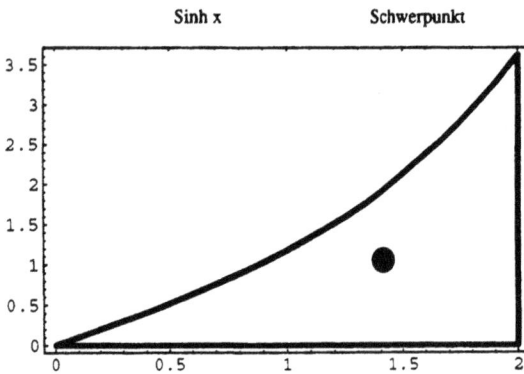

Sinh x   Schwerpunkt

Aufgabe I48:

Gegeben ist das durch $y = f(x) = 1 + \sqrt[5]{(x-1)^3}$, $x \in [0,2]$
definierte Kurvenstück. Dieses Kurvenstück rotiert einmal
um die Abzisse, einmal um die Ordinate.

1. Berechnen Sie das Volumen des Rotationskörpers V_x bei
   Rotation um die Abzisse.

2. Berechnen Sie das Volumen des Rotationskörpers V_y bei
   Rotation um die Ordinate.

3. Berechnen Sie die erzeugende Fläche A für V_x.

4. Berechnen Sie die Schwerpunktkoordinaten der erzeugenden
   Fläche A.

5. Berechnen Sie nun V_x nach der 1. Guldinischen Regel.

Lösung:

$y = f(x) = 1 + \sqrt[5]{(x-1)^3}$, $x \in [0,2]$

Wertetabelle:

x	0	0,2	0,4	0,6	0,8	1	1,2	1,4	1,6	1,8	2
y	0	0,13	0,26	0,42	0,62	1	1,38	1,58	1,74	1,87	2

[Achtung: Der Taschenrechner schafft das Vorzeichen meist
          nicht.]

1. Volumen des Rotationskörpers bei Rotation um die
   Abszisse.

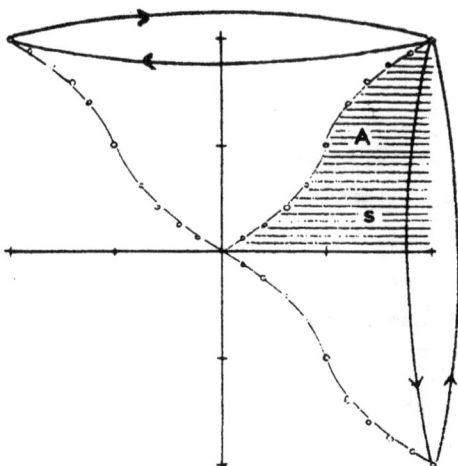

Abb. 48.1: Graph der Funktion y = f(x), Erzeugen der Fläche
            und Rotationskörper

$$V_x = \int\limits_0^2 y^2 \pi dx =$$

$$= \pi \left[(x-1) + \frac{5}{4}(x-1)\sqrt[5]{(x-1)^3} + \frac{5}{11}(x-1)^2\sqrt[5]{x-1} \right]_0^2$$

$$= \pi \left[1 + \frac{5}{4} + \frac{5}{11} - (-1 + \frac{5}{4} - \frac{5}{11}) \right] = \frac{32}{11}\pi = 9,14\,[\text{VE}]$$

〜〜〜〜〜〜〜〜〜〜〜〜〜〜〜〜〜〜〜〜〜〜〜〜〜〜〜〜〜〜〜

N.R. $\displaystyle\int y^2 dx = \int (1+(x-1)^{\frac{3}{5}})^2 d(x-1)$

$$\boxed{\text{Sub.} \quad u = x - 1 \implies du = dx}$$

$$= \int (1+u^{\frac{3}{5}})^2 du = \int (1+2u^{\frac{3}{5}}+u^{\frac{6}{5}})du = u + \frac{2u^{\frac{8}{5}}}{\frac{8}{5}} + \frac{u^{\frac{11}{5}}}{\frac{11}{5}} + c$$

$$= u + \frac{5}{4}\sqrt[5]{u^8} + \frac{5}{11}\sqrt[5]{u^{11}} + c = u + \frac{5}{4}u\sqrt[5]{u^3} + \frac{5}{11}u^2\sqrt[5]{u} + c$$

$$= (x-1) + \frac{5}{4}(x-1)\sqrt[5]{(x-1)^3} + \frac{5}{11}(x-1)^2\sqrt[5]{x-1} + c$$

〜〜〜〜〜〜〜〜〜〜〜〜〜〜〜〜〜〜〜〜〜〜〜〜〜〜〜〜〜〜〜

2. Volumen des Rotationskörpers bei Rotation um die y-Achse.

$$V_y = \int_{f(0)}^{f(2)} x^2 \, \pi \, dy = \int_0^2 x^2 \pi f'(x) \, dx$$

Man könnte in diesen Fall $x = f^{-1}(y)$ setzen und die erste Formel verwenden. Die Rechnung verläuft dann ähnlich wie oben. Wir berechnen $f'(x)$ und verwenden die zweite Formel:

$$f'(x) = \tfrac{3}{5} (x-1)^{-\frac{2}{5}}$$

$$\Rightarrow \quad V_y = \frac{3\pi}{5} \int_0^2 x^2(x-1)^{-\frac{2}{5}} dx = \frac{3\pi}{5} \cdot 5 \sqrt[5]{(x-1)^3} \left[\frac{1}{13}(x-1)^2 + \frac{1}{4}(x-1) + \frac{1}{3} \right]_0^2$$

$$= 3\pi \left[\frac{1}{13} + \frac{1}{4} + \frac{1}{3} + \left(\frac{1}{13} - \frac{1}{4} + \frac{1}{3} \right) \right] = 3\pi \left(\frac{2}{13} + \frac{2}{3} \right) = 3\pi \frac{32}{39} = \frac{32}{13} \pi = 7{,}73 \text{ VE}$$

<u>N.R.</u> $\displaystyle \int x^2 (x-1)^{-\frac{2}{5}} dx = \int ((x-1)^2 + 2(x-1) + 1)(x-1)^{-\frac{2}{5}} dx$

Wir entwickeln x^2 nach Potenzen von x:	$x^2 = (x-1)^2 + 2x - 1$ $= (x-1)^2 + 2(x-1) + 1$

$$= \int (x-1)^{\frac{8}{5}} d(x-1) + 2 \int (x-1)^{\frac{3}{5}} d(x-1) + \int (x-1)^{-\frac{2}{5}} d(x-1)$$

$$= \frac{(x-1)^{\frac{13}{5}}}{\frac{13}{5}} + 2 \frac{(x-1)^{\frac{8}{5}}}{\frac{8}{5}} + \frac{(x-1)^{\frac{3}{5}}}{\frac{3}{5}} + c$$

$$= \frac{5}{13} (x-1)^2 \sqrt[5]{(x-1)^3} + \frac{5}{4}(x-1)\sqrt[5]{(x-1)^3} + \frac{5}{3}\sqrt[5]{(x-1)^3} + c$$

$$= 5 \sqrt[5]{(x-1)^3} \left(\frac{1}{13}(x-1)^2 + \frac{1}{4}(x-1) + \frac{1}{3} \right) + c$$

Anmerkung: obiges Integral ließe sich auch partiell integrieren. Der Rechenaufwand dürfte aber eher umfassender werden.

3. Berechnung der erzeugenden Fläche A für den Rotationskörper V_x

$$A = \int_0^2 f(x)dx = \int_0^2 (1+(x-1)^{\frac{3}{5}})dx = [x + \frac{(x-1)^{\frac{8}{5}}}{\frac{8}{5}}]_0^2$$

$$= [x + \frac{5}{8}(x-1)\sqrt[5]{(x-1)^3}]_0^2 = 2 + \frac{5}{8} - \frac{5}{8} = 2[FE]$$

4. Berechnung der Schwerpunktkoordinaten des Flächenstücks A:

$$x_s = \frac{1}{A}\int_{(A)} xdA = \frac{1}{A}\int_0^2 xf(x)dx = \frac{1}{A}\int_0^2 x(1 + \sqrt[5]{(x-1)^3})dx$$

$$= \frac{1}{2}[\frac{x^2}{2} + 5\sqrt[5]{(x-1)^3}(\frac{1}{13}(x-1)^2 + \frac{1}{8}(x-1))]_0^2 =$$

$$= \frac{1}{2}[2 + 5(\frac{1}{13} + \frac{1}{8}) - 0 - 5(-1)(\frac{1}{13} - \frac{1}{8})]$$

$$= \frac{1}{2}[2 + \frac{10}{13}] = \frac{18}{13} = 1,38[LE]$$

〰〰〰〰〰〰〰〰〰〰〰〰〰〰〰〰〰〰〰〰〰〰〰〰〰〰〰〰〰〰〰〰〰〰

N.R.

$$\int(x + x(x-1)^{\frac{3}{5}})dx = \int xdx + \int(x-1)^{\frac{8}{5}}d(x-1) + \int(x-1)^{\frac{3}{5}}d(x-1)$$

$$\boxed{x = (x-1) + 1}$$

$$= \frac{x^2}{2} + \frac{(x-1)^{\frac{13}{5}}}{\frac{13}{5}} + \frac{(x-1)^{\frac{8}{5}}}{\frac{8}{5}} + c = \frac{x^2}{2} + \frac{5}{13}(x-1)^2\sqrt[5]{(x-1)^3} +$$

$$+ \frac{5}{8}(x-1)\sqrt[5]{(x-1)^3} + c$$

$$= \frac{x^2}{2} + 5\sqrt[5]{(x-1)^3}(\frac{1}{13}(x-1)^2 + \frac{1}{8}(x-1)) + c$$

$$y_s = \frac{1}{A} \int\limits_{(A)} y \, dA = \frac{1}{2A} \int\limits_0^2 f^2(x) \, dx = \frac{1}{2A} \int\limits_0^2 (1 + (x-1)^{\frac{3}{5}})^2 \, dx$$

$$\boxed{\text{Integration, siehe N.R. von Teil 1}}$$

$$= \frac{1}{2A} \left[(x-1) + \frac{5}{4} (x-1) \sqrt[5]{(x-1)^3} + \frac{5}{11} (x-1)^2 \sqrt[5]{x-1} \right]_0^2$$

$$= \frac{1}{4} \left[1 + \frac{5}{4} + \frac{5}{11} - (-1 + \frac{5}{4} - \frac{5}{11}) \right] = \frac{1}{4} \cdot \frac{32}{11} = \frac{8}{11} = 0,73 \,[\text{LE}]$$

Der Schwerpunkt hat die Koordinaten S (1,38; 0,73)

5. Berechnung (nach der Gudinischen Regel) von V_x :

$$V_x = A \pi 2 \, y_s = 2 \cdot 2 \cdot \pi \cdot \frac{8}{11} = \frac{32}{11} \pi = 9,14 \,[\text{VE}]$$

Loesung mit Mathematica

☐ **Erzeugende Flaeche mit Schwerpunkt**

```
fg1[x_]:=1+(x-1)^(3/5);              fk1[x_]:=1-(1-x)^(3/5)

f[x_]:=If[ x<1, fk1[x], fg1[x] ]

gf=Plot[f[x],{x,0,2},PlotRange->{0,2},AxesLabel->{"x","y"}]
```

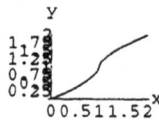

```
-Graphics-

A=Integrate[fk1[x],{x,0,1}]+Integrate[fg1[x],{x,1,2}]

2

xs=(Integrate[x fk1[x],{x,0,1}]+Integrate[x fg1[x],{x,1,2}])/A;

ys=(Integrate[fk1[x]^2,{x,0,1}]+Integrate[fg1[x]^2,{x,1,2}])/(2 A);

StringForm["S=( '' , '' )",N[xs],N[ys]]
```

> S=(1.38462 , 0.727273)

```
gf12:=Plot[If[ x<1,fk1[x],fg1[x] ],{x,0,2},PlotRange->{0,2},
       AxesLabel->{"x","y"}];

g1:=Graphics[Line[{{2,0},{2,f[2]}}]]

gS:=Graphics[{PointSize[0.04],Point[{xs,ys}], Text["S",{xs,ys},{-2,-2}]}]

Show[gf12,g1,gS,PlotLabel-> "  Erzeugende Flaeche und Schwerpunkt"]
```

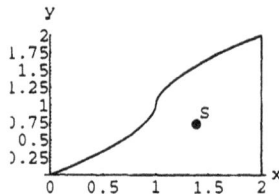

☐ Volumen und Mantelflaeche der Rotataionskoerper

Rotation um die x-Achse

```
gVx:=ParametricPlot3D[{x,f[x]Sin[t],f[x] Cos[t]},{x,0,2},
     {t,0,2 Pi},AxesLabel->{"x","y","z"},
     BoxRatios->{2,1,1},Axes->True]


ga:=Graphics3D[{Thickness[0.03],Line[{{-0.3,0,0},{2.5,0,0}}]}]

Show[ga,gVx,FaceGrids->All,AxesLabel->{"x","y","z"},
          BoxRatios->{2.5,1,1},Axes->True,PlotLabel->
          "         Rotation um die x -Achse"]
```

Rotation um die x -Achse

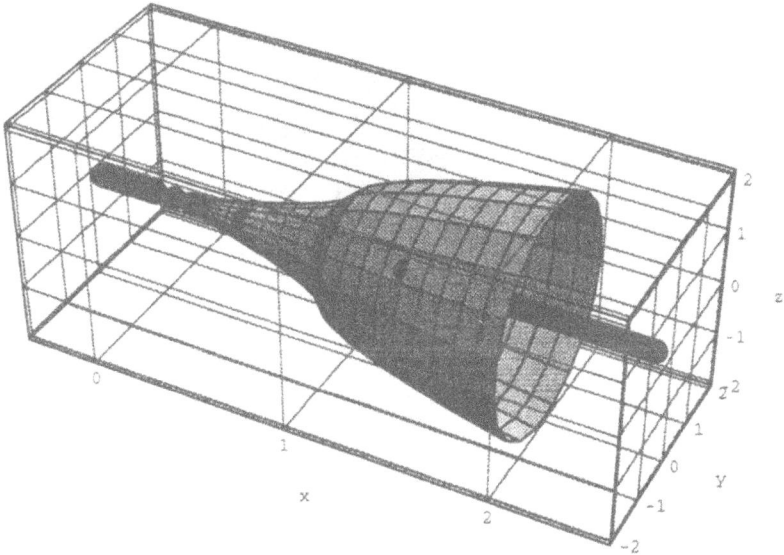

```
Vx=Pi ( Integrate[fk1[x]^2,{x,0,1}]+Integrate[fg1[x]^2,{x,1,2}] );
StringForm["Vx= '' = ''",Vx, N[Vx]]
```

$$Vx= \frac{32\ Pi}{11} = 9.13918$$

```
Mx=2 Pi ( NIntegrate[fk1[x] Sqrt[1+fk1'[x]^2],{x,0,1}]
          +NIntegrate[fg1[x] Sqrt[1+fg1'[x]^2],{x,1,2}] );
StringForm["Mx= '' = '' ",Mx,N[Mx]]
```

```
Mx= 5.81068 Pi = 18.2548
```

48.8

Rotataion um die y-Achse

```
gVy:=ParametricPlot3D[{r Cos[t],f[r],r Sin[t]},{r,0,2},{t,0,2 Pi},
    AxesLabel->{"x","y","z"},ViewPoint->{0.5,2,3.3},
    AxesLabel->True,BoxRatios->{1,2,1},ViewVertical->{0,1,0}]

gb:=Graphics3D[{Thickness[0.03],Line[{{0,-0.3,0},{0,2.5,0}}]}]

Show[gb,gVy,FaceGrids->All,ViewPoint->{1,2,3.3},BoxRatios->{1,3,1},
    ViewVertical->{0,1,0},PlotLabel->"    Rotation um die y -Achse",
    AxesLabel->{"x","y","z"},Axes->True]
```

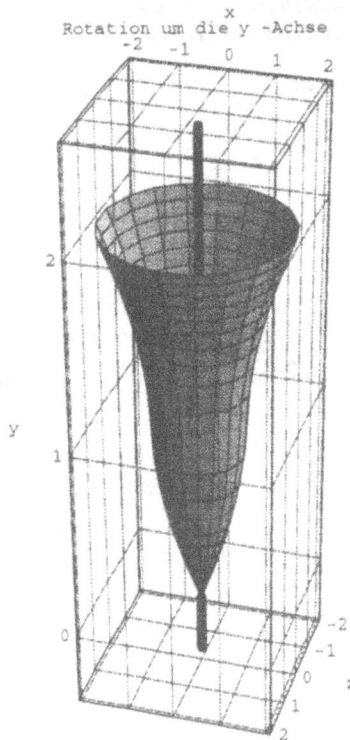

Rotation um die y -Achse

```
Vy=Pi (Integrate[x^2 fk1'[x],{x,0,1}]+Integrate[x^2 fg1'[x],
    {x,1,2}] );    StringForm["Vy= '' = ''",Vy,N[Vy]]
```

$$Vy= \frac{32 \ Pi}{13} = 7.73315$$

```
My=2 Pi ( NIntegrate[x Sqrt[1+fk1'[x]^2],{x,0,1}]
    +NIntegrate[x Sqrt[1+fg1'[x]^2],{x,1,2}] );
StringForm["My = '' = ''",My,N[My]]
```

My = 5.81068 Pi = 18.2548

Aufgabe I49:

Berechnen Sie das Flächenträgheitsmoment, das bei Rotation des von $y = \sinh x$, $y = 0$, $x = 0$, $x = 2$ begrenzten Flächenstücks um die Abzisse bzw. Ordinate wirksam ist, sowie das polare Trägheitsmoment.

Lösung:

$y = \sinh x$, $\quad x \in [0,2]$

Trägheitsmoment bei Rotation um die Abszisse:

$$I_x = \int\limits_{(A)} y^2 dA = \frac{1}{3} \int\limits_a^b y^3 dx = \frac{1}{3} \int\limits_0^2 \sinh^3 x\, dx$$

$$= \frac{1}{3} \left[\frac{1}{3}\cosh^3 x - \cosh x\right]_0^2 = \frac{1}{3}\left[\frac{1}{3}\cosh^3 2 - \cosh 2 - \left(\frac{1}{3}-1\right)\right] = 4,88$$

N.R.

$$\int \sinh^3 x\, dx = \int \sinh^2 x \sinh x\, dx = \int (\cosh^2 x - 1)\sinh x\, dx$$

$$\boxed{\cosh^2 x - \sinh^2 x = 1}$$

$$= \int \cosh^2 x \sinh x\, dx - \int \sinh x\, dx = \int u^2 du - \cosh x$$

$$\boxed{u = \cosh x \implies du = \sinh x\, dx}$$

$$= \frac{u^3}{3} - \cosh x + c = \frac{1}{3}\cosh^3 x - \cosh x + c$$

Trägheitsmoment bei Rotation um die Ordinate

$$I_y = \int\limits_{(A)} x^2 dA = \int\limits_a^b x^2 f(x) dx = \int\limits_0^2 x^2 \sinh x\, dx$$

$$= \left[x^2 \cosh x - 2x\sinh x + 2\cosh x\right]_0^2 =$$

$$= [4\cosh 2 - 4\sinh 2 + 2\cosh 2 - 2] =$$

$$= 6\cosh 2 - 4\sinh 2 - 2 = 6,07$$

49.2

N.R.

$$\int x^2 \sinh x\, dx = x^2 \cosh x - 2 \int x \cosh x\, dx$$

| $u = x^2 \implies u' = 2x$ |
| $v' = \sinh x \implies v = \cosh x$ |

| $u = x \implies u' = 1$ |
| $v' = \cosh x \implies v = \sinh x$ |

$$= x^2 \cosh x - 2(x \sinh x - \int \sinh x\, dx) =$$

$$= x^2 \cosh x - 2x \sinh x + 2 \cosh x + c$$

Polares Trägheitsmoment bei Rotation um die Achse senkrecht zur x-y-Ebene durch den Ursprung:

$$I_p = I_x + I_y = 4,88 + 6,07 = 10,95$$

Loesung mit Mathematica

☐ **Berechnung der Traegheitsmomente**

```
Ix=Together[  Integrate[Sinh[x]^3,{x,0,2}]/3  ]
```

$$\frac{8 - 9\,Cosh[2] + Cosh[6]}{36}$$

```
Iy=Integrate[x^2 Sinh[x],{x,0,2}]
```

$$-2 + \frac{5}{E^2} + E^2$$

```
Ip=Ix+Iy;

StringForm["Ix= '', Iy= '', Ip= ''",N[Ix],N[Iy],N[Ip]]
```

```
Ix= 4.88489, Iy= 6.06573, Ip= 10.9506
```

☐ **Graphik**

```
gVx:=ParametricPlot3D[{x,Sinh[x] Sin[t],Sinh[x] Cos[t]},{x,0,2},
{t,0,2 Pi},BoxRatios->{1.5,1,1},Boxed->False,Axes->False]

ga:=Graphics3D[{Thickness[0.03],Line[{{-0.3,0,0},{2.5,0,0}}]}]

gx:=Show[gVx,ga]

gVy:=ParametricPlot3D[{r Cos[t],Sinh[r],r Sin[t]},{r,0,2},{t,0,2 Pi},
    ViewPoint->{0.5,2,3.3},Boxed->False,Axes->False,
    BoxRatios->{1,2,1},ViewVertical->{0,1,0}]

gb:=Graphics3D[{Thickness[0.03],Line[{{0,-0.5,0},{0,5,0}}]}]

gy:=Show[gVy,gb]

Show[GraphicsArray[{{gx,gy}}]]
```

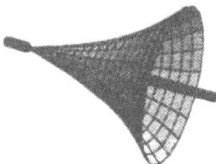

Aufgabe I50:

1. Zeigen Sie, daß zwei Dreiecke gleicher Grundlinie und
   gleicher Höhe dieselben Trägheitsmomente bezüglich der
   Grundlinie besitzen. Berechnen Sie diese

2. Berechnen Sie das Flächenträgheitsmoment eines
   Dreiecks bezüglich einer Achse a, die parallel zur
   Grundlinie durch den Schwerpunkt geht.

Lösung:

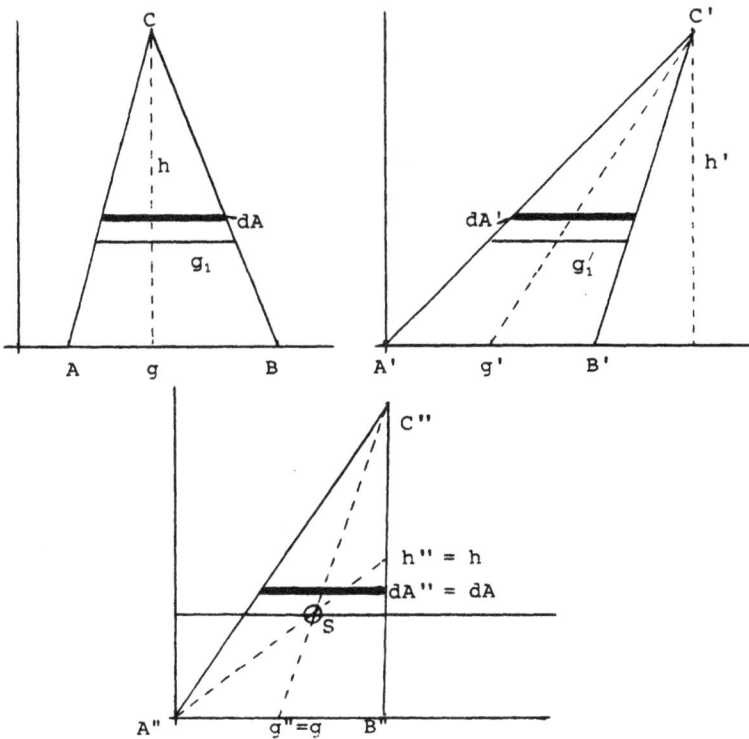

Abb. 50.1 Dreiecke gleicher Grundlinie und Höhe.

Es ist $g = g'$, $h = h'$ $\Longrightarrow$ $g_1 = g_1'$ $\Longrightarrow$ $dA = g_1\,dy = dA' = g_1'\,dy$

$\Longrightarrow I_{g,ABC} = \int y^2 dA = I_{g',A'B'C'} = \int y^2 dA'$

Zur praktischen Rechnung verwendet man günstigerweise
ein rechtwinkliges Dreick: Die Gerade A"C" hat die
Gleichung $\quad y = \dfrac{h}{g}x$

$$I = \int\limits_{(A)} y^2 dA = \frac{1}{3}\int\limits_0^g y^3 dx = \frac{1}{3}\int\limits_0^g (\frac{h}{g}x)^3 dx = \frac{h^3}{3g^3}[\frac{x^4}{4}]_0^g =$$

$$= \frac{h^3}{3g^3}\cdot\frac{g^4}{4} = \frac{h^3 g}{12}$$

2. Trägheitsmoment bezüglich der Parallelen $s\,||\,g$:
   Die Parallele s geht durch den Schwerpunkt S im
   Abstand $\frac{h}{3}$ von g:
   Nach dem Satz von Steiner gilt daher

$$I_g = I_x = I_s + A\cdot(\frac{h}{3})^2$$

$$\Longrightarrow I_s = I_g - A\cdot(\frac{h}{3})^2 = \frac{h^3 g}{12} - \frac{g\,h}{2}\cdot\frac{h^2}{9} = \frac{g h^3}{36}$$

Aufgabe I51:

Berechnen Sie den Schwerpunkt des Körpers, der bei der Rotation von y = sinhx um die Abszisse im Intervall [0,2] entsteht.

Lösung:

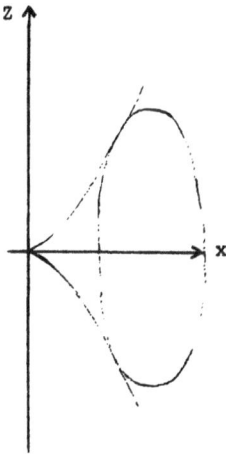

Aus Symmetriegründen hat der Schwerpunkt die Koordinate $y_s = z_s = 0$
Für x_s gilt:

$$x_s = \frac{1}{V} \int\limits_{(V)} x\,dV = \frac{1}{V} \int\limits_0^2 xy^2\pi\,dx =$$

$$= \frac{\pi}{V} \int\limits_0^2 x\sinh^2 x\,dx$$

$$= \frac{\pi \cdot 4}{\pi(\sinh 4 - 4)} \cdot \frac{1}{8}[2x\sinh 2x - \cosh 2x - 2x^2]_0^2$$

$$= \frac{4\sinh 4 - \cosh 4 - 8 + 1}{2(\sinh 4 - 4)}$$

$$= 1,61 \ |LE|$$

$\Longrightarrow$ Schwerpunktkoordinate S(1,61/0/0)

Abb. 51.1
Rotationskörper, der von
y = sinhx erzeugt wird.

N.R.
$$V = \pi \int\limits_0^2 y^2\,dx = \pi \int \sinh^2 x\,dx = \qquad \text{(siehe Aufg. I46)}$$

$$= \pi\,[\tfrac{1}{4}\sinh 2x - \tfrac{1}{2}x]_0^2 = \frac{\pi}{4}(\sinh 4 - 4)$$

$$\int x\sinh^2 x\,dx = \tfrac{1}{4}x\sinh 2x - \tfrac{1}{2}x^2 - \int(\tfrac{1}{4}\sinh 2x - \tfrac{1}{2}x)\,dx =$$

$u = x \Longrightarrow u' = 1$
$v' = \sinh^2 x \Longrightarrow v = \tfrac{1}{4}\sinh 2x - \tfrac{1}{2}x$

$= \tfrac{1}{4}x\sinh 2x - \tfrac{1}{2}x^2$

$- \tfrac{1}{4}\cdot\tfrac{1}{2}\int \sinh 2x\,d(2x) + \tfrac{1}{2}\int x\,dx$

$$= \tfrac{1}{4}x\sinh 2x - \tfrac{1}{2}x^2 - \tfrac{1}{8}\cosh 2x + \tfrac{1}{2}\cdot\frac{x^2}{2} + c$$

$$= \tfrac{1}{4}x\sinh 2x - \tfrac{1}{8}\cosh 2x - \tfrac{1}{4}x^2 + c$$

Aufgabe I52:

Berechnen Sie unter Verwendung der binomischen Reihe $\sqrt[3]{126}$
und schätzen Sie den Fehler ab.(Abbruch nach der 3. Potenz)

Lösung:

Zur Berechnung wird die binomische Reihe verwendet, die
für $|x| < 1$ konvergiert. Um diese anwenden zu können, muß
die Zahl 126 in geeigneter Weise faktorisiert werden.
Binomische Reihe:

$$(1+x)^r = 1 + \frac{r}{1!}x + \frac{r(r-1)}{2!}x^2 + \frac{r(r-1)(r-2)}{3!}x^3 + R_4$$

$$R_4 = \frac{r(r-1)(r-2)(r-3)}{4!}(1+\delta x)^{r-4} \, x^4$$

$$\sqrt[3]{126} = \sqrt[3]{125 \cdot 1,008} = 5(1+0,008)^{\frac{1}{3}}$$

$$= 5(1+\frac{\frac{1}{3}}{1!} \, 0,008 + \frac{\frac{1}{3}(\frac{1}{3}-1)}{2!} \, 0,008^2 + \frac{\frac{1}{3}(\frac{1}{3}-1)(\frac{1}{3}-2)}{3!} \, 0,008^3 + R_4)$$

$$= 5 \cdot 1,002660 + 5R_4 = 5,013298 + 5R_4$$

$$|R_4| = |\frac{\frac{1}{3}(\frac{1}{3}-1)(\frac{1}{3}-2)(\frac{1}{3}-3)}{4!}(1+\delta \cdot 0,008)^{\frac{1}{3}-4}|$$

$$= \frac{1 \cdot 2 \cdot 5 \cdot 8}{3^4 \cdot 1 \cdot 2 \cdot 3 \cdot 4 \cdot (1+\delta \cdot 0,008)^{\frac{11}{3}}} < \frac{5}{3^4} \cdot \frac{2}{3} \cdot \frac{1}{1}$$

$$= 0,041152 \Rightarrow 5R_4 < 0,205761$$

Loesung mit Mathematica

Reihenentwicklung

`Series[(1+x)^(1/3),{x,0,10}]`

$$1 + \frac{x}{3} - \frac{x^2}{9} + \frac{5\ x^3}{81} - \frac{10\ x^4}{243} + \frac{22\ x^5}{729} - \frac{154\ x^6}{6561} + \frac{374\ x^7}{19683} -$$

$$\frac{935\ x^8}{59049} + \frac{21505\ x^9}{1594323} - \frac{55913\ x^{10}}{4782969} + O[x]^{11}$$

Naeherungswert aus der Reihe

`n=N[Series[(1+0.008)^(1/3),{x,0,10}], 10]`

1.002659587

`n1=N[5 n, 15]`

5.01329793496458

Vergleich mit dem Wert von Mathematica

`n2=N[126^(1/3),15]`

5.01329793496458

```
StringForm[" 3. Wurzel[126] = '' (Reihenentwicklung)
       = '' (Mathematica)",n1, n2]
```

```
3. Wurzel[126] = 5.01329793496458 (Reihenentwicklung)       =
5.01329793496458 (Mathematica)
```

Aufgabe I53:

Entwickeln Sie die folgenden Funktionen in eine Potenzreihe und bestimmen Sie den Konvergenzradius.

1. $y = a^x$ 　　　　　　　2. $y = \ln(1+x)$

Lösung:

1. $y = a^x = f(x)$;

$$f^{(1)}(x) = a^x \cdot \ln a; \quad f^{(2)}(x) = a^x \cdot (\ln a)^2; \quad \dots$$

$$f^{(n)}(x) = a^x \cdot (\ln a)^n$$

$$\Rightarrow y = f(x) = a^x = \sum_{i=0}^{\infty} \frac{f^{(i)}(0)}{i!}x^i = \sum_{i=0}^{\infty} \frac{(\ln a)^i}{i!}x^i = \sum_{i=0}^{\infty} \frac{\ln(ia)}{i!}x^i$$

$$r = \lim_{n\to\infty} \left| \frac{a_n}{a_{n+1}} \right| = \lim_{n\to\infty} \left| \frac{(\ln a)^n \cdot (n+1)!}{(\ln a)^{n+1} \cdot n!} \right| = \infty$$

2. $y = \ln(1+x) = f(x)$;

$$f^{(1)}(x) = \frac{1}{1+x}; \quad f^{(2)}(x) = -\frac{1}{(1+x)^2}; \quad f^{(3)}(x) = \frac{2}{(1+x)^3};$$

$$f^{(4)}(x) = -\frac{2 \cdot 3}{(1+x)^4} \dots \dots f^{(i)}(x) = (-1)^{i-1} \frac{(i-1)!}{(1+x)^i}$$

$$\Rightarrow y = f(x) = \ln(1+x) = 0 + \sum_{i=1}^{\infty} \frac{(-1)^{i-1} \cdot (i-1)!}{i! \cdot 1^i}x^i$$

$$= \sum_{i=1}^{\infty} (-1)^{i-1} \cdot \frac{1}{i}x^i \quad = x - \frac{x^2}{2} + \frac{x^3}{3} - \frac{x^4}{4} \pm \dots \dots$$

$$r = \lim_{n\to\infty} \left| \frac{a_n}{a_{n+1}} \right| = \lim_{n\to\infty} \left| \frac{n+1}{n} \right| = \lim_{n\to\infty} (1+\frac{1}{n}) = 1$$

Loesung mit Mathematica

Reihenentwicklung

Series[a^x,{x,0,5}]

$$1 + \text{Log}[a]\ x + \frac{\text{Log}[a]^2\ x^2}{2} + \frac{\text{Log}[a]^3\ x^3}{6} + \frac{\text{Log}[a]^4\ x^4}{24} +$$

$$\frac{\text{Log}[a]^5\ x^5}{120} + O[x]^6$$

Series[Log[1+x],{x,0,10}]

$$x - \frac{x^2}{2} + \frac{x^3}{3} - \frac{x^4}{4} + \frac{x^5}{5} - \frac{x^6}{6} + \frac{x^7}{7} - \frac{x^8}{8} + \frac{x^9}{9} - \frac{x^{10}}{10} + O[x]^{11}$$

Aufgabe I54:

Es ist $\arc\tan x = \int\limits_0^x \dfrac{dt}{1+t^2}$

1. Entwickeln Sie $\dfrac{1}{1+t^2}$ in eine Potenzreihe und bestimmen Sie den Konvergenzradius.

2. Berechnen Sie durch gliedweise Integration angenähert die Ludolf'sche Zahl $\pi = 4 \arc\tan 1$, unter Verwendung von 4 Gliedern der Reihe.
   Schätzen Sie den Fehler ab.

Lösung:

$$\arc\tan x = \int\limits_0^x \dfrac{dt}{1+t^2}$$

1. geometrische Reihe:

$$1 + x + x^2 + \dots = \frac{1}{1-x} \implies \sum_{i=0}^{\infty} (-x)^i = \frac{1}{1+x} \quad |x| < 1$$

$$\implies \sum_{i=0}^{\infty} (-t^2)^i = \sum_{i=0}^{\infty} (-1)^i t^{2i} = \frac{1}{1+t^2}$$

konvergent für $|t^2| < 1$ bzw. $-1 < t < 1$

Das Restglied wird aus der Potenzreihenentwicklung erhalten:

$$f^{(0)}(x) = \frac{1}{1+x} = (1+x)^{-1}; \qquad f^{(1)}(x) = -1(1+x)^{-2};$$

$$f^{(2)}(x) = 2(1+x)^{-3}; \qquad f^{(3)}(x) = -6(1+x)^{-4};$$

$$f^{(4)}(x) = 24(1+x)^{-5};$$

$$\implies R_4 = \frac{f^{(4)}(1+\delta x)}{4!} x^4 = \frac{24(1+\delta x)^{-5}}{1 \cdot 2 \cdot 3 \cdot 4} x^4 = \frac{x^4}{(1+\delta_x)^5}$$

$$\implies \frac{1}{1+t^2} = 1 - t^2 + t^4 - t^6 + \frac{t^8}{(1+\delta t^2)^5} \qquad (\text{mit } 0 < \delta < 1, \; x = t^2)$$

2. $\arc \tan x = \int_0^x \frac{1}{1+t^2}dt = \int_0^x (1-t^2+t^4-t^6)dt + \int_0^x \frac{t^8}{(1+\delta t^2)^5}dt$

$= [t-\frac{t^3}{3}+\frac{t^5}{5}-\frac{t^7}{7}]_0^x + F = x-\frac{x^3}{3}+\frac{x^5}{5}-\frac{x^7}{7}+F$

$F = \int_0^x \frac{t^8}{(1+\delta t^2)^5}dt \ < \int_0^x \frac{t^8}{(1+0t^2)^5}dt = \int_0^x t^8 dt = [\frac{t^9}{9}]_0^x = \frac{x^9}{9}$

Die Konvergenz der Reihe kann für $|x| \leq 1$ gezeigt werden.

$\arc \tan 1 = 1 - \frac{1}{3} + \frac{1}{5} - \frac{1}{7} + F = 0,7238 + F$

$F < \frac{1}{9} = 0,1111$

$\Longrightarrow = 4 \arc \tan 1 = 4 \cdot 0,7238 + 4F = 2,8956 + F^{*},$

$F^{*} < 0,4444$

Experimente mit Mathematica und Pascal

Naeherung durch eine Reihenentwicklung mit Mathematica

s=Series[1/(1+t^2),{t,0,6}]

$1 - t^2 + t^4 - t^6 + O[t]^7$

s

$1 - t^2 + t^4 - t^6 + O[t]^7$

s6=Normal[s]

$1 - t^2 + t^4 - t^6$

Integrate[s6,t]

$t - \frac{t^3}{3} + \frac{t^5}{5} - \frac{t^7}{7}$

$t - \frac{t^3}{3} + \frac{t^5}{5} - \frac{t^7}{7}$

N[4 Integrate[s6,{t,0,1}],10]

2.895238095

```
s12=Series[1/(1+t^2),{t,0,12}]
```

$$1 - t^2 + t^4 - t^6 + t^8 - t^{10} + t^{12} + O[t]^{13}$$

```
N[4 Integrate[Normal[s15],{t,0,1}],10]
```

3.283738484

```
s1000 =Series[1/(1+t^2),{t,0,1000}];
N[4 Integrate[Normal[ s1000 ],{t,0,1}],10]
```

3.14358866

```
s2000=Series[1/(1+t^2),{t,0,2000}];
N[4 Integrate[Normal[ s2000 ],{t,0,1}],10]
```

3.142591654

```
s10000=Series[1/(1+t^2),{t,0,10000}];
N[4 Integrate[Normal[ s10000 ],{t,0,1}],10]
```

3.141792614

Die Reihe konvergiert sehr langsam. Die hohen numerischen Anforderungen fuer sehr grosse n werden bewaeltigt: Es treten bedeutende Rechenzeiten im Stundenbereich auf. Die numerische Stabilitaet wird durch eine hohe interne Darstellungsgenauigkeit und durch verfeinerte Algorithmen erreicht.

```
s20000=Series[1/(1+t^2),{t,0,20000}];
N[4 Integrate[Normal[ s20000 ],{t,0,1}],10]
```

3.141692644

```
s40000=Series[1/(1+t^2),{t,0,40000}];
N[4 Integrate[Normal[ s40000 ],{t,0,1}],10]
```

3.141642651

■Zusammenfassung der Ergebnisse der Reihenentwicklung:

```
ta=MatrixForm[{{" n", "  sn"},{"-----", "-----------"},
    {6,s6}, {12,s12}, {1000,s1000}, {2000,s2000},{10000,s10000},
    {20000,s20000},{40000,s40000},{"exakt",N[Pi,10]}}]
```

n	sn
6	2.895238095
12	3.283738484
1000	3.14358866
2000	3.142591654
10000	3.141792614
20000	3.141692644
40000	3.141642651
exakt	3.141592654

Es zeigt sich. dass die numerische Loesung des Integrals schneller zu einem brauchbaren Ergebnis fuehrt:

54.4

Loesung durch numerische Integration (Trapezregel) mit Mathematica

(Die Trapezregel ist am Ende dieser Aufgabe kurz erlaeutert)

```
f[t_]:=1/(1+t^2)
s[n_]:= N[ 4 Sum[f[(i-1)/n] +f[i/n],{i,1,n}] / (2 n) , 10]
s[6]
```

3.136963066

```
s[12]
```

3.140435247

```
s[1000]
```

3.141592487

Hier entsteht eine Rechenzeit im Minutenbereich. Aber die Ergebnisse sehen gut aus, die numerische Stabilitaet erscheint gesichert.

```
s[2000]
```

3.141592612

Zusammenfassung der Ergebnisse der Integrationsloesung:

```
ta=MatrixForm[{{" n", "  s[n]"},{"-----", "-----------"},
     {6,s[6]}, {12,s[12]}, {1000,s[1000]}, {2000,s[2000]},
     {"exakt",N[Pi,10]}}]
```

n	s[n]
6	3.136963066
12	3.140435247
1000	3.141592487
2000	3.141592612

exakt	3.141592654

Mit einem einfachen Pascalprogramm (einfache Genauigkeit)laeuft die Rechnung im Sekundenbereich. Allerdings kommt es fuer grosse n zu gravierenden nunerischen Instabilitaeten. welche das Ergebnis extrem verfaelschen:

Trapezregel

```
f[x_]:=1.5-5(0.9 x-0.5)^2
g1:=Plot[f[x],{x,0,1},PlotStyle->Thickness[0.007]]
g2:=Graphics[Line[{{0.2,0},{0.2,f[0.2]}}],
             Line[{{0.4,0},{0.4,f[0.4]}}],
             Line[{{0.6,0},{0.6,f[0.6]}}],
             Line[{{0.8,0},{0.8,f[0.8]}}],
             Line[{{1,0},{1,f[1]}}],
             Line[{{0,f[0]},{0.2,f[0.2]}}],
             Line[{{0.2,f[0.2]},{0.4,f[0.4]}}],
             Line[{{0.4,f[0.4]},{0.6,f[0.6]}}],
             Line[{{0.6,f[0.6]},{0.8,f[0.8]}}],
             Line[{{0.8,f[0.8]},{1,f[1]}}]]

Show[g1,g2,AxesLabel->{"x","y"},PlotRange->{{0,1.1},{0,1.5}},
     Ticks->None]
```

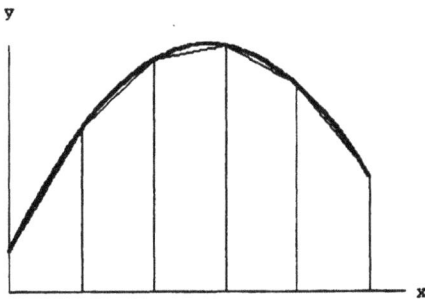

$$\int_a^b f(x)dx \approx \sum_{i=1}^{n} \frac{1}{2}\left(f(x_{i-1}) + f(x_i)\right) \cdot \Delta x$$

$$\Delta x = \frac{b-a}{n}, \quad x_0 = a, \quad x_i = a + \Delta x \cdot i = a + (b-a)\cdot\frac{i}{n}$$

mit $a = 0$, $b = 1$ folgt:

$$\Delta x = \frac{1}{n}, \quad x_i = 0 + (1-0)\cdot\frac{i}{n} = \frac{i}{n}$$

$$\int_0^1 f(x)dx \approx \sum_{i=1}^{n} \frac{1}{2}\left(f\left(\frac{i-1}{n}\right) + f\left(\frac{i}{n}\right)\right)\cdot\frac{1}{n} = \frac{1}{2n}\sum_{i=1}^{n}\left(f\left(\frac{i-1}{n}\right) + f\left(\frac{i}{n}\right)\right)$$

54.6

Loesung durch numerische Integration mit PASCAL

```pascal
PROGRAM PiTrapez;
VAR  n:  integer;
     fa: text;
FUNCTION f(t:real):real;
  BEGIN
  f:=1/(1+t*t);
  END;

FUNCTION s(n:integer):real;
  VAR i:     integer;
      s1:    real;
  BEGIN
  s1:=0;
  FOR i:=1 to n DO
    s1:=s1+( f((i-1)/n)+f(i/n) ) / (2*n);
  s:= 4 * s1
  END;

BEGIN
assign(fa,'c:pitrapez.dat');
rewrite(fa);
REPEAT
  writeln(' Geben Sie bitte n ein');
  readln(n);
  IF (n>0) THEN
    BEGIN
      writeln(fa,'n= ',n:8, '         s(n)= ', s(n):12:9);
      writeln('n= ',n:8, '         s(n)= ', s(n):12:9);
    END;
UNTIL (n<=0);
close(fa);
END.
```

```
n=         6      s(n)=  3.136963066
n=        12      s(n)=  3.140435247
n=      1000      s(n)=  3.141592487
n=      2000      s(n)=  3.141592612
n=     20000      s(n)= -4.921041123   numerische Instabilität!
```

Aufgabe I55:

Berechnen Sie angenähert $\int_0^{2\pi} e^{\sin x}dx$, indem Sie $e^{\sin x}$ in eine Potenzreihe entwickeln und diese nach dem 4. Glied (dritte Potenz) abbrechen.

Lösung:

$$f^{(0)}(x) = e^{\sin x} \qquad\qquad f^{(0)}(0) = e^0 = 1$$

$$f^{(1)}(x) = e^{\sin x}\cos x \qquad\qquad f^{(1)}(0) = 1$$

$$f^{(2)}(x) = e^{\sin x}\cos^2 x - e^{\sin x}\sin x = e^{\sin x}(\cos^2 x - \sin x)$$

$$f^{(2)}(0) = 1$$

$$f^{(3)}(x) = e^{\sin x}(\cos^3 x - \sin x\cos x) + e^{\sin x}(-2\cos x\sin x - \cos x)$$

$$= e^{\sin x}(\cos^3 x - 3\sin x\cos x - \cos x)$$

$$f^{(3)}(0) = 0$$

$$\implies e^{\sin x} = 1 + \frac{1}{1!}x + \frac{1}{2!}x^2 + \frac{0}{3!}x^3 + R_4$$

$$= 1 + x + \frac{x^2}{2} + R_4$$

$$\int_0^{2\pi} e^{\sin x}dx \approx \int_0^{2\pi}(1+x+\tfrac{x^2}{2})dx = \left[x + \frac{x^2}{2} + \frac{x^3}{6}\right]_0^{2\pi}$$

$$= 2\pi + \frac{4\pi^2}{2} + \frac{8\pi^3}{6} = \qquad 2\pi + 2\pi^2 + 1,3333\,\pi^3$$

$$= 67,364086$$

Die Berechnung erfolgte nach den Hornerschema

	1,333333	2	2	0
$\pi = 3,141593$	—	4,188789	19,442655	67,364086
	1,333333	6,188789	21,442655	67,364086

Bearbeitung mit Mathematica

Reihenentwicklung

■ Entwicklung fuer n=3 und n=10, keine Konvergenzbetrachtung

```
s3=Series[Exp[Sin[x]],{x,0,3}]
```

$$1 + x + \frac{x^2}{2} + O[x]^4$$

```
Integrate[Normal[s3],x]
```

$$x + \frac{x^2}{2} + \frac{x^3}{6}$$

```
Is3=Integrate[Normal[s3],{x,0,2 Pi}]
```

$$2\ Pi + 2\ Pi^2 + \frac{4\ Pi^3}{3}$$

```
N[Is3,8]
StringForm["n=10    Is3= '' ",N[Is3,8] ]
```

```
n=10     Is3= 67.364096
```

```
s10=Series[E^Sin[x],{x,0,10}]
```

$$1 + x + \frac{x^2}{2} - \frac{x^4}{8} - \frac{x^5}{15} - \frac{x^6}{240} + \frac{x^7}{90} + \frac{31\ x^8}{5760} + \frac{x^9}{5670} - \frac{2951\ x^{10}}{3628800} +$$
$$O[x]^{11}$$

```
Integrate[Normal[s10],x]
```

$$x + \frac{x^2}{2} + \frac{x^3}{6} - \frac{x^5}{40} - \frac{x^6}{90} - \frac{x^7}{1680} + \frac{x^8}{720} + \frac{31\ x^9}{51840} + \frac{x^{10}}{56700} - \frac{2951\ x^{11}}{39916800}$$

```
StringForm["n=10     s10='' ",
    N[ Integrate[Normal[s10],{x,0,2 Pi}], 8] ]
```

```
n=10     s10=-31443.797
```

Die Reihe scheint zu divergieren. Das Konvergenz-/ Divergenzverhalten soll nun experimentell untersucht werden.

■ **Umfangreichere Betrachtung der Reihe fuer zunehmende n:**

```
s[n_]:=N[Integrate[Normal[Series[Exp[Sin[x]],{x,0,n}]],{x,0,2 Pi}],8]

MatrixForm[{{"n","s[n]"},{"---","--------------"},{3,s[3]},
      {8,s[8]},{12,s[12]},{14,s[14]},{20,s[20]},{500,s[500]}}]
```

n	s[n]
3	67.364096
8	11409.213
12	-108780.83
14	$1.310052 \ 10^{6}$
20	$7.3346144 \ 10^{7}$
50	$4.0201008 \ 10^{15}$
500	$-4.1249423 \ 10^{68}$

Vorsicht. Bei n=500 enstehen beachtliche Rechenzeiten.
Ein Plot der Funktion und der Naeherungen gibt einen guten visuellen Einblick in die Situation:

■ **Graph der Naeherungen und der Funktion**

```
g[n_]:=Plot[Evaluate[sn[x,n]],{x,0,2 Pi},AxesLabel->{"x","y"},
      PlotLabel->StringForm["sn[x,'']",n]]

g0:=Plot[Exp[Sin[x]],{x,0,2 Pi},AxesLabel->{"x","y"},
      PlotLabel->TextForm[E^Sin[x]]]
```

```
Show[GraphicsArray[{{g[3],g[8]},{g[12],g[14]},{g[20],g[50]}}]]
```

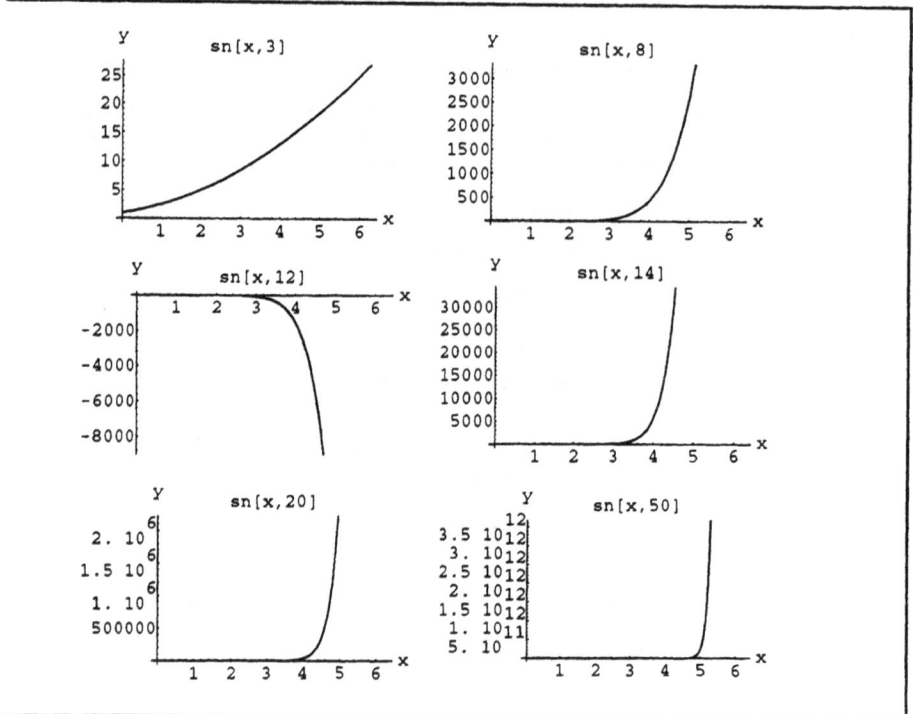

y sn[x,3]	y sn[x,8]
25, 20, 15, 10, 5 at x = 1 2 3 4 5 6	3000, 2500, 2000, 1500, 1000, 500 at x = 1 2 3 4 5 6
y sn[x,12]	y sn[x,14]
x = 1 2 3 4 5 6; -2000, -4000, -6000, -8000	30000, 25000, 20000, 15000, 5000 at x = 1 2 3 4 5 6
y sn[x,20]	y sn[x,50]
$2. \times 10^6$, 1.5×10^6, $1. \times 10^6$, 500000 at x = 1 2 3 4 5 6	3.5×10^{12}, $3. \times 10^{12}$, 2.5×10^{12}, $2. \times 10^{12}$, 1.5×10^{12}, $1. \times 10^{12}$, $5. \times 10^{11}$ at x = 1 2 3 4 5 6

```
Show[g0]
```

y $E^{Sin[x]}$

2.5, 2, 1.5, 1, 0.5 at x = 1 2 3 4 5 6

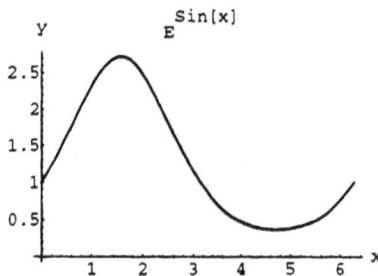

Ein Blick auf den Graph der Funktion E^Sin[x] zeigt, dass das Integral kleiner als 15 sein muss.
Wir berechnen einen Naeherungswert durch numerische Integration:

■ Loesung des Integrals durch numerische Integration

```
NIntegrate[Exp[Sin[x]],{x,0,2 Pi}]
```

```
7.95493
```

Dieses Beispiel zeigt, dass es sehr gefaehrlich ist, Reihenentwicklungen ohne Konvergenzbetrachtungen zu
verwenden. Wenn der Konvergenznachweis zu komplex ist, hilft zunaechst einmal eine gute Visualisierung und ein
stabiles numerisches Verfahren weiter.

Aufgabe I56:

Geben Sie für das Gauß'sche Fehlerintegral $\Phi(x) = \int_0^x e^{-t^2} dt$
eine Reihenentwicklung an und berechnen Sie $\Phi(1)$ angenähert
unter Verwendung der ersten 5 Glieder der Reihe.

Lösung:

$$e^x = 1 + x + \frac{x^2}{2} + \frac{x^3}{6} + \frac{x^4}{24} + R_5$$

$$e^{-t^2} = 1 - t^2 + \frac{t^4}{2} - \frac{t^6}{6} + \frac{t^8}{24} + R_5$$

$$\Phi(x) = \int_0^x e^{-t^2} dt \approx \int_0^x (1 - t^2 + \frac{t^4}{2} - \frac{t^6}{6} + \frac{t^8}{24}) dt =$$

$$= x - \frac{x^3}{3} + \frac{x^5}{10} - \frac{x^7}{42} + \frac{x^9}{216}$$

$$\Phi(1) \approx 1 - \frac{1}{3} + \frac{1}{10} - \frac{1}{42} + \frac{1}{216} = 0{,}7475$$

Tabellenwert: $\Phi(1) = 0{,}7468$

Loesung mit Mathematica

Reihenentwicklung und Integration

```
u[n_]:=Series[Exp[-t^2],{t,0,n}];            u[8]
```

$$1 - t^2 + \frac{t^4}{2} - \frac{t^6}{6} + \frac{t^8}{24} + O[t]^9$$

```
un[x_,n_]:=Normal[Series[Exp[-t^2],{t,0,n}]];   un[x,8]
```

$$1 - t^2 + \frac{t^4}{2} - \frac{t^6}{6} + \frac{t^8}{24}$$

```
Phi[x_,n_]:=Integrate[un[x,n],{t,0,x}];      Phi[x,8]
```

$$x - \frac{x^3}{3} + \frac{x^5}{10} - \frac{x^7}{42} + \frac{x^9}{216}$$

```
                                              Phi[x,15]
```

$$x - \frac{x^3}{3} + \frac{x^5}{10} - \frac{x^7}{42} + \frac{x^9}{216} - \frac{x^{11}}{1320} + \frac{x^{13}}{9360} - \frac{x^{15}}{75600}$$

Einige numerische Rechnungen

```
N[ MatrixForm[{{"Methode", "hoechste Potenz","Naeherungswert"},
            {"-------", "----------------","--------------"},
            {"Reihe",8,Phi[1,8]},{"Reihe",20,Phi[1,20]},
            {"Reihe",100,Phi[1,100]},{"numerische Integr.",
            Infinity,Integrate[Exp[-t^2],{t,0,1}]}}],  15]
```

Methode	hoechste Potenz	Naeherungswert
Reihe	8.	0.747486772486773
Reihe	20.	0.746824133823718
Reihe	100.	0.746824132812427
numerische Integr.	Infinity	0.746824132812427

Das letzte Ergebnis wurde zum Vergleich mit numerischer Integration ermittelt. Man sieht zunaechst, dass man die Reihe bis zur 20 Ordnung entwickeln sollte.

Kontrolle der Naeherungsverfahren

Die Graphik der Integralkurve sieht etwas seltsam aus:

```
Plot[Phi[x,15],{x,-3,3}]
```

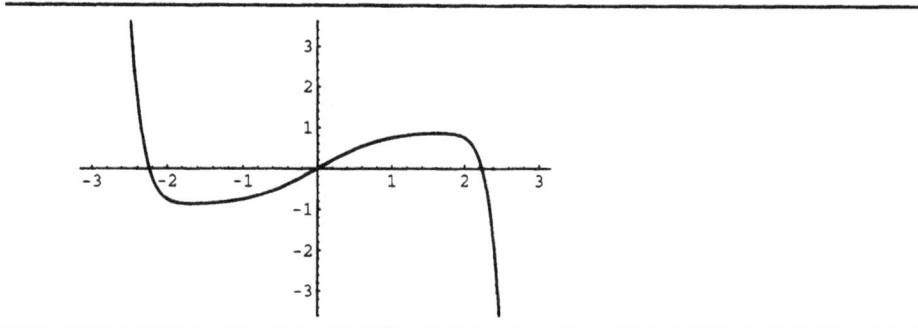

Wir berechnen Naeherungswerte an der Stelle x=3 mit numerischer Integration und Reihenentwicklungen bis zur Ordnung 15, 50 und 100 und vergleichen diese:

```
MatrixForm[{{"Integration","Reihe bis 15.","  50."," 100. Ordnung"},
            {N[Integrate[Exp[-t^2],{t,0,3}],8],N[Phi[3,15],8],
            N[Phi[3,50],8],N[Phi[3,100],8]}}]
```

Integration	Reihe bis 15.	50.	100. Ordnung
0.88620735	-96.315405	0.88552241	0.88620735

Wie man sieht, muss man die Reihe sehr weit entwickeln, um an der Stelle x=3 brauchbare Resultate zu erzielen.

Der Vergleich der folgenden Graphiken zeigt, dass bei n=50 ein in [-3.3] brauchbares Ergebnis erhalten wird.

☐ Integrationsverfahren:

Plcc[Integrate[Exp[-t^2],{t,0,x}],{x,-3,3}]

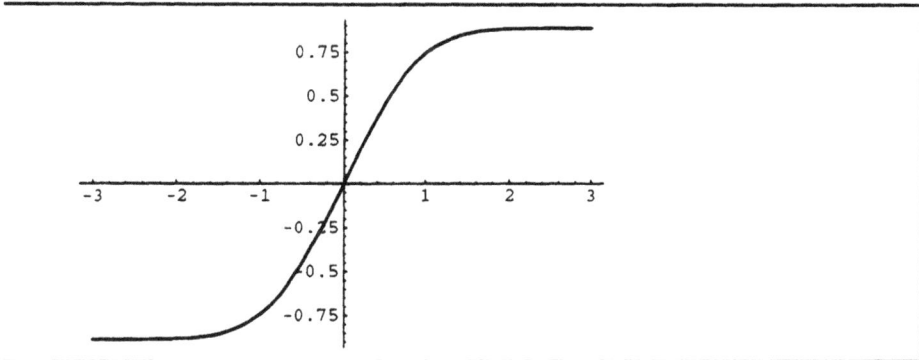

☐ Reihenentwicklung:

Plot[Phi[x,50],{x,-3,3}]

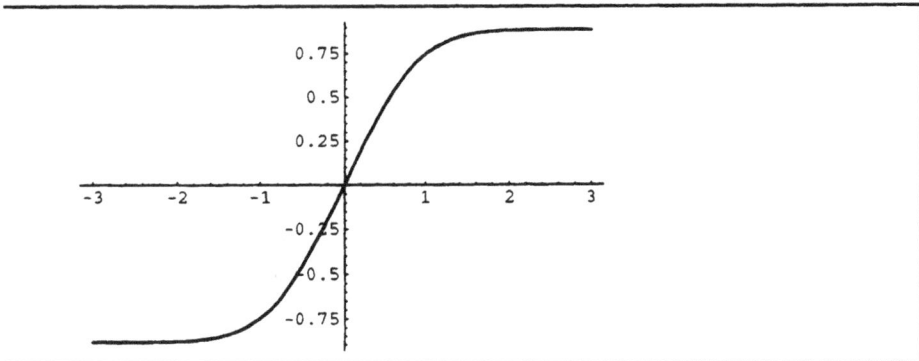

Aufgabe I57:

Berechnen Sie die Funktion $S_i(x) = \int\limits_0^x \frac{\sin t}{t} dt$, indem Sie sint
in eine Potenzreihe entwickeln und gliedweise integrieren.

Lösung:

Sinus integralis $S_i(x) = \int\limits_0^x \frac{\sin t}{t} dt$ wird

in eine Potenzreihe entwickelt:

$\sin t = t - \frac{t^3}{3!} + \frac{t^5}{5!} - \frac{t^7}{7!} + \ldots$ konvergent für $|t| < \infty$

Dann ist $\frac{\sin t}{t} = 1 - \frac{t^2}{3!} + \frac{t^4}{5!} - \frac{t^6}{7!} + \ldots$

$= \sum\limits_{i=0}^{\infty} (-1)^i \frac{t^{2i}}{(2i+1)!}$ konvergent für $|t| < \infty$

Die Reihe kann im Inneren des Konvergenzradius
gliedweise integriert werden:

$$S_i(x) = \int\limits_0^x (\sum\limits_{i=0}^{\infty} (-1)^i \frac{t^{2i}}{(2i+1)!} dt = \sum\limits_{i=0}^{\infty} \frac{(-1)^i}{(2i+1)!} \int\limits_0^x t^{2i} dt$$

$$= \sum\limits_{i=0}^{\infty} \frac{(-1)^i}{(2i+1)!} [\frac{t^{2i+1}}{2i+1}]_0^x = \sum\limits_{i=0}^{\infty} \frac{(-1)^i}{(2i+1)!} \cdot \frac{x^{2i+1}}{2i+1}$$

$$= x - \frac{x^3}{3 \cdot 3!} + \frac{x^5}{5 \cdot 5!} - \frac{x^7}{7 \cdot 7!} + \frac{x^9}{9 \cdot 9!} - + \ldots\ldots$$

Aufgabe I58:

Gegeben ist die Fläche xyz = 1

1. Geben Sie den Definitionsbereich an.

2. Um wieviel ändert sich z im Punkt P (2, -3), wenn
   Δx =-0,1 und Δy = 0,2 beträgt?

3. Berechnen Sie in P den Normalvektor, die Tangentialebene und geben Sie deren Gleichung in Normalform
   und Parameterform an.

4. Wie lautet die Gleichung der Tangentialebene, die
   zu x + y + z = 3 parallel ist?

5. Berechnen Sie die Gleichung der Höhenlinien z = 0,
   z = $\pm$0,5, z = $\pm$1 und skizzieren Sie diese.

Lösung:

Fläche $F = \{(x,y,z) \mid xyz = 1\}$

Funktion $z = f(x,y) = \dfrac{1}{xy}$

1. $\mathbb{D} = \{(x,y) \mid x \neq 0 \wedge y \neq 0\} \subseteq \mathbb{R}_2$

2. $df = f_x dx + f_y dy \Longrightarrow \Delta f \overset{\sim}{\approx} f_x \Delta x + f_y \Delta y =$

   $= -\dfrac{1}{x^2 y}\Delta x - \dfrac{1}{xy^2}\Delta y$

   $\Longrightarrow$ im Punkte (2, -3) ist für $\Delta x = -0,1$; $\Delta y = 0,2$:

   $\Delta f = -\dfrac{1 \cdot (-0,1)}{4 \cdot (-3)} - \dfrac{1 \cdot 0,2}{2 \cdot 9} = -0,0194$

   N.R. $f_x = \dfrac{\partial \frac{1}{xy}}{\partial x} = \dfrac{1}{y} \cdot \dfrac{-1}{x^2} = -\dfrac{1}{x^2 y} \Longrightarrow f_x(2, -3) = -\dfrac{1}{4(-3)} = +\dfrac{1}{12}$

   $f_y = \dfrac{\partial \frac{1}{xy}}{\partial y} = -\dfrac{1}{xy^2} \Longrightarrow f_y(2, -3) = -\dfrac{1}{2 \cdot 9} = -\dfrac{1}{18}$

3.1 Normalvektor:

$$\vec{n} = \begin{pmatrix} f_x \\ f_y \\ -1 \end{pmatrix} = \begin{pmatrix} +\frac{1}{12} \\ -\frac{1}{18} \\ -1 \end{pmatrix} \implies \vec{n}' = -36\vec{n} = \begin{pmatrix} -3 \\ 2 \\ 36 \end{pmatrix}$$

ist ebenfalls Normalvektor

3.2 Tangentialvektor:

$$\vec{t}_1 = \begin{pmatrix} 1 \\ 0 \\ f_x \end{pmatrix} = \begin{pmatrix} 1 \\ 0 \\ +\frac{1}{12} \end{pmatrix} \implies \vec{t}_1' = 12\vec{t}_1 = \begin{pmatrix} 12 \\ 0 \\ +1 \end{pmatrix}$$

$$\vec{t}_2' = \begin{pmatrix} 0 \\ 1 \\ f_y \end{pmatrix} = \begin{pmatrix} 0 \\ 1 \\ -\frac{1}{18} \end{pmatrix} \implies \vec{t}_2' = 18\vec{t}_2' = \begin{pmatrix} 0 \\ 18 \\ -1 \end{pmatrix}$$

sind Tangentialvektoren

3.3 Normalgleichung der Tangentialebene:

$$\vec{n}' \cdot \vec{x} = \vec{n}' \cdot \vec{x}_0 \qquad , \ \vec{x}_0 = (2, -3, f(2, -3)) = (2, -3, -\tfrac{1}{6})$$

$$(-3, 2, 36) \begin{pmatrix} x \\ y \\ z \end{pmatrix} = (-3, 2, 36) \begin{pmatrix} 2 \\ -3 \\ -\frac{1}{6} \end{pmatrix} \implies -3x + 2y + 36z =$$

$$= -6 - 6 - 36 \ \tfrac{1}{6} \implies -3x + 2y + 36z + 18 = 0$$

3.4 Parameterdarstellung der Tangentialebene:

$$\vec{x} = \vec{x}_0 + \alpha\vec{t}_1 + \beta\vec{t}_1$$

$$\begin{pmatrix} x \\ y \\ z \end{pmatrix} = \begin{pmatrix} 2 \\ -3 \\ -\frac{1}{6} \end{pmatrix} + \alpha \begin{pmatrix} 12 \\ 0 \\ +1 \end{pmatrix} + \beta \begin{pmatrix} 0 \\ 18 \\ -1 \end{pmatrix}$$

$$\implies \begin{aligned} x &= 2 + 12\alpha \\ y &= -3 \quad\quad + 18\beta \\ z &= -\tfrac{1}{6} + \alpha - \beta \end{aligned}$$

4. Ebene e: $x + y + z = 3 \implies \vec{n} = \begin{pmatrix} 1 \\ 1 \\ 1 \end{pmatrix}$

Gesucht ist ein Flächenpunkt $(x, y, f(x, y))$, dessen Normalvektor $\parallel \vec{n}$ ist.

$$\begin{pmatrix} f_x(x,y) \\ f_y(x,y) \\ -1 \end{pmatrix} = \begin{pmatrix} -\frac{1}{x^2 y} \\ -\frac{1}{xy^2} \\ -1 \end{pmatrix} = \lambda \begin{pmatrix} 1 \\ 1 \\ 1 \end{pmatrix} \implies \begin{array}{l} -\frac{1}{x^2 y} = \lambda \\ -\frac{1}{xy^2} = \lambda \\ -1 = \lambda \end{array}$$

$\implies \begin{array}{l} \frac{1}{x^2 y} = 1 \implies y = \frac{1}{x^2} > 0 \\ \frac{1}{xy^2} = 1 \end{array} \Bigg] \implies \frac{1}{x \cdot \frac{1}{x^4}} = x^3 = 1 \implies x = 1 = \frac{1}{y^2}$

$\implies y = \pm 1 \implies z = \frac{1}{1 \cdot 1} = 1$ für $y = +1$

$\implies$ Der Normalvektor des Flächenpunktes $(1,1,1) \in F$ ist $\parallel \vec{n}$

$\implies$ Die Normalgleichung lautet:

$\vec{n}\,\vec{x} = \vec{n}\,\vec{x_0}$

$$(1,1,1) \begin{pmatrix} x \\ y \\ z \end{pmatrix} = (1,1,1) \begin{pmatrix} 1 \\ 1 \\ 1 \end{pmatrix} = 3 \implies x+y+z = 3$$

$x + y + z = 3$ ist die Gleichung der gesuchten Tangentialebene

5. Höhenlinien:

$z = f(x,y) = \frac{1}{xy} = k \implies y = \frac{1}{k} \cdot \frac{1}{x}$

Die Höhenlinien sind Hyperbeln.

Es existiert keine Höhenlinie mit $z = 0$

Jedoch gilt $\lim\limits_{x \to \pm\infty} f(x,y) = \lim\limits_{y \to \pm\infty} f(x,y) = 0$

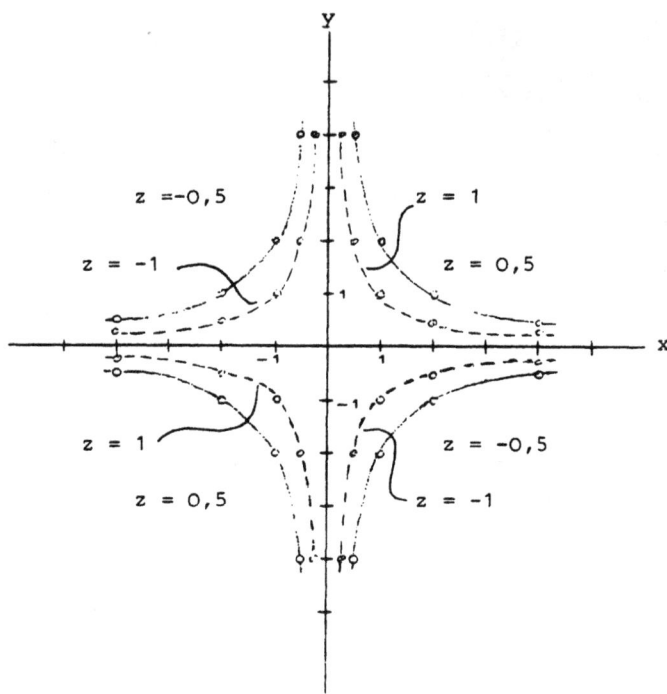

Abb. 58.1 Höhenlinien der Fläche xyz = 1

Loesung mit Mathematica

```
Plot3D[1/(x y),{x,-3,3},{y,-4,4},PlotPoints->50]
```

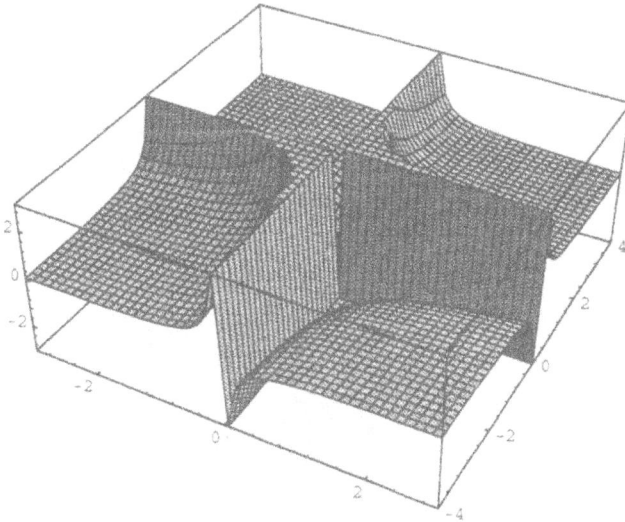

-SurfaceGraphics-

```
ContourPlot[1/(x y),{x,-3,3},{y,-4,4},PlotPoints->50]
```

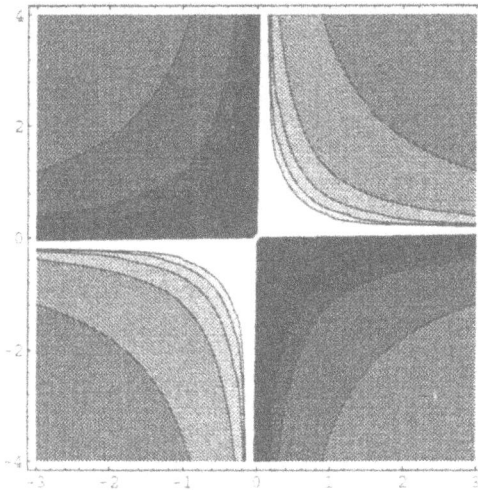

-ContourGraphics-

58.6

DensityPlot[1/(x y),{x,-3,3},{y,-4,4},PlotPoints->100]

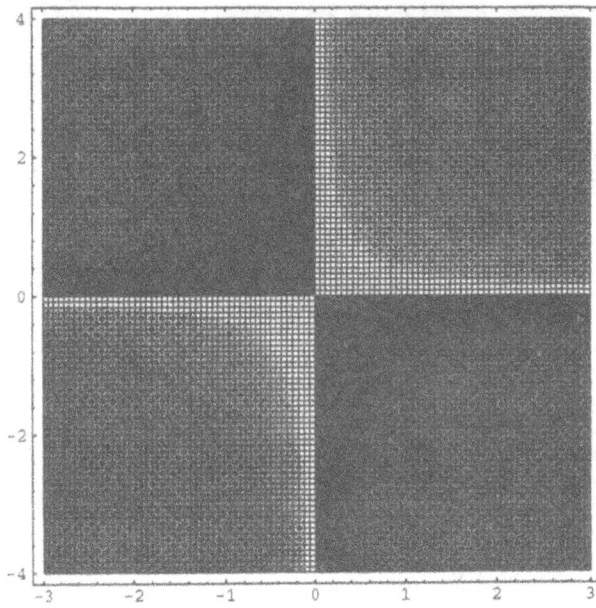

-DensityGraphics-

Aufgabe I59:

1. Man zeichne die Höhenlinien der Fläche $z = x^2 y$ für
   $z = 0, \pm1, \pm2, \pm3$.

2. Wie lautet die Gleichung der Tangentialebene an der
   Stelle $(1, 2)$?

3. Die in Aufgabe 2. erwähnte Tangentialebene schneidet
   die Fläche $z = x^2 y$ in zwei Schnittlinien. Wie lauten
   die Gleichungen der Projektionen dieser Schnittlinien
   in die x-y-Ebene?

4. Man zeichne die in Aufgabe 3. erwähnten Schnittlinien
   in das Höhenlinienbild der Aufgabe 1. ein und schraffiere
   den von oben sichtbaren Teil der Tangentialebene.

Lösung:

Fläche $F = \{(x,y,z) \mid z = f(x,y) = x^2 y\}$

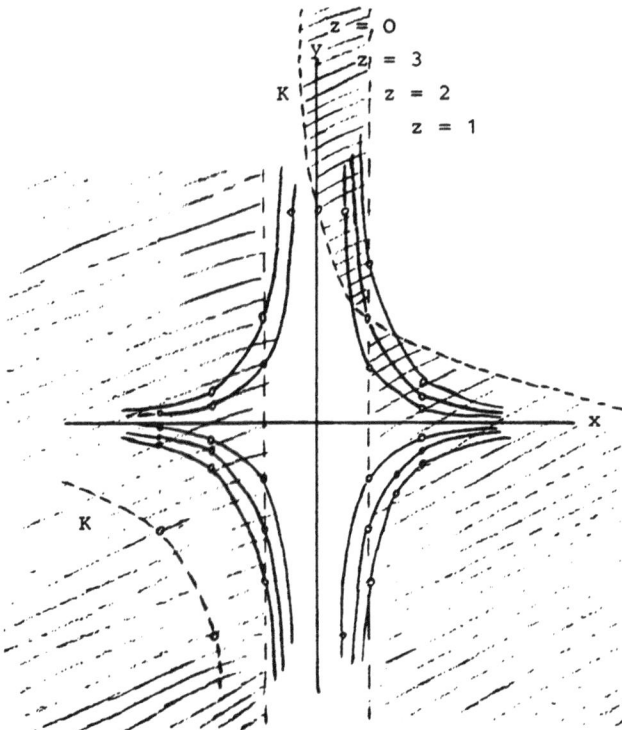

1. <u>Höhenlinien:</u>

$$z = x^2y = k \implies y = \frac{k}{x^2}$$

Sie sind achsensymmetrisch zur y-Achse

2. Es wird die Normalengleichung der Tangentialebene im Punkt mit dem Ortsvektor $\vec{x}_o = (1,2,f(1,2)) = (1,2,2)$ berechnet:

$$f_x = 2xy \implies f_x(1,2) = 4$$

$$f_y = x^2 \implies f_y(1,2) = 1$$

$$\implies \vec{n} = \begin{pmatrix} f_x \\ f_y \\ -1 \end{pmatrix} = \begin{pmatrix} 4 \\ 1 \\ -1 \end{pmatrix}$$

$$\implies \vec{n}\,\vec{x} = \vec{n}\,\vec{x}_o$$

$$(4,1,-1) \begin{pmatrix} x \\ y \\ z \end{pmatrix} = (4,1,-1) \begin{pmatrix} 1 \\ 2 \\ 2 \end{pmatrix} =$$

$$\implies 4x + y - z = 4 \quad \text{ist die Normalengleichung der}$$
Tangentialebene

3. $T = \{(x,y,z) \mid 4x + y - z = 4\} = $ Tangentialebene

$F = \{(x,y,z) \mid z = x^2y\} \qquad = $ Fläche

Gesucht: $T \cap F$

$$\implies 4x + y - x^2y = 4 \implies 4x + y(1-x^2) = 4$$

$$\implies y = \frac{4(1-x)}{1-x^2} = \frac{4}{1+x} \quad \text{für } x \neq 1$$

Für $x \to 1 \implies y \to 2$ und $(1,2,f(1,2)) = (1,2,2) \in T \cap F$

$$\implies T \cap F = \{(x,y,z) \mid y = \frac{4}{1+x} \wedge x \neq 1\} \cup \{(1,2,2)\}$$

Der Schnitt $T \cap F$ ist eine auf der Fläche F verlaufende Raumkurve K_R

Die Projektion der Punktmenge K_R in die (x,y)-Ebene lautet:

$$K = \{(x,y,0) \mid y = \frac{4}{1+x}, \quad x \neq 1\}$$

K besteht aus zwei Hyperbelästen

4. Der Teil der Tangentialebene $z = 4x + y - 4$ ist von oben sichtbar, für den

(∗) $4x + y - 4 > x^2y$

gilt. Für den Punkt $(0,0)$ ist dies offensichtlich nicht der Fall, aber z.B. für $(2,5)$ oder $(-4,-4)$:

$4x + y - 4 - x^2y > 0$

$\Longleftrightarrow$ $-4(1-x) + y(1-x^2) > 0$

$\Longleftrightarrow$ $(1-x)(-4 + y(1+x)) > 0$

<u>1. Fall</u> $1 - x < 0 \land -4 + y(1+x) < 0$

$\Longrightarrow$ $x > 1 \land y < \dfrac{4}{1+x}$ (es ist $1 + x > 2 > 0!$)

<u>2. Fall</u> $1 - x > 0 \land -4 + y(1+x) > 0$

2.1 $\Longrightarrow$ $x < 1 \land y > \dfrac{4}{1+x}$ für $1 + x > 0$ $(x > -1)$

$\Longrightarrow -1 < x < 1 \land y > \dfrac{4}{1+x}$

2.2 $x < -1 \Longrightarrow 1 + x < 0 \Longrightarrow y < \dfrac{4}{1+x}$

$\Longrightarrow$ $(1+x)y > 4$

$\Longrightarrow$ $-4 + (1+x)y > 0$

außerdem gilt $x < -1 < 1 \Longrightarrow 1 - x > 0$

Dies bedeutet, daß für alle $x < -1$ die Tangentialebene von oben sichtbar ist.

Loesung mit Mathematica

In[4]:=

```
Plot3D[x^2 y,{x,-5,5},{y,-10,10}, PlotPoints->30]
```

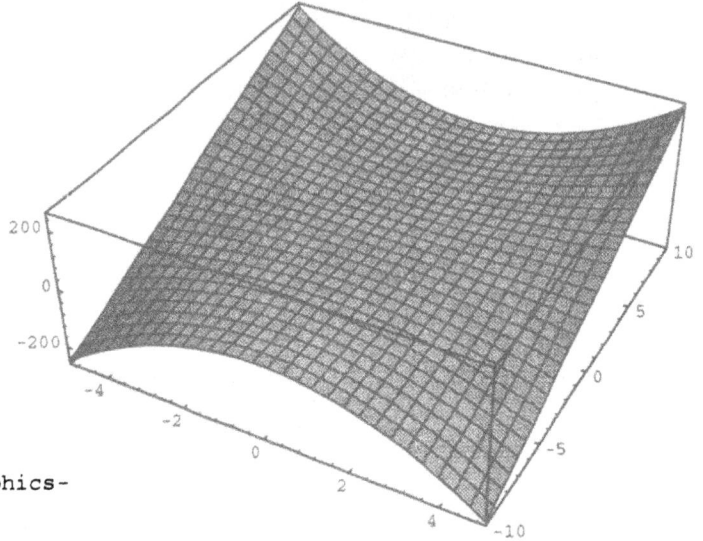

Out[4]=
```
-SurfaceGraphics-
```

In[2]:=

```
ContourPlot[x^2 y,{x,-10,10},{y,-20,20},PlotPoints->50]
```

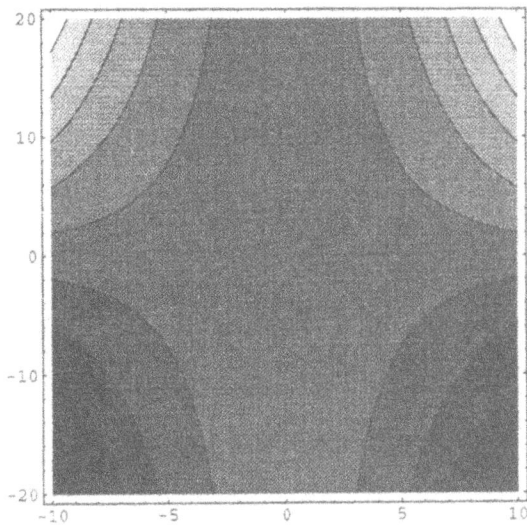

Out[2]=
```
-ContourGraphics-
```

Aufgabe I60:

Man bestimme die Extremwerte der Funktionen

1. $z = 3 - \frac{3}{4}x - y$ unter der Nebenbedingung,

   daß $4x^2 + 4y^2 - 9 = 0$ ist.

2. $u = x^3 + y^3 + z^3$ unter der Nebenbeingung,

   $x + y + z = 6$

Lösung:

1. Funktion $z = f(x,y) = 3 - \frac{3}{4}x - y$

   Nebenbedingung $\varphi(x,y) = 4x^2 + 4y^2 - 9 = 0$

   $F(x,y,\lambda) = f + \lambda\varphi = 3 - \frac{3}{4}x - y + \lambda(4x^2 + 4y^2 - 9)$

   $F_x = -\frac{3}{4} + 8\lambda x = 0 \implies x = \frac{3}{32\lambda}$

   $F_y = -1 + 8\lambda y = 0 \implies y = \frac{1}{8\lambda}$

   $F_\lambda = 4x^2 + 4y^2 - 9 = 0 \implies 4 \cdot \frac{9}{32^2\lambda^2} + \frac{4}{64\lambda^2} = 9$

   $\implies \lambda^2 = \frac{4 \cdot 9}{32^2 \cdot 9} + \frac{4}{64 \cdot 9} = \frac{1}{16^2} + \frac{1}{16 \cdot 9} = \frac{1}{16}(\frac{1}{16} + \frac{1}{9})$

   $\qquad = \frac{1}{16} \cdot \frac{9 + 16}{16 \cdot 9} = \frac{25}{16^2 \cdot 9}$

   $\implies \lambda_1 = \frac{5}{16 \cdot 3} = \frac{5}{48} \qquad\qquad \lambda_2 = -\frac{5}{48}$

   $\qquad x_1 = \frac{3 \cdot 48}{32 \cdot 5} = 0,9 \qquad\qquad x_2 = -0,9$

   $\qquad y_1 = \frac{1 \cdot 48}{8 \cdot 5} = 1,2 \qquad\qquad y_2 = -1,2$

   Die Fußpunkte der Extrema lauten:
   $E_1(0,9; 1,2)$, $E_2(-0,9; -1,2)$
   wegen $f(0,9; 1,2) = 1,125$; $f(-0,9; -1,2) = 4.875$
   und da durch $f(x,y)$ eine Ebene gegeben ist,
   ist E_2 relatives Maximum, E_1 relatives Minimum.

Loesung mit Mathematica

■ **60.1** `g1=Plot3D[3-.75 x -y,{x,-2,2},{y,-3,3},PlotPoints->30]`

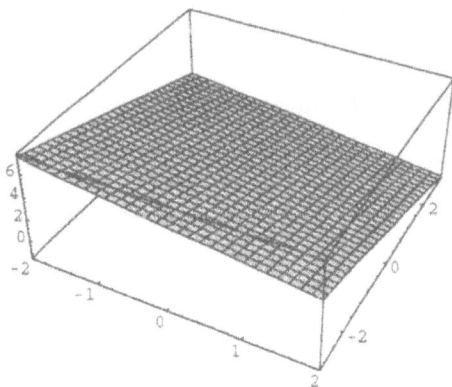

`g2=ParametricPlot3D[{1.5 Sin[t], 1.5 Cos[t],z},{t,0,2 Pi},`
`                              {z,0,6},PlotPoints->30]`

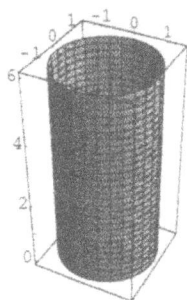

`Show[g1,g2]`

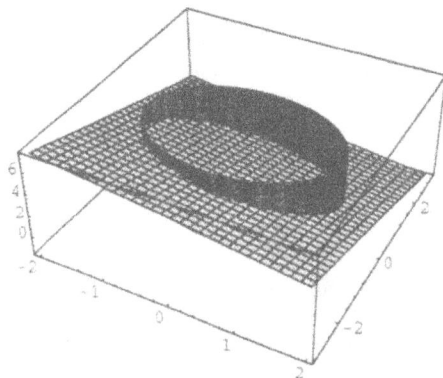

■ 60.2 Funktion in 2 Veraenderlichen nach Elimination der Nebenbedingung

```
g[x_,y_]:=x^3+y^3+(6-x-y)^3
```

```
Plot3D[g[x,y],{x,-200,200},{y,-160,160}]
```

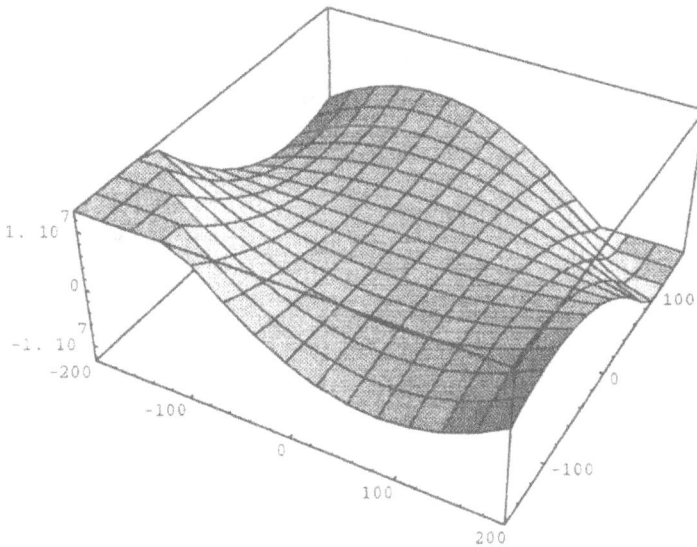

Partielle Ableitungen gleich 0 setzen ==> moegliche Stellen fuer Extrema

```
D[g[x,y],x]
```

$$3 \ x^2 - 3 \ (6 - x - y)^2$$

```
D[g[x,y],y]
```

$$-3 \ (6 - x - y)^2 + 3 \ y^2$$

```
Solve[{D[g[x,y],x]==0,D[g[x,y],y]==0},{x,y}]
```

{{x -> -6, y -> 6}, {x -> 2, y -> 2}, {x -> 6, y -> 6}, {y -> -6, x

60.4

Funktionaldeterminante

```
FD[x_,y_]:=Det[{{D[g[x,y],x,x],D[g[x,y],x,y]},{D[g[x,y],y,x],D[g[x,y]
FD[x,y]
```

$$216\ x\ -\ 36\ x^2\ +\ 216\ y\ -\ 36\ x\ y\ -\ 36\ y^2$$

Einsetzen von Werten in die Funktionaldeterminante und die 2. Ableitung nach x,x

```
FD1[x1_,y1_]:=FD[x,y]/.{x->x1,y->y1}
D1[x1_,y1_]:=D[g[x,y],x,x]/.{x->x1,y->y1}
```

Die Funktion Test liegfert die benoetigten Werte, um ein Extremum zu identifizieren

```
Test1[x_,y_]:={FD1[x,y],D1[x,y]}
Test1[6,6]
```

```
{-1296, 0}
```

```
Test1[2,2]
```

```
{432, 24}
```

```
Test1[-6,6]
```

```
{-1296, 0}
```

```
Test1[6,-6]
```

```
{-1296, 72}
```

An der Stelle x=2, y=2 (==> z1=6-x-y=2) liegt ein Minimum von g und dem urspruenglichen Problem vor

3D Plot in der Naehe des Minimums

```
g1=Plot3D[g[x,y],{x,-1,6},{y,-1,4},BoxRatios->{1,1,2}]

g2=Graphics3D[{PointSize[0.03],Point[{2,2,0}],Point[{2,2,g[2,2]}],
              Line[{{2,2,0},{2,2,450}}]}]

Show[g1,g2,AxesLabel->{"x","y","z"},FaceGrids->{{0,0,-1},{0,0,1}}]
```

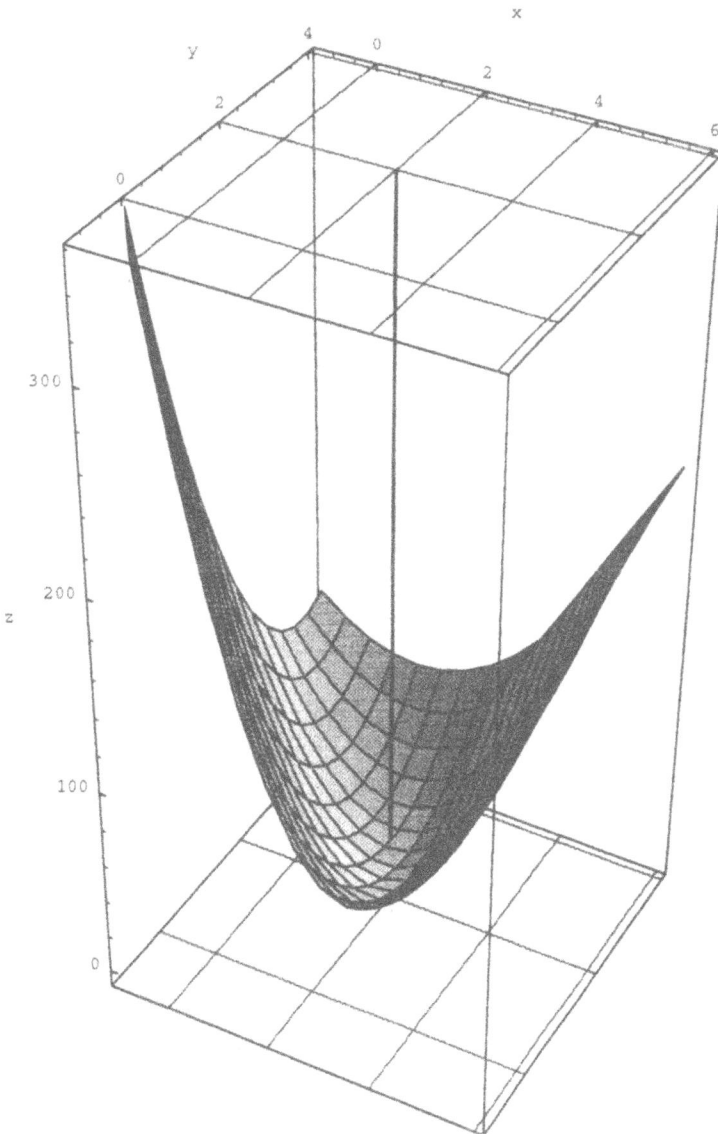

Aufgabe I61:

Man bestimme den Kreiszilynder, der bei gegebener Oberfläche A_0 das größte Volumen besitzt.

Lösung:

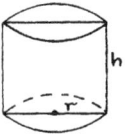

Volumen: $V = r^2\pi h = f(r,h) \Longrightarrow$ maximal

Nebenbedingung:

Oberfläche: $A_0 = 2r^2\pi + 2r\pi h$

$\qquad\qquad = 2r\pi(r+h)$

Die Lösung nach der Eliminationsmethode ist hier einfacher:

Nebenbedingung $\Longrightarrow h = \dfrac{A_0 - 2r^2\pi}{2r\pi}$

Abb 61.1

$\Longrightarrow V = r^2\pi h = \dfrac{r^2\pi \cdot (A_0 - 2r^2\pi)}{2r\pi} = \dfrac{A_0}{2}r - r^3\pi$

$\dfrac{dV}{dr} = \dfrac{A_0}{2} - 3r^2\pi = 0 \Longrightarrow r^2 = \dfrac{A_0}{6\pi} \Longrightarrow r = \sqrt{\dfrac{A_0}{6\pi}}$

$\dfrac{d^2V}{dr^2} = -6r\pi < 0 \Longrightarrow$ Maximum

$h = \dfrac{A_0 - 2r^2\pi}{2r\pi} = \dfrac{A_0 - 2 \cdot \dfrac{A_0}{6\pi} \cdot \pi}{2\sqrt{\dfrac{A_0}{6\pi}} \cdot \pi} = \dfrac{\frac{2}{3}A_0}{2\sqrt{\dfrac{A_0}{6}}\pi}$

$= \sqrt{\dfrac{6A_0}{9\pi}} = \sqrt{\dfrac{2A_0}{3\pi}}$

Die Abmessungen des Zylinders maximalen Inhalts lauten:

$r = \sqrt{\dfrac{A_0}{6\pi}} \qquad , \qquad h = \sqrt{\dfrac{2A_0}{3\pi}}$

Aufgabe I62:

Die Zahl a ist so in 3 Summanden zu zerlegen, daß deren
Produkt ein Maximum ist.

Lösung:

Funktion: $f(x,y,z) = x \cdot y \cdot z \implies$ Max
Nebenbedingung: $x + y + z = a$

Die Lösung erfolgt nach der Eliminationsmethode, weil
man dann eine Funktion in zwei Veränderlichen erhält,
für welche leicht nachprüfbar ist, ob ein Extremum ein
relatives Maximum darstellt.

$z = a - x - y$

$\implies g(x,y) = xy(a - x - y) = axy - x^2 y - xy^2 \implies$ Max.

notwendige Bedingung:

(1) $g_x = ay - 2xy - y^2 = 0$

(2) $g_y = ax - x^2 - 2xy = 0$

(1) - (2): $= a(y-x) - y^2 + x^2 = 0 \implies a(y-x)-(y-x)(y+x) = 0$

$\implies (y - x)(a - y - x) = 0$

$\implies$ 1. Fall: $x = y \implies ay - 2y^2 - y^2 = 0 \implies$

$$y(a-3y) = 0 \implies x_1 = y_1 = \frac{a}{3}, \; z_1 = \frac{a}{3}$$

$$x_2 = y_2 = 0, \; z_2 = a$$

2. Fall: $y = a - x \underset{(2)}{\implies} ax-x^2-2x(a-x) = 0$

$\implies ax - x^2 - 2ax + 2x^2 = 0$

$\implies -ax + x^2 = 0 \implies x(-a + x) = 0$

$\implies$ 2.1 Fall $x_3 = 0 \implies y_3 = a \implies z_3 = 0$

$\qquad$ 2.2 Fall $x_4 = a \implies y_4 = 0 \implies z_4 = 0$

Die Funktion ist für $x = y = z = \frac{a}{3}$ maximal, wie folgende hinreichende Bedingung zeigt:

$g_{xx} = -2y$; $g_{xy} = g_{yx} = a - 2x - 2y$; $g_{yy} = -2x$

$$D = \begin{vmatrix} g_{xx} & g_{xy} \\ g_{yx} & g_{yy} \end{vmatrix} = g_{xx}g_{yy} - g_{xy}^2 = (-2y)(-2x) - (a - 2x - 2y)^2$$

$= 4xy - (a - 2x - 2y)^2$

$D(\frac{a}{3}; \frac{a}{3}) = 4 \cdot \frac{a^2}{9} - (a - \frac{2a}{3} - \frac{2a}{3})^2 = \frac{a^2}{3}$

Lösungen:

	x	y	z	f(x,y,z)	g_{xx}	D	
1.	$\frac{a}{3}$	$\frac{a}{3}$	$\frac{a}{3}$	$\frac{a^3}{27}$	< 0	$\frac{a^2}{3} > 0$	Max.
2.	0	0	a	0	$= 0$	$-a^2 < 0$	
3.	0	a	0	0	< 0	$-a^2 < 0$	
4.	a	0	0	0	$= 0$	$-a^2 < 0$	

Loesung mit Mathematica

```
a = 90
f62[x_,y_]:= x y ( a - x - y )
```

```
    g1=Plot3D[f62[x,y],{x,-10,60},{y,-10,70},PlotPoints->30];
```
In[33]:=
```
    gp=Graphics3D[{PointSize[0.04],Point[{30,30,f62[30,30]}]}]
```
Out[33]=
```
    -Graphics3D-
```

In[34]:=
```
    Show[g1,gp]
```

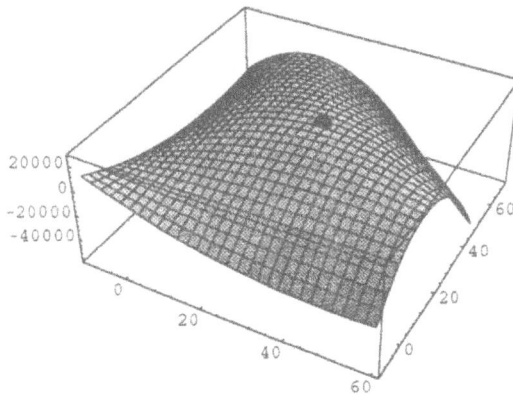

Out[34]=
```
    -Graphics3D-
```

Aufgabe I63:

Zu einer Funktion $y = f(x_1, x_1, \ldots, x_n)$ und Abweichungen Δx_i ist der absolute Maximalfehler definiert durch

$$\Delta y_{max} = \pm \sum_{i=1}^{n} |f_{x_i}(x_1, \ldots, x_n)\Delta x_i|$$

Um den Elastizitätsmodul

$$E = \frac{F \cdot \ell}{r^2 \pi \delta}$$

zu ermitteln, wurden die folgenden Messungen durchgeführt:

Länge	$\ell = (1563 \pm 2)\,mm$
Durchmesser	$d = (0,320 \pm 0,002)\,mm = 2r$
angreifende Kraft	$F = (20 \pm 0,025)\,N$
Längenänderung	$\delta = (1,675 \pm 0,006)\,mm$

Berechnen Sie den Elastizitätsmodul und den maximalen Fehler.

Lösung:

Funktion: $\quad E = \frac{F \cdot \ell}{r^2 \pi \delta} = f(F, \ell, r, \delta)$

Die gemessenen Werte führen auf den folgenden Elastizitätsmodul

$$E = \frac{20 \cdot 1563}{0,16^2 \pi \cdot 1,675} = 232051,470\,[N \cdot mm^{-2}]$$

Differential: $\quad dE = f_F dF + f_\ell d\ell + f_r dr + f_\delta d\delta$

maximaler Fehler: $\quad \Delta E = |f_F \Delta F| + |f_\ell \Delta \ell| + |f_r \Delta r| + |f_\delta \Delta \delta|$

$$= 11602,574 \cdot 0,025 + 148,465 \cdot 2 + 2900643,378 \cdot 0,001 +$$
$$+ 138538,191 \cdot 0,006$$

$$= 4318,868$$

Ergebnis: $\quad E = (232051 \pm 4319)\ [N \cdot mm^{-2}]$

N.R.: Berechnung der partiellen Ableitungen:

$$f_F = \frac{\ell}{r^2\pi\delta} = \frac{1563}{0,16^2\pi \cdot 1,675} = 11602,574$$

$$f_\ell = \frac{F}{r^2\pi\delta} = \frac{20}{0,16^2\pi \cdot 1,675} = 148,465$$

$$f_r = \frac{F \cdot \ell}{\pi \cdot \delta} \cdot \frac{-2}{r^3} = -\frac{2F\ell}{r^3\pi\delta} = -\frac{2 \cdot 20 \cdot 1563}{0,16^3\pi \quad 1,675} = 2900643,378$$

$$f_\delta = \frac{F \cdot \ell}{r^2\pi} \cdot \frac{-1}{\delta^2} = -\frac{F \cdot \ell}{r^2\pi\delta^2} = -\frac{20 \cdot 1563}{0,16^2\pi \cdot 1,675^2} =$$

$$= -138538,191$$

Aufgabe I64:

Berechnen Sie die Extrema der Funktion

$$y = f(x,y) = \cosh x + \cosh y - \cosh(x+y)$$

Lösung:

Funktion: $\quad y = f(x,y) = \cosh x + \cosh y - \cosh(x+y)$

Notwendige Bedingung für Extremum:

$$f_x = \sinh x - \sinh(x+y) = 0$$

$$f_y = \sinh y - \sinh(x+y) = 0$$

$\Longrightarrow \sinh x = \sinh y \Longrightarrow x = y \quad$ da $\sinh x$ streng monoton

wachsend

$\Longrightarrow \sinh x - \sinh 2x = 0 \Longrightarrow \sinh x = \sinh 2x$

$$\Longrightarrow x = 2x \Longrightarrow x = 0$$

$\Longrightarrow y = 0$

Die Gleichungen $f_x = f_y = 0$ sind für $x = y = 0$ erfüllt.

Hinreichende Bedingung:

$$\begin{vmatrix} f_{xx} & f_{xy} \\ f_{yx} & f_{yy} \end{vmatrix}_{(x=0,y=0)} = \begin{vmatrix} 0 & -1 \\ -1 & 0 \end{vmatrix} = -1 < 0$$

$$f(0,0) = \cosh 0 + \cosh 0 - \cosh 0 = 1$$

$\Longrightarrow$ In $P(0,0,1)$ ist kein Extremum

N.R.: Zweite partielle Ableitungen:

$$f_{xx} = \cosh x - \cosh(x+y) \Longrightarrow f_{xx}(0,0) = 0$$

$$\left.\begin{array}{l} f_{xy} = -\cosh(x+y) \\[2mm] f_{yx} = -\cosh(x+y) = f_{xy} \end{array}\right\} \Longrightarrow f_{xy}(0,0) = f_{yx}(0,0) = -1$$

$$f_{yy} = \cosh y - \cosh(x+y) \Longrightarrow f_{yy}(0,0) = 0$$

64.2

3 D Darstellung der Funktion

f[x,y]:= Cosh[x]+Cosh[y]-Cosh[x+y]

D[f64[x,y],x]

Sinh[x] - Sinh[x + y]

D[f64[x,y],y]

Sinh[y] - Sinh[x + y]

D[f64[x,y],x,x]

Cosh[x] - Cosh[x + y]

D[f64[x,y],x,y]

-Cosh[x + y]

D[f64[x,y],y,y]

Cosh[y] - Cosh[x + y]

**g11=Plot3D[f64[x,y],{x,-2,2},{y,-2,2},AxesLabel->{"x","y","z"},
          PlotPoints->30];**

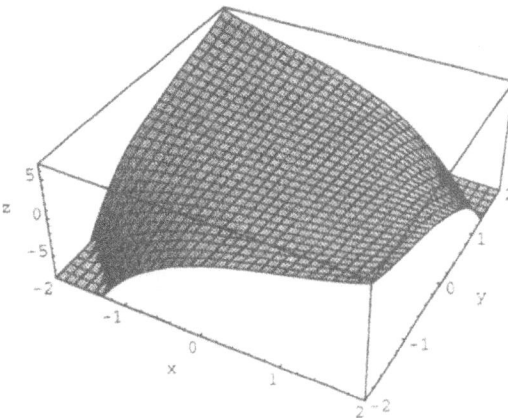

g1=Plot3D[f64[x,y],{x,-2,2},{y,-2,2},PlotPoints->30];

**gp=Graphics3D[{PointSize[0.12],Point[{0,0,f64[0,0]}],
          Line[{{0,0,-7},{0,0,f64[0,0]}}]},Axes->True]**

64.3

Show[gp,g11,ViewPoint->{-12,5,-5}]

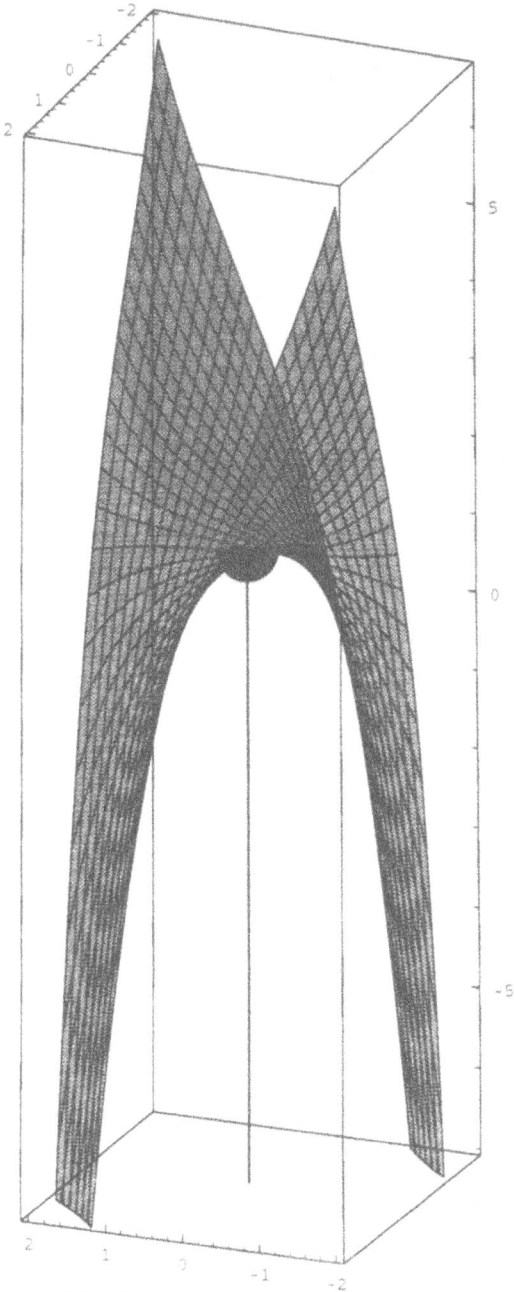

-Graphics3D-

64.4

```
ContourPlot[f64[x,y],{x,-2,2},{y,-2,2},AxesLabel->{"x","y"},
                                            PlotPoints->50]
```

Hoehenlinien der Funktion f[x,y]

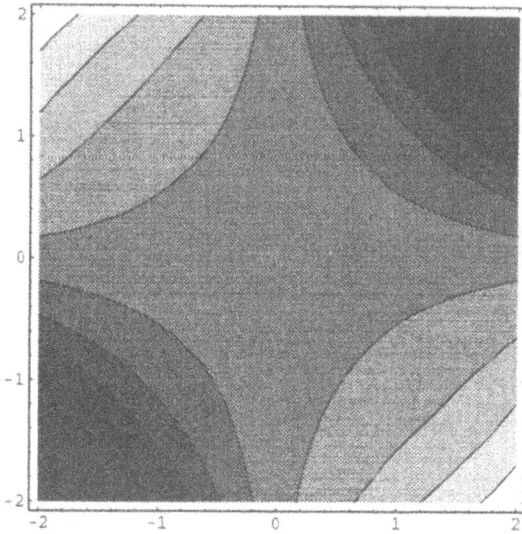

-ContourGraphics-

Aufgabe I65:

Berechnen Sie die folgenden Integrale:

1. $\iint\limits_{(B)} x \, dx \, dy$, $B = \{(x,y) \mid y \geq x^2 \wedge y \leq x + 2\}$

2. $\iint\limits_{(B)} (x+y) \, dx \, dy$, B = die durch die Kurven
$(y-1)^2 = x + 1$ und
$(y + x) = 4$ begrentze Fläche.

Lösung:

1.

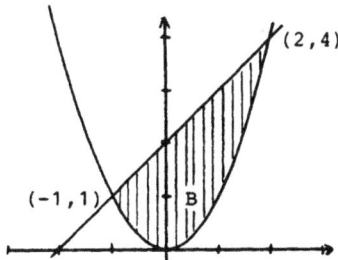

Abb.   65.2 Darstellung des
Integrationsgebietes

$$\iint\limits_{B} x\,dx\,dy = \int\limits_{x=-1}^{x=2} x[\int\limits_{y=x^2}^{y=x+2} dy]dx$$

$$= \int\limits_{x=-1}^{x=2} x[y]_{x^2}^{x+2}dx = \int\limits_{-1}^{2} x(x+2-x^2)\,dx$$

$$= \int\limits_{-1}^{2} (2x+x^2-x^3)\,dx =$$

$$= [2\frac{x^2}{2} + \frac{x^3}{3} - \frac{x^4}{4}]_{-1}^{2} = 4 + \frac{8}{3} - \frac{16}{4} - 1 + \frac{1}{3} + \frac{1}{4} = \frac{9}{4} = 2{,}25$$

2.

P(1,44/2,56)

B

y + x = 4

Q(5,56/-1,56

$(y-1)^2 = x+1$

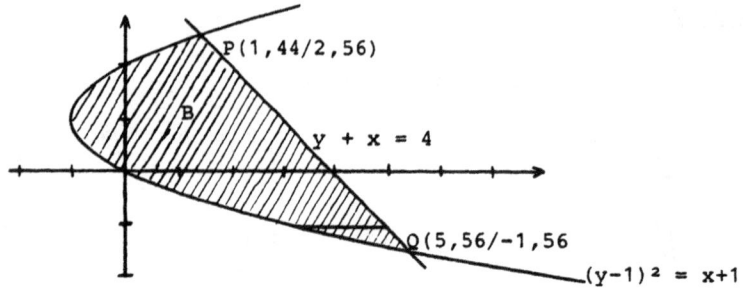

x-Integrationsvorrichtung
zu vorgegebenem y

Abb. 65.3

$$\iint\limits_{B} (x+y)\,dx\,dy = \int\limits_{y=-1,56}^{y=2,56} [\int\limits_{x=(y-1)^2-1}^{x=4-y} (x+y)\,dx]\,dy$$

$$= \int\limits_{y=-1,56}^{y=2,56} [\frac{x^2}{2} + xy]\,dy \quad \begin{matrix} x=4-y \\ x=(y-1)^2-1 \end{matrix}$$

$$= \int\limits_{y=-1,56}^{y=2,56} (\frac{(4-y)^2}{2} + 4y-y^2 - \frac{((y-1)^2-1)^2}{2} - (y-1)^2-1)y)\,dy$$

$$= \int\limits_{y=-1,56}^{y=2,56} (8 - 4y + \frac{1}{2}y^2 + 4y - y^2 - \frac{(y^2-2y+1-1)^2}{2} - (y^2-2y+1-1)y)\,dy$$

$$= \int\limits_{y=-1,56}^{y=2,56} (8-4y+\frac{1}{2}y^2+4y-y^2-\frac{y^4}{2}+2y^3-2y^2-y^3+2y^2)\,dy$$

$$= \int\limits_{y=-1,56}^{y=2,56} (8 - \frac{1}{2}y^2 + y^3 - \frac{y^4}{2}\,dy = 8y - \frac{1}{2}\frac{y^3}{3} + \frac{y^4}{4} - \frac{y^5}{10}\Big|_{-1,56}^{2,56}$$

$$= \left(8 \cdot 2,56 - \frac{2,56^3}{6} + \frac{2,56^4}{4} - \frac{2,56^5}{10}\right) - \left(-8 \cdot 1,56 + \frac{1,56^3}{6} + \frac{1,56^4}{4} + \frac{1,56^5}{10}\right)$$

$$= 17,43 - (-9,44) = 26,87$$

N.R.:   Bestimmung der Schnittpunkte P, Q:

$$y + x = 4 \implies x = 4 - y$$

$$(y-1)^2 = x + 1 \implies$$

$$y^2 - 2y + 1 = 4 - y + 1 \implies$$

$$y^2 - y - 4 = 0 \implies y_{1,2} = \frac{1 \pm \sqrt{1+16}}{2}$$

$$\implies \quad P: y_1 = 2,56, \ x_1 = 1,44$$

$$Q: y_2 = -1,56, \ x_2 = 5,56$$

Berechnung von Polynomwerten des Polynoms

$$P_5(y) = 8y - \frac{y^3}{6} + \frac{y^4}{4} - \frac{y^5}{10}$$

nach dem Hornerschema

$P_5(2,56)$:

	-0,1	0,25	-0,1667	0	8	0
2,56	——	-0,2560	-0,0154	-0,4661	-1,1931	17,4255
	-0,1	-0,0060	-0,1821	-0,4661	6,8069	17,4255
						$= P_5(2,56)$

$P_5(-1,56)$:

	-0,1	0,25	-0,1667	0	8	0
-1,56	——	0,156	-0,6334	1,2481	-1,9470	-9,4426
	-0,1	0,4060	-0,8001	1,2481	6,0530	-9,4426
						$= P_5(-1,56)$

Loesung mit Mathematica

Aufgabe 1→   *In[70]:=*

   Integrate[x, {x,-1,2}, {y,x^2,x+2}]

   Out[70]=

   $\dfrac{9}{4}$

Aufgabe 2→   *In[71]:=*

   Integrate[x+y, {y,-1.56,2.56}, {x,(y-1)^2-1,4-y}]

   Out[71]=

   26.8689

Aufgabe I66:

Berechnen Sie die Kurvenlänge der Kurven

$K_1 = \{(x,y) \mid 9y^2 = 4x^3, \quad 0 \leq x \leq 3\}$,

$K_2 = \{(x,y) \mid x = \cos t + t\sin t, \quad y = \sin t - t\cos t,$

$0 \leq t \leq 2\}$

$\text{bzw } 0 \leq t \leq 2\pi$

Lösung:

1. $\underline{K_1 = \{(x,y) \mid 9y^2 = 4x^3, \quad 0 \leq x \leq 3\}}$

$= \{(x,y) \mid y = -\frac{2}{3}x^{\frac{3}{2}} \lor y = \frac{2}{3}x^{\frac{3}{2}}, \quad 0 \leq x \leq 3\}$

$= K_1^{*} \cup K_1^{**} \quad \text{mit}$

$K_1^{*} = \{(x,y) \mid y = -\frac{2}{3}x^{\frac{3}{2}}, \quad 0 \leq x \leq 3\}$

$\Longrightarrow y' = -\frac{2}{3} \cdot \frac{3}{2}x^{\frac{1}{2}} = -\sqrt{x}$

$K_1^{**} = \{(x,y) \mid y = \frac{2}{3}x^{\frac{3}{2}}, \quad 0 \leq x \leq 3\}$

$\Longrightarrow y' = \frac{2}{3} \cdot \frac{3}{2}x^{\frac{1}{2}} = \sqrt{x}$

$\ell(K_1^{*}) = \int_0^3 \sqrt{1+y'^2}\,dx = \int_0^3 \sqrt{1+(-\sqrt{x})^2}\,dx = \int_0^3 \sqrt{1+x}\,dx$

Sub. $u = 1 + x \Longrightarrow du = dx$
$x = 0 \quad \Longrightarrow u = 1$, $x = 3 \Longrightarrow u = 4$

$= \int_{u=0}^{u=4} u^{\frac{1}{2}}du = [\frac{u^{\frac{3}{2}}}{\frac{3}{2}}]_1^4 = \frac{2}{3}[4^{\frac{3}{2}} - 1^{\frac{3}{2}}] = \frac{2}{3}[8-1] = \frac{14}{3}$

$\ell(K_1^{**}) = \ell(K_1^{*}) = \frac{14}{3}, \quad \text{aus Symmetriegründen.}$

$\Longrightarrow \ell(K) = \ell(K_1^{*}) + \ell(K_1^{**}) = \frac{14}{3} + \frac{14}{3} = \frac{28}{3} = 9{,}33$

2. $\underline{K_2 = \{(x,y) \mid x = \cos t + t\sin t \land y = \sin t - t\cos t \land 0 \le t \le 2\}}$

$\dot{x} = -\sin t + \sin t + t\cos t = t\cos t$

$\dot{y} = \cos t - \cos t - t(-\sin t) = t\sin t$

$\implies \sqrt{\dot{x}^2+\dot{y}^2} = \sqrt{t^2\cos^2 t+t^2\sin^2 t} = \sqrt{t^2(\cos^2 t+\sin^2 t)} = t$

$\implies \ell(\widetilde{K_2}) = \int\limits_{t=0}^{t=2\pi} \sqrt{\dot{x}^2+\dot{y}^2}\ dt = \int\limits_{t=0}^{t=2\pi} t\,dt = [\frac{t^2}{2}]_0^{2\pi} = \frac{4\pi^2}{2} = 2\pi^2 = 19,74$

$\implies \ell(K_2) = \int\limits_{t=0}^{t=2} \sqrt{x^2 + y^2}\,dt = \left[\frac{t^2}{2}\right]_0^2 = 2$

Loesung mit Mathematica

In[74]:=
```
y1[x_]:=(2/3) x^(3/2)
```

In[84]:=
```
k1=ParametricPlot[{{x,y1[x]},{x,-y1[x]}},{x,0,3}]
```

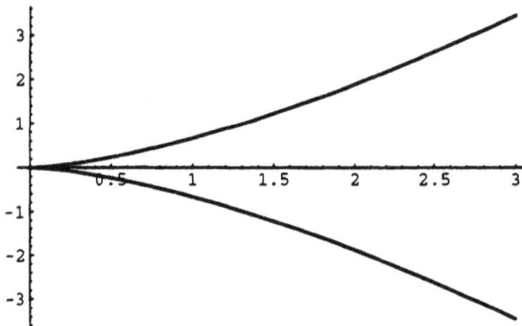

Out[84]=
```
-Graphics-
```

In[83]:=
```
Integrate[Sqrt[1+y1'[x]^2],x]
```

Out[83]=

$(\frac{2}{3} + \frac{2\ x}{3})$ Sqrt$[1 + x]$

In[85]:=
```
lk1=2 Integrate[Sqrt[1+y1'[x]^2],{x,0,3}]
```

Out[85]=

$\dfrac{28}{3}$

In[86]:=
```
x2[t_]:=Cos[t]+t Sin[t]
```

In[87]:=
```
y2[t_]:=Sin[t]-t Cos[t]
```

In[93]:=
```
k2=ParametricPlot[{x2[t],y2[t]},{t,0,2 }]
```

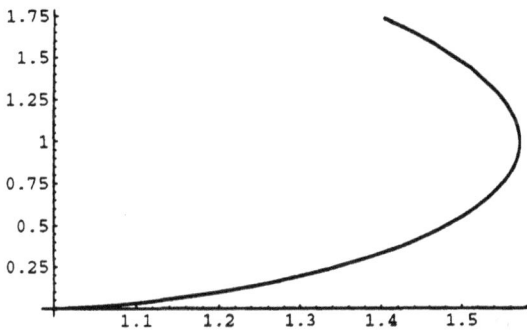

Out[93]=
```
-Graphics-
```

In[94]:=
```
k2n=ParametricPlot[{x2[t],y2[t]},{t,0, 4 Pi }]
```

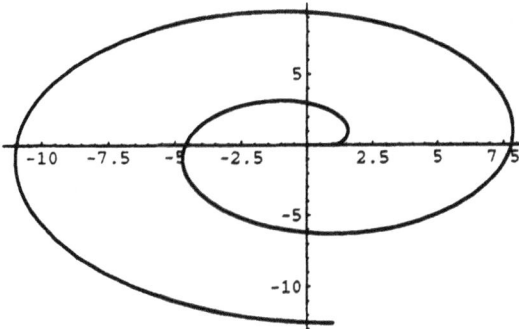

Out[94]=
```
-Graphics-
```

In[95]:=
```
x2'[t]
```

Out[95]=
```
t Cos[t]
```

In[96]:=
```
y2'[t]
```
Out[96]=
```
t Sin[t]
```

In[97]:=
```
l[t_]:=Integrate[Sqrt[x2'[t1]^2+y2'[t1]^2],{t1,0,t}]
```

In[101]:=
```
l[2 ]
```
Out[101]=
```
2
```

In[102]:=
```
l[2 Pi]//N
```
Out[102]=
```
19.7392
```

In[104]:=
```
t1=Table[{t,l[t]},{t,0,6 Pi,Pi/4}]//N
```
Out[104]=
```
{{0, 0}, {0.785398, 0.308425}, {1.5708, 1.2337},
  {2.35619, 2.77583}, {3.14159, 4.9348}, {3.92699, 7.71063},
  {4.71239, 11.1033}, {5.49779, 15.1128}, {6.28319, 19.7392},
  {7.06858, 24.9824}, {7.85398, 30.8425}, {8.63938, 37.3194},
  {9.42478, 44.4132}, {10.2102, 52.1238}, {10.9956, 60.4513},
  {11.781, 69.3957}, {12.5664, 78.9568}, {13.3518, 89.1349},
  {14.1372, 99.9297}, {14.9226, 111.341}, {15.708, 123.37},
  {16.4934, 136.015}, {17.2788, 149.278}, {18.0642, 163.157},
  {18.8496, 177.653}}
```

In[107]:=
```
ListPlot[t1,AxesLabel->{"t","l[t]"}]
```

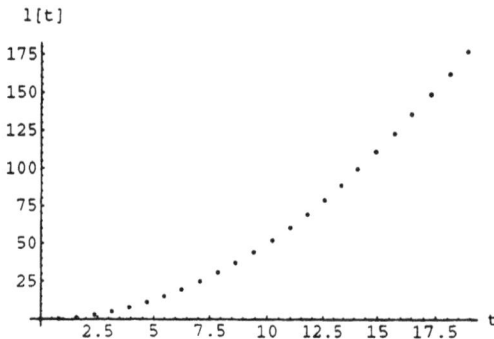

Out[107]=
```
-Graphics-
```

Aufgabe I67:

Die Bahn eines Teilchens ist durch $K = \{(x,y) \mid x = \cos t - 1,$
$y = 2\sin t,\ t \geq 0\}$ gegeben.

1. Skizzieren Sie die Bahn.

2. Mit welcher Geschwindigkeit $\frac{ds}{dt}$ bewegt sich das
   Teilchen auf der Kurve, wenn

2.1 $t = \frac{2\pi}{3}$ ist,

2.2 das Teilchen seine größte bzw. kleinste
   Geschwindigkeit erreicht?

3. Bei welcher Zeit wird der höchste bzw. tiefste
   Bahnpunkt erreicht?

Lösung:

Bahnkurve $K = \{(x,y) \mid x = \cos t - 1 \wedge y = 2\sin t \wedge t \geq 0\}$

Es ist $y^2 = 4\sin^2 t = 4(1-\cos^2 t)$,

$\quad \cos t = x + 1$

$\Rightarrow \quad y^2 = 4(1-(x+1)^2) \implies (x+1)^2 + \frac{y^2}{4} = 1$

$\Rightarrow \quad K = \{(x,y) \mid (x+1)^2 + \frac{y^2}{4} = 1\}$ ist die Bahn einer
   Ellipse mit dem Symmetriepunkt $S(-1,0)$ und den
   Achsen $a = 1$, $b = 2$.

1.

2. Bahngeschwindigkeit

2.1

$v(t) = \frac{ds}{dt} = \sqrt{\dot{x}^2+\dot{y}^2} = \sqrt{(-\sin t)^2+(2\cos t)^2}$

$\qquad = \sqrt{\sin^2 t + 4\cos^2 t}$

$v(\frac{2}{3}\pi) = \sqrt{\sin^2(\frac{2\pi}{3})+4\cos^2(\frac{2\pi}{3})}$

$\qquad = \sqrt{(\frac{\sqrt{3}}{2})^2+4(-\frac{1}{2})^2} = \sqrt{\frac{3}{4}+1} = \sqrt{\frac{7}{4}}$

$\qquad = 1{,}32$

Abb. 67.1 Bahnkurve

2.2 $\dfrac{dv}{dt} = \dfrac{2\sin t\cos t + 4\cdot 2\cdot\cos t(-\sin t)}{2\sqrt{\sin^2 t + 4\cos^2 t}} =$

$= \dfrac{-3\sin t\cos t}{\sqrt{\sin^2 t + 4\cos^2 t}} = -\dfrac{3}{2}\dfrac{\sin 2t}{v} = 0$

für $t_1 = 0,\quad t_2 = \pi$

$\qquad t_3 = \dfrac{\pi}{2},\quad t_4 = \dfrac{3}{2}\pi$

$\dfrac{d^2 v}{dt^2} = -\dfrac{3}{2}\ \dfrac{2\cos 2t\cdot v - \sin 2t\cdot\dot v}{v^2} = -\dfrac{3\cos 2t}{v} + \dfrac{3\cdot\sin 2t}{2}\cdot\dfrac{\dot v}{v^2}$

$t_1 = 0 \implies v(0) = 2,\ \dot v(0) = 0,\ \ddot v(0) = -\dfrac{3}{v} < 0 \implies$

$\qquad\qquad\qquad\qquad\qquad\qquad\qquad$ Maximum

t	v	$\dot v$	$\ddot v$		Extremum
0	2	0	$-\dfrac{3}{v} < 0$		maximale Geschwindigkeit
$\dfrac{\pi}{2}$	1	0	$\dfrac{3}{v} > 0$		minimale "
π	2	0	$-\dfrac{3}{v} < 0$		maximale "
$\dfrac{3}{2}\pi$	1	0	$\dfrac{3}{v} > 0$		minimale "

Tab. 67.1 Untersuchung des Geschwindigkeitsprofils

3. Die Skizze zeigt, daß

für $t = \dfrac{\pi}{2}$ der höchste, für $t = \dfrac{3}{2}\pi$ der tiefste

Bahnpunkt erreicht wird.

Aufgabe I68:

Die durch AS= $\{(x,y)\mid x^{\frac{2}{3}} + y^{\frac{2}{3}} = a^{\frac{2}{3}}\}$ gegebene Punktmenge
heißt Astroide.

Berechnen Sie eine Parameterdarstellung für AS

(Hinweis: Setzen Sie $x^{\frac{2}{3}} = r^2\sin^2 t$, für y Entsprechendes
und bestimmen Sie b). Diskutieren Sie AS erstellen
Sie den Graphen für a = 5 und tragen Sie den Durch-
laufsinn für zunehmende Werte des Parameters ein.

Berechnen Sie die Bogenlänge und die eingeschlossene
Fläche für a = 5.

Lösung:

Implizite   Darstellung der Astroide

$$AS = \{(x,y)\mid x^{\frac{2}{3}} + y^{\frac{2}{3}} = a^{\frac{2}{3}}\}$$

1. Parameterdarstellung

Der Parameter t wird so bestimmt, daß
$x^{\frac{2}{3}} = r^2\sin^2 t$, $y^{\frac{2}{3}} = r^2\cos^2 t$ ergibt.

$\Longrightarrow x^{\frac{2}{3}} + y^{\frac{2}{3}} = r^2\sin^2 t + r^2\cos^2 t = r^2(\sin^2 t + \cos^2 t) = r^2 = a^{\frac{2}{3}}$

$\Longrightarrow r = a^{\frac{1}{3}} \Longrightarrow x^{\frac{2}{3}} = a^{\frac{2}{3}}(\sin^3 t)^{\frac{2}{3}} \Longrightarrow x = a\sin^3 t$

$\Longrightarrow A = \{(x,y)\mid x(t) = a\sin^3 t \land y(t) = a\cos^3 t, \ 0 \le t \le 2\pi\}$

2. Definition und Wertebereich

$-1 \le \sin^3 t, \cos^3 t \le 1 \Longrightarrow \mathbb{D} = [-a,a], \ \mathbb{W} = [-a,a]$

3. Symmetrie

$x(-t) = -x(t)$, $y(-t) = y(t)$

4. Nullstellen

$y(t) = a\cos^3 t = 0$ für $t_1 = \frac{\pi}{2}$, $\Longrightarrow x_1 = a$

$t_2 = \frac{3}{2}\pi \Longrightarrow x_2 = -a$

$N_1(a,0)$ für $t = \frac{\pi}{2}$ und $N_2(-a,0)$ für $t = \frac{3}{2}\pi$ sind die

Nullstellen von A

5. <u>Schnittpunkt mit der y-Achse</u>

$x(t) = a\sin^3 t = 0$ für $t_1 = 0 \Rightarrow y_1 = a$

$\qquad\qquad\qquad\qquad t_2 = \pi \Rightarrow y_2 = -a$

$B_1(0,a)$ für $t = 0$, $B_2(0,-a)$ für $t = \pi$ sind
die Schnittpunkte von AS mit der y-Achse.

6. <u>Ableitungen</u>

$\dot{x} = a \cdot 3\sin^2 t\cos t = 3a(1-\cos^2 t)\cos t = 3a(\cos t - \cos^3 t)$

$\ddot{x} = 3a(-\sin t - 3\cos^3 t(-\sin t)) = -3a\sin t(1-3\cos^2 t)$

$\dot{y} = a \cdot 3\cos^2 t(-\sin t) = -3a\cos^2 t\sin t = -3a(\sin t - \sin^3 t)$

$\ddot{y} = -3a(\cos t-3\sin^2 t\cos t) = -3a\cos t(1-3\sin^2 t)$

7. <u>Monotonie, Punkte mit horizontaler und vertikaler
Tangente</u>

horizontale Tangente: $\dot{y} = 0 \wedge \dot{x} \neq 0 \Rightarrow y' = \frac{\dot{y}}{\dot{x}} = 0$

vertikale   "   : $\dot{y} \neq 0 \wedge \dot{x} = 0 \Rightarrow y' = \frac{\dot{y}}{\dot{x}} = \infty$

$\dot{y} = -3a\cos^2 t\sin t = 0$ für $t_1 = 0$, $t_2 = \frac{\pi}{2}$, $t_3 = \pi$,

$\qquad\qquad\qquad\qquad t_4 = \frac{3}{2}\pi$, $t_5 = 2\pi$.

Wesentlich ist nun die Untersuchung von $\dot{x}$. Bei $\dot{x} = 0$
ist eine weitere Grenzbetrachtung nötig.

t_i	$\dot{x}$	$\dot{y}$	$\lim y'$ $t \to t_{i\pm 0}$	x	y	Intervall	y'	Änderung v. y bei zunehm.x	$\dot{y}$	Änderung v. y bei zunehmendem Parameter t
0	0	0	$\pm\infty$	0	a	$0 < t < \frac{\pi}{2}$	< 0	str.m.f	< 0	abnehmend
$\frac{\pi}{2}$	0	0	0	a	0	$\frac{\pi}{2} < t < \pi$	> 0	str.m.w	< 0	abnehmend
π	0	0	$\pm\infty$	0	$-a$	$\pi < t < \frac{3}{2}\pi$	< 0	str.m.f	> 0	zunehmend
$\frac{3}{2}\pi$	0	0	0	$-a$	0	$\frac{3}{2}\pi < t < 2\pi$	> 0	str.m.w	> 0	zunehmend
2π	0	0	$\pm\infty$	0	a					

Tab. 68.1   Untersuchung des Monotonieverhaltens

$$\lim_{t \to \pm 0} y' = \lim_{t \to \pm 0} \frac{\dot{y}}{\dot{x}} = \lim_{t \to \pm 0} \frac{-3a\cos^2 t \sin t}{3a\sin^2 t \cos t} = \lim_{t \to \pm 0} \left(- \frac{\cos t}{\sin t}\right) = \pm \infty)$$

Für $t \neq t_i$ ist $y' = - \dfrac{\cos t}{\sin t}$

Für $0 < t < \dfrac{\pi}{2}$ gilt $\sin t > 0 \land \cos t > 0 \implies y' < 0$

$\implies$ bei zunehmenden x-Werten nehmen in dem Teil der Kurve, der den Parametern $0 < t < \dfrac{\pi}{2}$ entspricht, die y-Werte ab.

Der Wert von y' ergibt den numerischen Wert der Steigung in den Punkten des betrachteten Kurvenastes.

Wenn $\dot{x} \neq 0$ vorausgesetzt werden kann, genügt es, das Vorzeichen von $\dot{y}$ zu bestimmen, wobei dann y die Änderung der y-Werte angibt, wenn der Kurvenparameter t zunimmt. Man erhält die Änderung der y-Werte, wenn die Kurve im Umlaufsinn für zunehmende t durchlaufen wird.

Für $0 < t < \dfrac{\pi}{2}$ gilt $\dot{y} = -3a \cos^2 t \sin t < 0$

Die weiteren Ergebnisse sind in Tab. 68.1 enthalten.

8. Krümmungsverhalten, Wendepunkte

$$\text{Krümmung } k = \frac{\ddot{y}\dot{x} - \dot{y}\ddot{x}}{(\dot{x}^2 + \dot{y}^2)^{\frac{3}{2}}} = \frac{9a^2 \cos^2 t \sin^2 t}{(9a^2 \cos^2 t \sin^2 t)^{\frac{3}{2}}} =$$

$$= \frac{9a^2 \cos^2 t \sin^2 t}{27a^3 \cos^3 t \sin^3 t}$$

$$\implies k = \frac{1}{3a \sin t \cos t} = \frac{1}{\frac{3}{2} a \sin 2t}$$

Nebenrechnung:

Es ist günstig, für eine spätere Verwendung Zähler und Nenner getrennt zu berechnen:

$$\ddot{y}\dot{x} - \dot{y}\ddot{x} = -3a \cos t (1 - 3\sin^2 t) \cdot 3a \sin^2 t \cos t$$
$$- (-3a \cos^2 t \sin t)(-3a \sin t)(1 - 3\cos^2 t)$$
$$= 9a^2 \cos^2 t \sin^2 t (-1 + 3\sin^2 t - 1 + 3\cos^2 t)$$
$$= 9a^2 \cos^2 t \sin^2 t$$

$$\dot{x}^2 + \dot{y}^2 = 9a^2 \sin^4 t \cos^2 t + 9a^2 \cos^4 t \sin^2 t$$
$$= 9a^2 \sin^2 t \cos^2 t (\sin^2 t + \cos^2 t)$$
$$= 9a^2 \sin^2 t \cos^2 t$$

Zur Untersuchung des Kurvenverlaufs genügt es, das
Vorzeichen der Krümmung k zu ermitteln.

$$0 < t < \frac{\pi}{2} \Longrightarrow k = \frac{1}{3a\sin t\cos t} > 0 \Longrightarrow$$ Linkskrümmung, wenn die
Kurve im Sinne zunehmender
Parameterwerte t durch-
laufen wird.

Eine genauere Betrachtung des Vorzeichens für alle
Parameterwerte t muß davon ausgehen, daß wegen $\dot{x}^2 + \dot{y}^2 > 0$
das Vorzeichen von k nur vom Zähler $\ddot{y}\dot{x} - \ddot{y}\dot{x} = 9a^2\cos^2 t \sin^2 t > 0$
abhängt, sodaß k also für alle Parameterwerte t positiv
sein muß:

$$k = |\frac{1}{3a\sin t \cos t}| > 0 \quad \text{für alle } t$$

Für zunehmende Parameterwerte t ist die Astroide stets
linksgekrümmt.

wegen k ≠ O existieren keine Wendepunkte

9. Graph

Wertetabelle für a = 5

t	O	$\frac{\pi}{12}$	$\frac{\pi}{6}$	$\frac{\pi}{4}$	$\frac{\pi}{3}$	$\frac{5\pi}{12}$	$\frac{\pi}{2}$
x(t)	O	0,087	0,625	1,768	3,248	4,506	5
y(t)	5	4,506	3,248	1,768	0,625	0,087	O

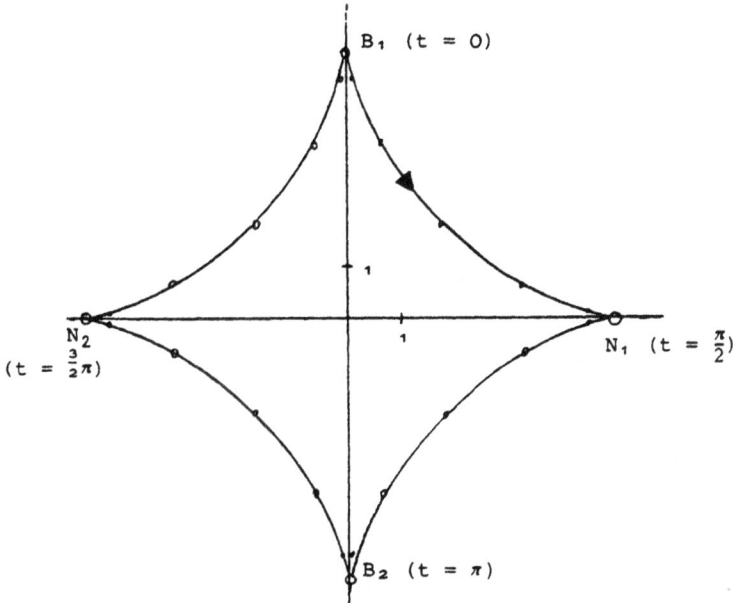

Abb. 68.1 Graph der Astroide für a = 5

10. Bogenlänge

$$\ell(AS) = 4 \int_{0}^{\frac{\pi}{2}} \sqrt{\dot{x}^2 + \dot{y}^2} \; dt = 4 \int_{0}^{\frac{\pi}{2}} \sqrt{9a^2 \sin^2 t \cos^2 t} \; dt$$

$$= 4 \cdot 3a \int_{0}^{\frac{\pi}{2}} \sin t \cos t \; dt = 4 \cdot 3a \cdot \frac{1}{4} \int_{t=0}^{t=\frac{\pi}{2}} \sin 2t \, d(2t) =$$

68.6

$$= 3a \int_{\tau=0}^{\tau=\pi} \sin\tau d\tau = 3a[-\cos\tau]_0^\pi = -3a(-1-1) = 6a$$

Für $a = 5$ ist $\ell(AS) = 30$

(Vorschlag: Messen Sie auf Ihrem Graph die Länge der Astroide mit einem Faden.)

11. Eingeschlossene Fläche

$$A(AS) = 4 \int_{t=0}^{t=\frac{\pi}{2}} (x\dot{y}-\dot{x}y)\,dt =$$

$$= 4 \int_0^{\frac{\pi}{2}} \left(a\sin^3t\,(-3a)\cos^2t\sin t - 3a\sin^2t\cos t \cdot a\cos^3t\right)dt$$

$$= -4 \cdot 3a^2 \int_0^{\frac{\pi}{2}} \sin^2t\cos^2t\,(\sin^2+\cos^2t)\,dt$$

$$= -3a^2 \int_0^{\frac{\pi}{2}} \sin^2 2t\,dt = -3a^2 \int_{t=0}^{t=\frac{\pi}{2}} \tfrac{1}{2}(1-\cos 4t)\,dt$$

$$\boxed{\sin^2 t = \tfrac{1}{2}(1-\cos 2t)}$$

$$= -3a^2 \cdot \tfrac{1}{2} \cdot \tfrac{1}{4} \int_{t=0}^{t=\frac{\pi}{2}} (1-\cos 4t)\,d4t \qquad \boxed{\tau = 4t}$$

$$= -\frac{3a^2}{8} \int_{\tau=0}^{\tau=2\pi} (1-\cos\tau\,d\tau) = -\frac{3a^2}{8}[\tau - \sin\tau]_0^{2\pi}$$

$$= -\frac{3a^2}{8} [2\pi-0-0] = -\tfrac{3}{4}a^2\pi$$

Das negative Vorzeichen rührt von dem Umlaufsinn.

$\implies A(AS) = \tfrac{3}{4}a^2\pi = \tfrac{3}{4} \cdot 25\pi = 18,75\pi = 58,90$

Loesung mit Mathematica

Astroide

In[118]:=
```
    xa[t_]:=a Sin[t]^3
```

In[119]:=
```
    ya[t_]:=a Cos[t]^3
```

In[120]:=
```
    lAS=Integrate[Sqrt[xa'[t]^2+ya'[t]^2],{t,0,2 Pi}]
```

Out[120]=

$$6 \ \text{Sqrt}[a^2]$$

In[121]:=
```
    AAS=4 Integrate[xa[t] ya'[t] - xa'[t] ya[t],{t,0, Pi/2}]
```

Out[121]=

$$\frac{-3 \ a^2 \ Pi}{4}$$

In[123]:=
```
    a=5
```

Out[123]=
```
    5
```

In[124]:=
```
    ParametricPlot[{xa[t],ya[t]},{t,0,2 Pi}, AxesLabel->{"x","y"}]
```

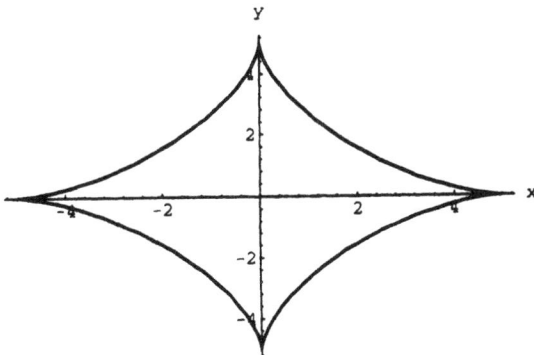

Out[124]=
```
    -Graphics-
```

Aufgabe I69:

1. Berechnen Sie für die Kurve
   $P = \{(x,y) \mid x = t^2 - t, \; y = t^2 + t, \; t \in \mathbb{R}\}$
   die implizite Darstellung $F(x,y) = 0$.

2. Führen Sie anschließend die Koordinatentransformation
   $u = x - y$, $v = x + y$ aus und berechnen Sie die
   resultierende implizite Darstellung $G(u,v) = 0$.
   Interpretieren Sie das Ergebnis.

3. Zeichnen Sie den Graph der Funktion sowie die Geraden
   $u = x - y = 0$, $v = x + y = 0$ für $-3 \le t \le 3$
   Berechnen Sie y', y'''

4. Bestimmen Sie das Extremum und den Punkt mit
   vertikaler Steigung.

5. Ermitteln Sie das Krümmungsverhalten und die
   Krümmung für $t = 0$.

6. Berechnen Sie die Evolute von K und die Krümmung für $t = 0$
   sowie den Krümmungskreis für $t = 0$.

Lösung:

Kurve: $P = \{(x,y) \mid x = t^2 - t \wedge y = t^2 + t, \; t \in \mathbb{R}\}$

1. Berechnung der impliziten Darstellung

   t wird aus der Gleichung $x = t^2 - t$ eliminiert und
   in $y = t^2 + t$ eingesetzt.

   $x = t^2 - t = (t-\tfrac{1}{2})^2 - \tfrac{1}{4} \implies t = \tfrac{1}{2} \pm \sqrt{x+\tfrac{1}{4}}$

   $\implies y = t^2 + t = t^2 - t + 2t = x + 1 \pm 2\sqrt{x+\tfrac{1}{4}}$

   $\implies (y - x - 1)^2 = (\pm 2\sqrt{x+\tfrac{1}{4}})^2$

   $\implies y^2 + x^2 + 1 - 2xy + 2x - 2y = 4x + 1$

   $\implies x^2 - 2xy + y^2 - 2x - 2y \quad = 0$

   $\implies (x-y)^2 - 2(x+y) \quad = 0$

   Die implizite Darstellung der Kurve lautet:

   $K = \{(x,y) \mid (x-y)^2 - 2(x+y) \quad = 0\}$

2. <u>Transformation</u> $u = x - y$, $v = x + y$

In den transformierten Koordinaten u,v erhält man
$$K = \left\{(u,v)\mid u^2 - 2v \quad = 0\right\}$$
Das ist die Gleichung einer Parabel.

3. <u>Graph von P</u>

Wertetabelle:

t	x	y
-3	12	6
-2	6	2
-1	2	0
-0,5	0,75	-0,25
0	0	0
0,5	-0,25	0,75
1	0	2
2	2	6
3	6	12

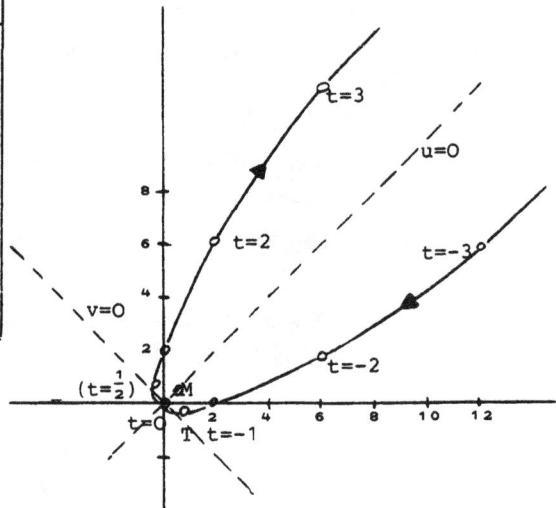

69.1   Graph der Kurve P

4. $\dot{x} = 2t - 1$ $\qquad \dot{y} = 2t + 1$

$\ddot{x} = 2$ $\qquad\qquad \ddot{y} = 2$

$\implies y' = \dfrac{\dot{y}}{\dot{x}} = \dfrac{2t+1}{2t-1}$ für $t \neq \frac{1}{2}$

$y'' = \dfrac{\ddot{y}\dot{x} - \dot{y}\ddot{x}}{\dot{x}^3} = \dfrac{2(2t-1)-(2t+1)\,2}{(2t-1)^3} = \dfrac{2(2t-1-2t-1)}{(2t-1)^3}$

$\quad = -\dfrac{4}{(2t - 1)^3}$ für $t \neq \frac{1}{2}$

__Extrema:__ $\dot{y} = 2t + 1 = 0 \Longrightarrow t = -\frac{1}{2} \wedge \dot{x}(-\frac{1}{2}) = -2 \neq 0$

$y''(-\frac{1}{2}) = - \dfrac{4}{(2(-\frac{1}{2})-1)^3} = \frac{1}{2} > 0 \Longrightarrow$ relatives

Minimum

$x(-\frac{1}{2}) = 0,75, \quad y(-\frac{1}{2}) = -0,25$

$\Longrightarrow$ In T(0,75;-0,25) hat die Funktion ein relatives

Minimum

__Vertikale Steigung:__

$\dot{x} = 2t - 1 = 0 \Longrightarrow t = \frac{1}{2} \wedge \dot{y}(\frac{1}{2}) = 2 \neq 0$

$x(\frac{1}{2}) = -0,25, \quad y(\frac{1}{2}) = 0,75$

$\Longrightarrow$ In V(-0,25;0,75) hat P eine vertikale

Tangente.

5. __Krümmungsverhalten__

5.1 Untersuchung der Krümmung mit y''

$t < \frac{1}{2} \Longrightarrow (2t-1) < 0 \Longrightarrow y'' > 0 \Longrightarrow$

Linkskrümmung für zunehmende x in dem durch

$t < \frac{1}{2}$ definierten Kurvenzweig

$t > \frac{1}{2} \Longrightarrow (2t-1) > 0 \Longrightarrow y'' < 0 \Longrightarrow$

Rechtskrümmung für zunehmende x in dem durch

$t > \frac{1}{2}$ definierten Kurvenzweig.

5.2 Untersuchung der Krümmung mit dem Krümmungs-

koeffizienten k

$\dot{x}\ddot{y} - \ddot{x}\dot{y} = (2t-1) \cdot 2 - 2(2t+1) = 2(2t-1-2t-1) = -4$

$(\dot{x}^2+\dot{y}^2) = (2t-1)^2+(2t+1)^2 = 4t^2 - 4t + 1 + 4t^2 + 4t + 1 =$

$= 8t^2 + 2 = 2(4t^2 + 1)$

$\Longrightarrow k(t) = \dfrac{\dot{x}\ddot{y} - \ddot{x}\dot{y}}{(\dot{x}^2+\dot{y}^2)^{\frac{3}{2}}} = \dfrac{-4}{(8t^2+2)^{\frac{3}{2}}} < 0$ für alle t

$\Longrightarrow$ Rechtskrümmung für zunehmende Parameterwerte t

$k(0) = \dfrac{-4}{\sqrt{2}^3} = \dfrac{-4}{2\sqrt{2}} = -\sqrt{2} = 1,41$

6. **Evolute**

$$\rho(t) = \left|\frac{1}{k}\right| = \frac{1}{4}(8t^2 + 2)^{\frac{3}{2}}$$

$$\xi(t) = x - \dot{y}\,\frac{\dot{x}^2+\dot{y}^2}{\dot{x}\ddot{y} - \ddot{x}\dot{y}} = t^2 - t - (2t+1)\cdot\frac{8t^2+2}{-4}$$

$$= \frac{1}{2}(2t^2 - 2t + (2t+1)(4t^2+1))$$

$$= \frac{1}{2}(\,2t^2 - 2t + 8t^3 + 2t + 4t^2 + 1\,)$$

$$= \frac{1}{2}(8t^3 + 6t^2 + 1)$$

$$\eta(t) = y + \dot{x}\,\frac{\dot{x}^2+\dot{y}^2}{\dot{x}\ddot{y} - \ddot{x}\dot{y}} = t^2 + t + (2t-1)\cdot\frac{8t^2+2}{-4}$$

$$= \frac{1}{2}(2t^2 + 2t - (2t-1)(4t^2+1))$$

$$= \frac{1}{2}(2t^2 + 2t - 8t^3 - 2t + 4t^2 + 1)$$

$$= \frac{1}{2}(-8t^3 + 6t^2 + 1)$$

Die Parameterdarstellung der Evolute (Mittelpunkt der Krümmungskreise) lautet:

$$E = \{(\xi,\eta)\mid \xi = \frac{1}{2}(8t^3 + 6t^2 + 1),$$
$$\eta = \frac{1}{2}(-8t^3 + 6t^2 + 1),\ t \in \mathbb{R}\,\}$$

Für t = 0 erhält man: $\xi(0) = \frac{1}{2}$, $\eta(0) = \frac{1}{2}$

$M(\frac{1}{2},\frac{1}{2})$ ist der Mittelpunkt, $\rho = \frac{\sqrt{2^3}}{4} = \frac{1}{\sqrt{2}} = 0{,}71$ ist

der Radius des Krümmungskreises KR:

$$KR = \left\{(x, y)\,\Big|\,\left(x - \frac{1}{2}\right)^2 + \left(y - \frac{1}{2}\right)^2 = \frac{1}{2}\right\}$$

Loesung mit Mathematica

Kurve, Evolute und Kruemmungskreis

Definition der Kurve und deren Plots:

```
x1[t_]:=t^2-t; y1[t_]:=t^2+t;
K1=ParametricPlot[{x1[t],y1[t]},{t,-3,3},AspectRatio->Automatic,
        PlotRange->{{-2,5},{-2,5}},PlotStyle->{Thickness[0.012]}];
```

Definion der Evolute und deren Plots:

```
X1[t_]:=x1[t]-y1'[t] (x1'[t]^2+y1'[t]^2) /
        (x1'[t] y1''[t] - x1''[t] y1'[t]);

Y1[t_]:=y1[t]+x1'[t] (x1'[t]^2+y1'[t]^2) /
        (x1'[t] y1''[t] - x1''[t] y1'[t]);

EK1=ParametricPlot[{X1[t],Y1[t]},{t,-3,3},AspectRatio->Automatic,
        PlotRange->{{-2,5},{-2,5}},
        PlotStyle->{{Thickness[0.02],GrayLevel[0.63]}}];
```

Definition eines Kruemmungskreises und seines Plots:

```
r=Sqrt[2]/2; xM=0.5; yM=0.5;
Kr=ParametricPlot[{xM+r Cos[t],yM+r Sin[t]},{t,0,2 Pi},
                AspectRatio->Automatic]
```

Erstellen des Plots:

```
Show[K1,EK1,Kr,AxesLabel->{"x","y"},Frame->True,
        PlotLabel->"Kurve,Evolute (grau) und Kruemmungskreis"]
```

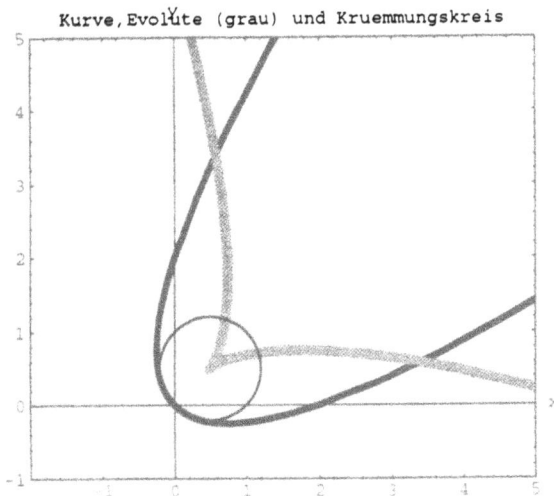

Kurve, Evolute (grau) und Kruemmungskreis

Aufgabe I70:

1. Berechnen Sie für die logarithmische Spirale

$r = e^{a\varphi}$ für $\varphi = 0, \frac{\pi}{2}, \pi, \frac{3}{2}\pi, 2\pi$ die Kurvenpunkte
und die Steigung.
Legen Sie a so fest, daß $y'(\pi) = 4$ ist und zeichnen
Sie den Graph für $0 \le \varphi \le 2\pi$
Berechnen Sie für $0 \le \varphi \le 2\pi$ und und für den in 1.
berechneten Parameterwert a

2. die Bogenlänge

3. die eingeschlossene Fläche.

Lösung:

Die Parameterdarstellung des zu betrachtenden Kurvenstücks
der logarithmischen Spirale lautet:

$L = \{(x,y) \mid x = r\cos\varphi \wedge y = r\sin\varphi \wedge r = e^{a\varphi}, 0 \le \varphi \le 2\pi\}$

1. Kurvenpunkte und Steigung

$x = e^{a\varphi}\cos\varphi \implies \dot{x} = ae^{a\varphi}\cos\varphi - e^{a\varphi}\sin\varphi = e^{a\varphi}(a\cos\varphi - \sin\varphi)$

$y = e^{a\varphi}\sin\varphi \implies \dot{y} = ae^{a\varphi}\sin\varphi + e^{a\varphi}\cos\varphi = e^{a\varphi}(a\sin\varphi + \cos\varphi)$

$y' = \frac{\dot{y}}{\dot{x}} = \frac{a\sin\varphi + \cos\varphi}{a\cos\varphi - \sin\varphi}$ für $a\cos\varphi - \sin\varphi \neq 0 \iff \tan\varphi \neq a$

$\iff \varphi \neq \arctan a$

Man beachte, daß $y'(\varphi)$ die Periode π hat. Dies heißt z.B.
daß die Steigung in den Schnittpunkten mit einer Koordi-
natenachse immer gleich ist.
Dies heißt z.B. auch, daß eine Gerade $y = ax$ immer unter
dem gleichen Winkel geschnitten wird.

$y'(\pi) = -\frac{1}{-a} = \frac{1}{a} = 4 \implies a = \frac{1}{4} = 0,25$

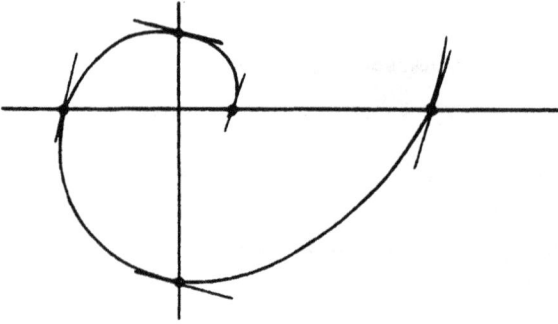

Abb. 70.1 Logarithmische Spirale

φ	x	y	y'
0	1	0	$\frac{1}{a}=4$
$\frac{\pi}{2}$	0	$e^{a\frac{\pi}{2}}=1,48$	$-a=-0,25$
π	$-e^{a\pi}=-2,19$	0	$\frac{1}{a}=4$
$\frac{3}{2}\pi$	0	$e^{-a\frac{3}{2}\pi}=-3,25$	$-a=-0,25$
2π	$e^{a2\pi}=4,81$	0	$\frac{1}{a}=4$

2. **Bogenlänge**

$$\ell(L) = \int_0^{2\pi} \sqrt{\dot{r}^2+r^2} \, d\varphi = \int_0^{2\pi} \sqrt{a^2(e^{a\varphi})^2+(e^{a\varphi})^2} \, d\varphi =$$

$$\boxed{r = e^{a\varphi} \implies \dot{r} = ae^{a\varphi}}$$

$$= \frac{1}{a}\sqrt{1+a^2} \int_{\varphi=0}^{\varphi=2\pi} e^{a\varphi} \, da\varphi$$

$$= \frac{1}{a}\sqrt{1+a^2} \, [e^{a\varphi}]_0^{2\pi} = \frac{1}{a}\sqrt{1+a^2} \, (e^{2a\pi}-1)$$

Für a = 0,25 erhält man:

$$\ell(L) = \frac{1}{0,25}\sqrt{1+0,25^2} \, (e^{2\cdot0,25\pi}-1) = 15,71$$

3. Eingeschlossene Fläche

$$A(L) = \frac{1}{2}\int_0^{2\pi} r^2 d\varphi = \frac{1}{2}\int_0^{2\pi} (e^{a\varphi})^2 d\varphi = \frac{1}{2a^2}\int_{\varphi=0}^{\varphi=2\pi} e^{2a\varphi} d(2a\varphi)$$

$$= \frac{1}{4a}[e^{2a\varphi}]_0^{2\pi} = \frac{1}{4a}(e^{4a\pi}-1)$$

Für a = 0,25 beträgt die Fläche:

$$A(L) = e^{\pi}-1 = 22,14$$

Logarithmische Spirale zum Parameter a=0.25

In[143]:=
   a=0.25

Out[143]=
   0.25

In[2]:=
   x[p_]:= Exp[a p] Cos[p]; y[p_]:=Exp[a p] Sin[p];

In[3]:=
   x'[p]

Out[3]=
   $0.25 \; E^{0.25 \; p} \; Cos[p] \; - \; E^{0.25 \; p} \; Sin[p]$

In[7].=
   Simplify[y'[p]/x'[p]]

Out[7]=
$$\frac{E^{0.25 \; p} \; Cos[p] \; + \; 0.25 \; E^{0.25 \; p} \; Sin[p]}{0.25 \; E^{0.25 \; p} \; Cos[p] \; - \; E^{0.25 \; p} \; Sin[p]}$$

In[10]:=
   m[p_]:=y'[p]/x'[p]

In[11]:=
   m[Pi]

Out[11]=
   $4. \; E^{0. \; Pi}$

In[12]:=
   N[%]

Out[12]=
   4.

Wertetabelle

In[16]:=
MatrixForm[Table[{p,x[p],y[p],m[p]},{p,0,2 Pi, Pi/2}]]

Out[16]//MatrixForm=

0	1	0	4.
$\dfrac{Pi}{2}$	0	$E^{0.125\ Pi}$	$-0.25\ E^{0.\ Pi}$
Pi	$-E^{0.25\ Pi}$	0	$4.\ E^{0.\ Pi}$
$\dfrac{3\ Pi}{2}$	0	$-E^{0.375\ Pi}$	$-0.25\ E^{0.\ Pi}$
2 Pi	$E^{0.5\ Pi}$	0	$4.\ E^{0.\ Pi}$

In[18]:=
MatrixForm[N[%]]

Out[18]//MatrixForm=

0	1.	0	4.
1.5708	0	1.48097	-0.25
3.14159	-2.19328	0	4.
4.71239	0	-3.24819	-0.25
6.28319	4.81048	0	4.

Plot der Kurve und der   Ableitung

In[32]:=

```
g1=ParametricPlot[{x[p],y[p]},{p,0,4 Pi},PlotStyle->{Thickness[0.01]}
g2=ParametricPlot[{x[p],m[p]},{p,0,4 Pi},PlotStyle->{Thickness[0.005]
Show[g1,g2,GridLines->Automatic,Frame->True];
```

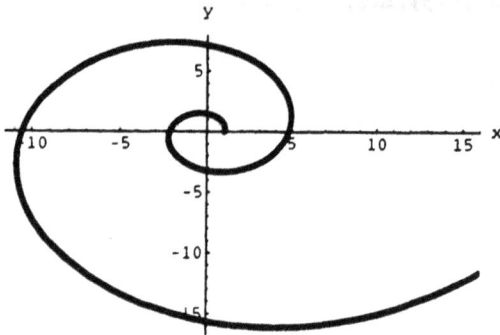

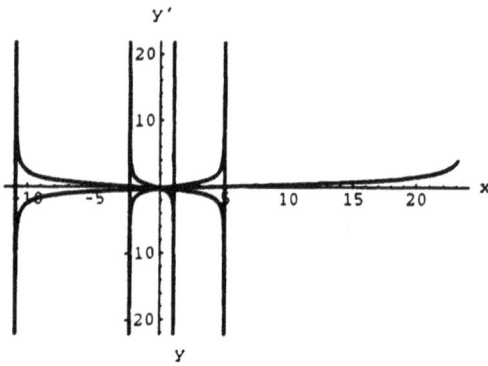

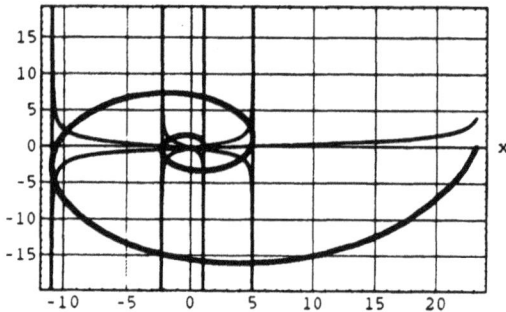

Bogenlaenge

In[45]:=
```
r[p_,a1_]:=Exp[a1 p]
```

In[55]:=
```
L[a1_]:=Integrate[Sqrt[r[p,a1]^2 + D[r[p,a1],p]^2],{p,0,2 Pi}]
```

In[56]:=
```
L[a1]
```

Out[56]=

$$-\left(\frac{\text{Sqrt}[1 + a1^2]}{a1}\right) + \frac{\text{Sqrt}[(1 + a1^2)\ E^{4\ a1\ Pi}]}{a1}$$

In[59]:=
```
L[0.25]//N
```

Out[59]=
```
15.711
```

Eingeschlossene Flaeche

In[61]:=
```
A[a1_]:=0.5 Integrate[r[p,a1]^2,{p,0,2 Pi}]
```

In[62]:=
```
A[a1]
```

Out[62]=

$$0.5\ \left(\frac{-1}{2\ a1} + \frac{E^{4\ a1\ Pi}}{2\ a1}\right)$$

In[63]:=
```
Simplify[%]
```

Out[63]=

$$\frac{0.25\ (-1 + E^{4\ a1\ Pi})}{a1}$$

In[64]:=
```
A[0.25]//N
```

Out[64]=
```
22.1407
```

Aufgabe I71:

Die Zykloide $Z = \{(x,y)\,|\,x = a(t - \sin t),\ y = a(1 - \cos t),$
$$0 \le t \le 2\pi\}$$
rotiert um die x-Achse. Berechnen Sie für $a = 3$

1. die Mantelfläche,

2. das Volumen

des Rotationskörpers.

Lösung:

$$Z = \{(x,y)\,|\,x = a(t - \sin t),\ y = a(1 - \cos t)\}$$

1. Mantelfläche

$\dot{x} = a(1-\cos t) \qquad \dot{y} = a \cdot \sin t$

$\implies \sqrt{\dot{x}^2+\dot{y}^2} = a\sqrt{1-2\cos t+\cos^2 t+\sin^2 t} = a\sqrt{2(1-\cos t)}$
$$= a\sqrt{2 \cdot 2\sin^2\tfrac{t}{2}} = 2a\sin\tfrac{t}{2}$$

$= A_M(Z) = 2\pi\displaystyle\int_0^{2\pi} y\sqrt{\dot{x}^2+\dot{y}^2}\ dt = 2\pi\displaystyle\int_0^{2\pi} a(1-\cos t)\,2a\sin\tfrac{t}{2}\ dt$

$= 4a^2\pi \cdot \tfrac{4}{3}\left[\cos\tfrac{t}{2}(\cos^2\tfrac{t}{2}-3)\right]_0^{2\pi} = \tfrac{16}{3}a^2\pi\left[-1(1-3)-1(1-3)\right]$

$= \tfrac{64}{3}a^2\pi$

Für $a = 3$ beträgt die Mantelfläche $A_M(Z) = 192\pi$
$= 603,19$

N.R.:

$\displaystyle\int(1-\cos t)\sin\tfrac{t}{2}dt = \int(1-2\cos^2\tfrac{t}{2}+1)\sin\tfrac{t}{2}dt$

$$\boxed{\cos t = \cos^2\tfrac{t}{2} - \sin^2\tfrac{t}{2} = 2\cos^2\tfrac{t}{2} - 1}$$

$= 2 \cdot 2\displaystyle\int \sin\tfrac{t}{2}\ d\tfrac{t}{2} - 2 \cdot 2\displaystyle\int\cos^2\tfrac{t}{2}\,\sin\tfrac{t}{2}\ d\tfrac{t}{2}$

$$\boxed{z = \cos\tfrac{t}{2} \implies dz = -\sin\tfrac{t}{2} \cdot \tfrac{1}{2}dt}$$

$= 4(-\cos\tfrac{t}{2}) + 4\displaystyle\int z^2dz = -4\cos\tfrac{t}{2} + 4\tfrac{z^3}{3} + c$

$= -4\cos\tfrac{t}{2} + \tfrac{4}{3} \cdot \cos^3\tfrac{t}{2} + c = \tfrac{4}{3}\cos\tfrac{t}{2}(\cos^2\tfrac{t}{2} - 3) + c$

2. <u>Volumen</u>

$$V_x = \pi \int_0^{2\pi} y^2 \dot{x} dt = \pi \int_0^{2\pi} a^2(1-\cos t)^2 \cdot a(1-\cos t) dt$$

$$= a^3\pi \int_0^{2\pi} (1-\cos t)^3 dt = a^3\pi \int_0^{2\pi} (1-3\cos t+3\cos^2 t-\cos^3 t) dt$$

$$= a^3\pi \left(\int_0^{2\pi} dt - 3\int_0^{2\pi} \cos t \, dt + 3\int_0^{2\pi} \cos^2 t \, dt - \int_0^{2\pi} \cos^3 t \, dt \right)$$

$$\boxed{\cos^2 t = \tfrac{1}{2}(1+\cos 2t)}$$

$$= a^3\pi \left([t]_0^{2\pi} - 3 \cdot 0 + 3 \int_{t=0}^{t=2\pi} \tfrac{1}{2}(1+\cos 2t) dt - 0 \right)$$

$$= a^3\pi \left(2\pi + \tfrac{3}{2}\int_0^{2\pi} dt + 3 \cdot \tfrac{1}{2} \cdot \tfrac{1}{2} \int_{t=0}^{t=2\pi} \cos 2t \cdot d2t \right)$$

$$= a^3\pi \left(2\pi + \tfrac{3}{2} \cdot 2\pi + \tfrac{3}{4}[\sin 2t]_0^{2\pi} \right) = a^3\pi(5\pi + \tfrac{3}{4}(0-0)) = 5a^3\pi^2$$

Das Volumen des Rotationskörpers beträgt für a = 3

$$V_x = 5a^3\pi^2 = 5 \cdot 3^3 \cdot \pi^2 = 1332,40$$

Bemerkung: Aus Symmetriegründen ist $\int_0^{2\pi} \cos t \, dt = 0$

$$\text{und} \int_0^{2\pi} \cos^3 t \, dt = 0$$

Rotation einer Zykloide um die Abszisse

In[75]:=
```
x[t_]:=a (t-Sin[t]); y[t_]:=a (1-Cos[t]);
```

In[76]:=
```
a=3;
```

In[78]:=
```
ParametricPlot[{x[t],y[t]},{t,0,2 Pi},AxesLabel->{"x","y"}]
```

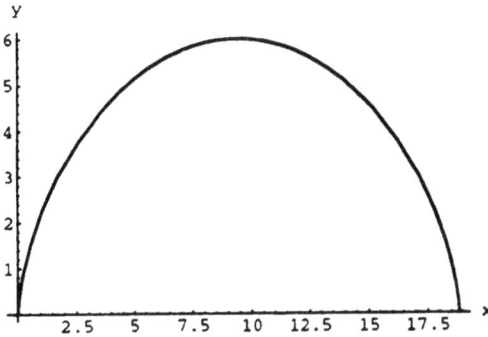

Out[78]=
```
-Graphics-
```

Rotationskoerper

In[102]:=

```
r[t_]:=y[t]; y1[t_,p_]:=r[t] Cos[p]; z1[t_,p_]:=r[t] Sin[p];
```

In[105]:=

```
ParametricPlot3D[{x[t],y1[t,p],z1[t,p]},{t,0,2 Pi},{p,0,2 Pi},
    AxesLabel->{"x","y","z"}, PlotPoints->50, FaceGrids->All]
```

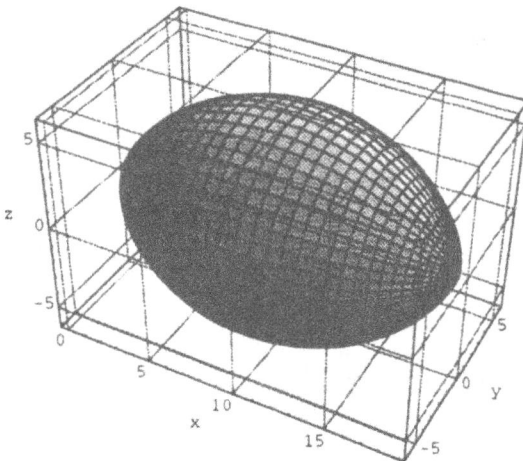

Out[105]=

```
-Graphics3D-
```

Mantelflaeche

In[121]:=

```
Clear[a];Clear[x];Clear[y]
```

In[122]:=

```
x[t_,a_]:=a (t-Sin[t]); y[t_,a_]:=a (1-Cos[t])
```

Unbestimmte Integration

In[140]:=

```
AM[a_]:=2 Pi Integrate[y[t,a] Sqrt[D[x[t,a],t]^2+D[y[t,a],t]^2],t]
```

In[141]:=

```
AM[a]
```

Out[141]=

$$2 \sqrt{2}\ \text{Pi} \sqrt{a^2 - a^2 \cos[t]}\ \left(\frac{-8\ a\ \cot[\frac{t}{2}]}{3} - \frac{2\ a\ \sin[t]}{3}\right)$$

In[142]:=

```
Simplify[%]
```

Out[142]=

$$4\ \text{Pi} \sqrt{a^2 \sin[\frac{t}{2}]^2}\ \left(\frac{-8\ a\ \cot[\frac{t}{2}]}{3} - \frac{2\ a\ \sin[t]}{3}\right)$$

Bestimmte Integration

In[127]:=

```
AM[a_]:=2 Pi Integrate[y[t,a] Sqrt[D[x[t,a],t]^2+D[y[t,a],t]^2],
                                                {t,0,2 Pi}]
```

In[128]:=

```
AM[a]
```

Out[128]=

$$\frac{64\ a\ \sqrt{a^2}\ \text{Pi}}{3}$$

71.6

AM[3]

Out[129]=
192 Pi

In[130]:=
N[%]

Out[130]=
603.186

Volumen

Unbestimmte Integration

In[133]:=
V[a_]:=Pi Integrate[y[t,a]^2 D[x[t,a],t], t]

In[134]:=
V[a]

Out[134]=

$$\frac{Pi\ (30\ a^3\ t\ -\ 45\ a^3\ Sin[t]\ +\ 9\ a^3\ Sin[2\ t]\ -\ a^3\ Sin[3\ t])}{12}$$

In[135]:=
Simplify[%]

Out[135]=

$$\frac{a^3\ Pi\ (30\ t\ -\ 45\ Sin[t]\ +\ 9\ Sin[2\ t]\ -\ Sin[3\ t])}{12}$$

Bestimmte Integration

In[136]:=
V[a_]:=Pi Integrate[y[t,a]^2 D[x[t,a],t], {t,0,2 Pi}]

In[137]:=
V[a]

Out[137]=

$$5\ a^3\ Pi^2$$

In[138]:=
V[3]

Out[138]=

$$135\ Pi^2$$

In[139]:=
N[%]

Out[139]=
1332.4

Aufgabe I 72:

Gegeben ist die Differentialgleichung (DG)

$$y' = -xy$$

1. Zeichnen Sie das Richtungsfeld für

   $-2 \leq x \leq 2,\ -2 \leq y \leq 2,\ \Delta x = \Delta y = 0,5$

2. Berechnen Sie die allgemeine Lösung der DG

3. Skizzieren und berechnen Sie die zum Anfangswert

   $(x_0, y_0) = (-1,1)$ gehörende Kurve

Lösung:

DG: $y' = -xy$

1. **Richtungsfeld**

   Zu gegebenem x, y lassen sich die Werte der Ableitung y' berechnen:

y \ x	-2	-1,5	-1	-0,5	0	0,5	1	1,5	2
-2	-4	-3	-2	-1	0	1	2	3	4
-1,5	-3	-2,25	-1,5	-0,75	0	0,75	1,5	2,25	3
-1	-2	-1,5	-1	-0,5	0	0,5	1	1,5	2
-0,5	-1	-0,75	-0,5	-0,25	0	0,25	0,5	0,75	1
0	0	0	0	0	0	0	0	0	0
0,5	1	0,75	0,5	0,25	0	-0,25	-0,5	-0,75	-1
1	2	1,5	1	0,5	0	-0,5	-1	-1,5	-2
1,5	3	2,25	1,5	0,75	0	-0,75	-1,5	-2,25	-3
2	4	3	2	1	0	-1	-2	-3	-4

Tab. 72.1 Ableitung y' in Abhängigkeit von x,y

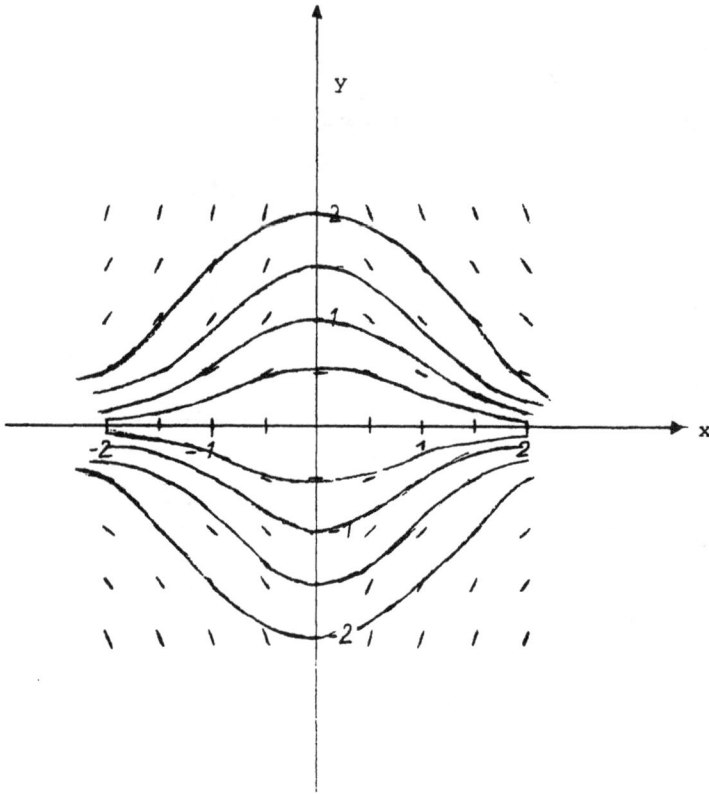

Abb. 72.1 Richtungsfeld

2. Berechnung der allgemeinen Lösung
   durch Separation der Variablen:

$$\frac{dy}{dx} = -xy \implies \frac{dy}{y} = -xdx \implies \int \frac{dy}{y} = -\int xdx$$

$$\implies \ln|y| = -\frac{x^2}{2} + c_1, \quad c_1 \in \mathbb{R}$$

$$\implies |y| = e^{-\frac{x^2}{2}+c_1} = e^{-\frac{x^2}{2}} \, e^{c_1}$$

$$\implies y = \pm \, e^{c_1} \, e^{-\frac{x^2}{2}}$$

$$= c \, e^{-\frac{x^2}{2}} \quad \text{mit } c = \pm \, e^{c_1} \in \mathbb{R}/\{0\}$$

Man sieht, daß für c = 0, y = 0 und y' = 0 gilt.
Für c = 0 erhält man eine weitere Lösung der DG.
Daher gilt:

$$y = c \, e^{-\frac{x^2}{2}}, \quad c \in \mathbb{R}$$

ist das allgemeine Integral der DG.

3. Lösung des Anfangswertproblems

   DG = y' = -xy, AW = x_0 = -1, y_0 = 1
   Die Konstante c ist so zu bestimmen, daß die
   Anfangswerte erfüllt werden:

$$1 = c e^{-\frac{(-1)^2}{2}} = c e^{-\frac{1}{2}} \implies c = e^{+0,5} = e^{\frac{1}{2}} = 1,65$$

$$\implies y = e^{\frac{1}{2}} \, e^{-\frac{x^2}{2}} = e^{-\frac{x^2}{2}+\frac{1}{2}} = e^{\frac{1-x^2}{2}}$$

Die Funktion $y = e^{\frac{1-x^2}{2}} = 1,65 \, e^{-\frac{x^2}{2}}$ löst das oben
gegebene Anfangswertproblem (Gaußsche Glockenkurve).

72.4

Diskussion von $y = 1{,}65e^{-\frac{x^2}{2}} = e^{\frac{1-x^2}{2}}$

$ID = IR$

Keine Nullstellen

Ableitungen:

$y' = 1{,}65e^{-\frac{x^2}{2}} \cdot (-x) = -1{,}65xe^{-\frac{x^2}{2}}$

$y'' = -1{,}65\,(e^{-\frac{x^2}{2}} + e^{-\frac{x^2}{2}} \cdot (-x))$

$\quad = -1{,}65\,e^{-\frac{x^2}{2}}\,(1-x^2)$

Monotonie, Extrema:

$y' = 0$ für $x = 0$,　$y''(0) = -1{,}65 < 0$,　$y(0) = 1{,}65$

$\Rightarrow$ Die Funktion hat in $H(0;1{,}65)$ einen Hochpunkt.

$x < 0 \Rightarrow y' > 0 \Rightarrow$ Die Funktion ist streng monoton
　　　　　　　　　　　　wachsend

$x > 0 \Rightarrow y' < 0 \Rightarrow$ Die Funktion ist streng monoton
　　　　　　　　　　　　fallend

Krümmungsverhalten, Wendepunkte:

$y'' = 0$ für $x^2 = 1 \Leftrightarrow x = \pm 1$,　$y'' = -1{,}65e^{-\frac{x^2}{2}}(1-x^2)$

ändert beim Durchgang durch $x = \pm 1$ das Vorzeichen
$\Rightarrow$ Die Funktion hat für $x = \pm 1$ Wendepunkte

$y(\pm 1) = e^{\frac{1-1}{2}} = e^0 = 1$

$\Rightarrow W_1(-1,1)$, $W_2(1,1)$ sind die Wendepunkte der Funktion.

$x < -1 \qquad \Rightarrow y'' > 0 \Rightarrow$ Linkskrümmung
$-1 < x < 1 \Rightarrow y'' < 0 \Rightarrow$ Rechtskrümmung
$x > 1 \qquad\;\; \Rightarrow y'' > 0 \Rightarrow$ Linkskrümmung

---
Loesung mit Mathematica

Im folgenden werden Moeglichkeiten aufgezeigt, um die DG mit dem Mathematik Tool Mathematica analythisch und numerisch zu loesen, die Loesung graphisch darzustellen und analythisch und numerisch weiter zu behandeln.

Richtungsfeld

In[43]:=

```
MatrixForm[Table[{-x y},{x,-2,2,0.5},{y,-2,2,0.5}]]
```

Out[43]//MatrixForm=

-4	-3.	-2.	-1.	0.	1.	2.	3.	4.
-3.	-2.25	-1.5	-0.75	0.	0.75	1.5	2.25	3.
-2.	-1.5	-1.	-0.5	0.	0.5	1.	1.5	2.
-1.	-0.75	-0.5	-0.25	0.	0.25	0.5	0.75	1.
0.	0.	0.	0.	0.	0.	0.	0.	0.
1.	0.75	0.5	0.25	0.	-0.25	-0.5	-0.75	-1.
2.	1.5	1.	0.5	0.	-0.5	-1.	-1.5	-2.
3.	2.25	1.5	0.75	0.	-0.75	-1.5	-2.25	-3.
4.	3.	2.	1.	0.	-1.	-2.	-3.	-4.

Analythische Integration der DG

In[52]:=

```
DSolve[{y'[x]==-x y[x], y[-1]==1},y[x],x]
```

Out[52]=

$$\{\{y[x] \rightarrow E^{1/2 - x^2/2}\}\}$$

In[53]:=

```
Plot[Evaluate[y[x]/.%],{x,-2,2},AxesLabel->{"x","y"}]
```

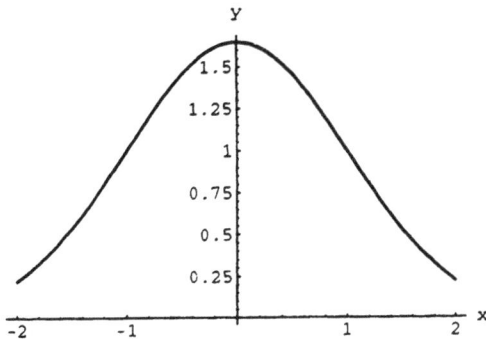

Out[53]=

```
-Graphics-
```

Einfuehrung von Variablen fuer Objekte

Evaluierung der Loesungsfunktion

In[4]:=

DG72=DSolve[{y'[x]==-x y[x], y[-1]==1},y[x],x]

Out[4]=

$$\{\{y[x] \to E^{1/2 - x^2/2}\}\}$$

In[5]:=

y[x]/.DG72

Out[5]=

$$\{E^{1/2 - x^2/2}\}$$

Definition der Loesungsfunktion

In[6]:=

{u[x_]}=y[x]/.DG72

Out[6]=

$$\{E^{1/2 - x^2/2}\}$$

In[7]:=

u[x]

Out[7]=

$$E^{1/2 - x^2/2}$$

Wertetabelle

In[8]:=

N [MatrixForm[Transpose[Table[{x,u[x]},{x,-2,2,0.5}]]] , 2]

Out[8]//MatrixForm=

-2.	-1.5	-1.	-0.5	0.	0.5	1.	1.5	2.
0.22	0.54	1.	1.5	1.6	1.5	1.	0.54	0.22

Graph der Loesungsfunktion

In[9]:=
```
Plot[u[x],{x,-2,2},AxesLabel->{"x","y"}]
```

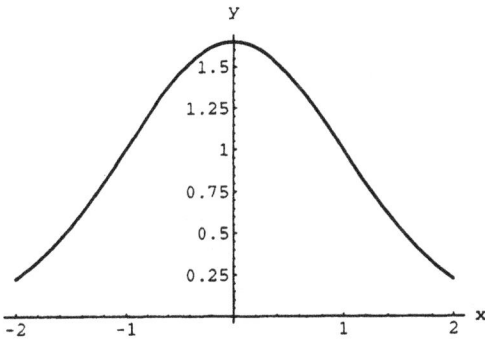

Out[9]=
```
-Graphics-
```

Analythische Behandlung der Loesungsfunktion

In[10]:=
```
u'[x]
```

Out[10]=

$$-(E^{1/2 - x^2/2} x)$$

In[11]:=
```
u''[x]
```

Out[11]=

$$-E^{1/2 - x^2/2} + E^{1/2 - x^2/2} x^2$$

In[12]:=
```
Simplify[%]
```

Out[12]=

$$E^{(1 - x^2)/2} (-1 + x^2)$$

Graph der Ableitungen der Loesungsfunktion

In[13]:=

In[44]:=
```
Plot[{u'[x],u''[x]},{x,-2,2},AxesLabel->{"x","y"}, PlotStyle->
                    { {Thickness[0.013],GrayLevel[0.2]},
                      {Thickness[0.02],GrayLevel[0.5]} } ]
```

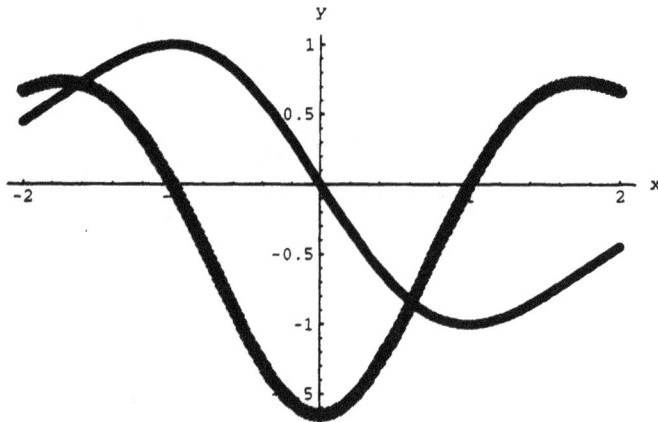

Out[44]=
```
-Graphics-
```

Integration der Loesungsfunktion

In[14]:=
```
Integrate[u[x],x]
```

Out[14]=

$$\text{Sqrt}[\frac{E\ Pi}{2}]\ \text{Erf}[\frac{x}{\text{Sqrt}[2]}]$$

In[15]:=
```
Integrate[u[x],{x,-2,2}]
```

Out[15]=
```
Sqrt[2 E Pi] Erf[Sqrt[2]]
```

In[16]:=
    N[%]

Out[16]=
    3.94469

In[17]:=
    NIntegrate[u[x],{x,-2,2}]

Out[17]=
    3.94469

In[46]:=
    Iu[x_]:=Integrate[u[t],{t,-2,x}]

In[47]:=
    Iu[2]

Out[47]=
    Sqrt[2 E Pi] Erf[Sqrt[2]]

In[48]:=
    Plot[Iu[x],{x,-2,2},AxesLabel->{"x","y"}]

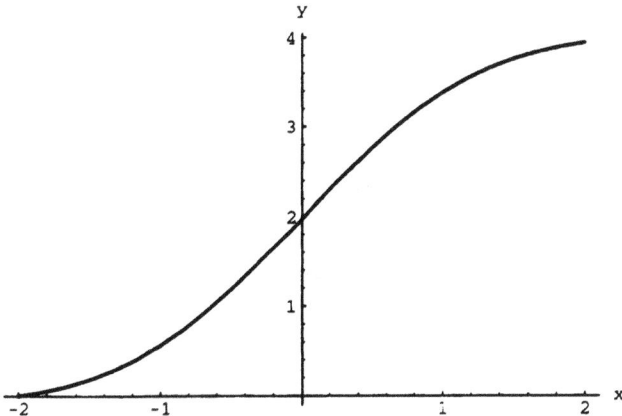

Out[48]=
    -Graphics-

Numerische Integration der DG

In[49]:=
```
NDSolve[{y'[x]==-x y[x], y[-1]==1},y,{x,-2,2}]
```

Out[49]=
```
{{y -> InterpolatingFunction[{-2., 2.}, <>]}}
```

In[50]:=
```
Plot[Evaluate[y[x]/.%],{x,-2,2},AxesLabel->{"x","y"}]
```

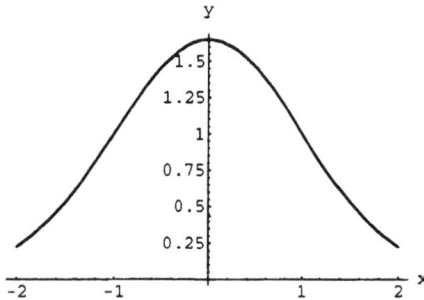

Out[50]=
```
-Graphics-
```

Einfuehrung von Variablen fuer Objekte

Evaluierung der Loesungsfunktion

In[20]:=
```
DG72N=NDSolve[{y'[x]==-x y[x], y[-1]==1},y,{x,-2,2}]
```

```
General::spell1:
    Possible spelling error: new symbol name "DG72N"
        is similar to existing symbol "DG72".
```

Out[20]=
```
{{y -> InterpolatingFunction[{-2., 2.}, <>]}}
```

In[21]:=
```
y[x]/.DG72N
```

Out[21]=
```
{InterpolatingFunction[{-2., 2.}, <>][x]}
```

In[22]:=
```
{v[x_]}=y[x]/.DG72N
```

Out[22]=
```
{InterpolatingFunction[{-2., 2.}, <>][x]}
```

In[23]:=
```
v[x]
```

Out[23]=
```
InterpolatingFunction[{-2., 2.}, <>][x]
```

Die Interpolations-Funktion kann nur numerisch behandelt werden

In[24]:=
```
v[-1]
```

Out[24]=
```
1.
```

In[25]:=
```
v[1]
```

Out[25]=
```
0.999996
```

In[26]:=
```
N [ MatrixForm[Transpose[Table[{x,v[x]},{x,-2,2,0.5}]]] , 2 ]
```

Out[26]//MatrixForm=
```
-2.    -1.5   -1.    -0.5   0.    0.5   1.    1.5    2.
0.22   0.54   1.     1.5    1.6   1.5   1.    0.54   0.22
```

In[51]:=
```
Plot[v[x],{x,-2,2},AxesLabel->{"x","y"}]
```

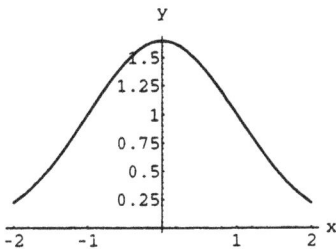

Out[51]=
```
-Graphics-
```

In[28]:=

```
NIntegrate[v[x],{x,-2,2}]
```

Out[28]=

3.94469

Darstellung der Loesung durch ein Interpolationspolynom:

In[29]:=

```
listxv=Table[{x,v[x]},{x,-2,2,0.5}]
```

Out[29]=

{{-2, 0.223132}, {-1.5, 0.535262}, {-1., 1.},
  {-0.5, 1.45499}, {0., 1.64873}, {0.5, 1.45499},
  {1., 0.999996}, {1.5, 0.535261}, {2., 0.223129}}

In[30]:=

```
InterpolatingPolynomial[listxv,x]
```

Out[30]=

0.223132 + (2 + x) (0.624259 +
    (1.5 + x) (0.305217 +
      (1. + x) (-0.216474 +
        (0.5 + x) (-0.0594347 +
          (0.0571838 +
            (-0.00775912 +
              (-0.00424112 + 0.00212022 (-1.5 + x))
              (-1. + x)) (-0.5 + x)) (0. + x)))))

In[31]:=

```
Simplify[%]
```

Out[31]=

$1.64873 + 1.0904 \; 10^{-6} \; x - 0.823865 \; x^2 - 6.76192 \; 10^{-6} \; x^3 +$
$0.203038 \; x^4 + 4.25838 \; 10^{-6} \; x^5 - 0.0300238 \; x^6 -$
$6.70694 \; 10^{-7} \; x^7 + 0.00212022 \; x^8$

Das Interpolations-Polynom kann numerisch und analythisch behandelt werden:

In[32]:=

```
vp[x_]=InterpolatingPolynomial[listxv,x]
```

Out[32]=

```
0.223132 + (2 + x) (0.624259 +
    (1.5 + x) (0.305217 +
        (1. + x) (-0.216474 +
            (0.5 + x) (-0.0594347 +
                (0.0571838 +
                    (-0.00775912 +
                        (-0.00424112 + 0.00212022 (-1.5 + x))
                        (-1. + x)) (-0.5 + x)) (0. + x)))))
```

In[33]:=

```
vp[x]
```

Out[33]=

```
0.223132 + (2 + x) (0.624259 +
    (1.5 + x) (0.305217 +
        (1. + x) (-0.216474 +
            (0.5 + x) (-0.0594347 +
                (0.0571838 +
                    (-0.00775912 +
                        (-0.00424112 + 0.00212022 (-1.5 + x))
                        (-1. + x)) (-0.5 + x)) (0. + x)))))
```

In[34]:=

```
Simplify[%]
```

Out[34]=

$$1.64873 + 1.0904 \ 10^{-6} \ x - 0.823865 \ x^2 - 6.76192 \ 10^{-6} \ x^3 +$$
$$0.203038 \ x^4 + 4.25838 \ 10^{-6} \ x^5 - 0.0300238 \ x^6 -$$
$$6.70694 \ 10^{-7} \ x^7 + 0.00212022 \ x^8$$

In[35]:=

```
N [ MatrixForm[Transpose[Table[{x,vp[x]},{x,-2,2,0.5}]]] , 2 ]
```

Out[35]//MatrixForm=

-2.	-1.5	-1.	-0.5	0.	0.5	1.	1.5	2.
0.22	0.54	1.	1.5	1.6	1.5	1.	0.54	0.22

In[36]:=

Plot[vp[x],{x,-2,2},Ticks->None]

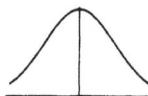

In[37]:=

vp[1]

Out[37]=

0.999996

In[38]:=

Simplify[vp'[x]]

Out[38]=

$1.0904 \ 10^{-6} - 1.64773 \ x - 0.0000202858 \ x^2 + 0.812152 \ x^3 + 0.0000212919 \ x^4 - 0.180143 \ x^5 - 4.69485 \ 10^{-6} \ x^6 + 0.0169618 \ x^7$

In[39]:=

Simplify[vp''[x]]

Out[39]=

$-1.64773 - 0.0000405715 \ x + 2.43646 \ x^2 + 0.0000851676 \ x^3 - 0.900715 \ x^4 - 0.0000281691 \ x^5 + 0.118733 \ x^6$

In[40]:=

Integrate[vp[x],x]

Out[40]=

$1.64873 \ x + 5.45202 \ 10^{-7} \ x^2 - 0.274622 \ x^3 - 1.69048 \ 10^{-6} \ x^4 + 0.0406076 \ x^5 + 7.0973 \ 10^{-7} \ x^6 - 0.00428912 \ x^7 - 8.38367 \ 10^{-8} \ x^8 + 0.00023558 \ x^9$

In[41]:=

Integrate[vp[x],{x,-2,2}]

Out[41]=

3.94307

Aufgabe I 73:

1. Ein Körper bewegt sich auf der durch
   $K_a = \{(x,y) \mid y = a \sinh(\cosh x), x \in |R\}$
   beschriebenen Bahn.
   Stellen Sie für das Bewegungsgesetz eine DG auf,
   in welcher der Parameter a nicht vorkommt.

2. Lösen Sie die Aufgabenstellung 1 für die Bahn
   $K_{a,b} = \{(x,y) \mid y = a \sinh(\cosh x + b), x \in |R\}$

Lösung:

1. $K_a = \{(x,y) \mid y = a \sinh(\cosh x), x \in |R\}$

   $y' = a \cosh(\cosh x) \cdot \sinh x$

   $y'' = a(\sinh(\cosh x) \cdot \sinh x \quad \sinh x + \cosh(\cosh x)\cosh x)$

   $\quad = a\sinh(\cosh x)\sinh^2 x + a\cosh(\cosh x)\sinh x \cdot \dfrac{\cosh x}{\sinh x}$

   $\Longrightarrow$ DG: $y'' = (\sinh^2 x) \cdot y + (\coth x)y'$

2. $K_{a,b} = \{(x,y) \mid y = a \sinh(\cosh x + b), x \in |R\}$

   $y' = a \cosh(\cosh x + b) \cdot \sinh x$

   $y'' = a(\sinh(\cosh x + b)\sinh^2 x + \cosh(\cosh x + b) \cdot \cosh x)$

   $\quad = a\sinh(\cosh x + b)\sinh^2 x + a\cosh(\cosh x + b)\sinh x \cdot \dfrac{\cosh x}{\sinh x}$

   $\Longrightarrow$ DG: $y'' = (\sinh^2 x)y + (\coth x)y'$

   Ergebnis: Die Kurven K_a und $K_{a,b}$ sind Lösung
   derselben Differentialgleichung.

73.2

Loesung mit Mathematica

```
K73[x_,a_,b_]:= a Sinh[Cosh[x]+b]
```

In[63]:=

```
g[a_,b_]:=Plot[K73[x,a,b], {x,-3,3}, PlotPoints->50]
```

In[76]:=

```
Show[g[1,0],g[1,2]]
```

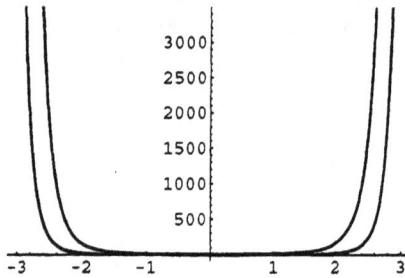

Aufgabe I 74:

Bestimmen Sie die allgemeine Lösung der folgenden
Differentialgleichungen:

1. $y' = \dfrac{(y-1)(1+x)}{xy}$

2. $(x^2 + 2y^2)dx + 4xydy = 0$

3. $xy' + a^2y' + y - b^2 = 0$

4. $\cos x \cos y \cdot y' - \sin x \sin y = 0$

Lösung:

1. DG: $y' = \dfrac{dy}{dx} = \dfrac{(y-1)(1+x)}{xy}$

Separation der Variablen:

$\dfrac{y \cdot dy}{y-1} = \dfrac{1+x}{x}dx \;\Rightarrow\; \int \dfrac{ydy}{y-1} = \int \dfrac{1+x}{x}dx$

$\int \dfrac{y-1+1}{y-1}dy = \int (\dfrac{1}{x}+1)dx$

$\int (1+\dfrac{1}{y-1})dy = \ln|x| + x + c, \; c \in \mathbb{R}$

$y + \ln|y-1| = \ln|x| + x + c$

Als Lösung erhält man eine Kurvenschar K_c,
deren Kurven implizient definiert sind:

Lösung:

$K_c = \{(x,y) \,|\, F(x,y) = y+\ln|y-1|-\ln|x|-x = c, \; c \in \mathbb{R}\}$

$= \{(x,y) \,|\, F(x,y) = y-x+\ln|\dfrac{y-1}{x}| = c, \; c \in \mathbb{R}\}$

2. <u>DG: $(x^2 + 2y^2)dx + 4xydy = 0$</u>

Man überprüft, ob dieser Ausdruck das totale
Differential einer Funktion zweier Veränder-
licher $F(x,y) = 0$ ist.

Dann müßte gelten:

(1) $dF = F_x dx + F_y dy = 0$, also: $F_x = x^2 + 2y^2$

$$F_y = 4xy$$

(2) $F_{xy} = F_{yx}$

Die Bedingung (2) ist zu überprüfen:

$$F_{xy} = \frac{\partial(x^2+2y^2)}{\partial y} = 4y$$

$$F_{yx} = \frac{\partial(4xy)}{\partial x} = 4y$$

Da (2) erfüllt ist, ist die Interpretation
$F_x = x^2 + 2y^2$, $F_y = 4xy$ zulässig.

$$F_x = \frac{\partial F}{\partial x} = x^2 + 2y^2 \implies F = \frac{x^3}{3} + 2y^2 x + c_1(y)$$

Bei dieser Interation   wird y als Konstante
behandelt. Die Integrationskonstante   kann daher
noch von y abhängen. Die noch unbekannte Funktion
c (y) bestimmt man, indem man F nach y partiell
differentiert und den erhaltenen Ausdruck mit
$F_y = 4xy$ vergleicht.

$$F_y = \frac{\partial F}{\partial y} = \frac{\partial(\frac{x^3}{3}+2y^2 x+c_1(y))}{\partial y} = 4yx + c_1'(y) = 4xy$$

$$\implies c_1'(y) = 0 \implies c(y) = c = \text{konstant,}$$

Lösung:

Die DG wird von der implizit definierten Kurvenschar

$$K_c = \{(x,y)\,|\,F(x,y) = \frac{x^3}{3} + 2y^2x + c = 0,\ c \in \mathbb{R}\}$$

$$= \{(x,y)\,|\,y = \pm \sqrt{-\frac{x^2}{6} - \frac{c}{x}}\,,\ c \in \mathbb{R}\}\quad \text{gelöst.}$$

(Man kann sich noch überlegen, ob es Parameterwerte
$c \in \mathbb{R}$ gibt, sodaß zu keinem $x \in \mathbb{R}$ die Wurzel
positiv wird. In diesem Fall sollte man derartige c
verbieten.

Man sieht schnell, daß diese Vorsichtsmaßnahme hier
nicht notwendig ist.)

Anmerkung: Jede DG, die durch Separation der Variablen
lösbar ist, kann auch nach dieser Methode
gelöst werden. Die Umkehrung gilt allerdings
nicht, wie dieses Beispiel zeigte

3. DG: $xy' + a^2y' + y - b^2 = 0$

$$\implies y' = \frac{dy}{dx} = -\frac{y-b^2}{x+a^2}$$

Separation der Variablen:

$$\frac{dy}{y-b^2} = -\frac{dx}{x+a^2} \implies \int \frac{dy}{y-b^2} = -\int \frac{dx}{x+a^2}$$

$$\implies \ln|y-b^2| = -\ln|x+a^2| + c_1,\ c_1 \in \mathbb{R}$$

Man kann $c_1 = \ln c_2$, $c_2 > 0$ setzen:

$$\ln|y-b^2| = -\ln|x+a^2| + \ln c_0 = \ln \frac{c_2}{|x+a^2|}$$

$$\implies |y-b^2| = \frac{c_2}{|x+a^2|} \implies y-b^2 = \frac{\pm c_2}{x+a^2}$$

Wir setzen $c = \pm c_2$

Es gilt $c \in \mathbb{R}\setminus\{0\}$, da $c_2 > 0$

$$\implies y = b^2 + \frac{c}{x+a^2},\quad c \in \mathbb{R}\setminus\{0\}$$

In einer getrennten Überlegung untersucht man, ob für
$c = 0$ auch eine Lösung der DG erhalten wird:

$c = 0 \implies y = b^2 \implies y' = 0$, $-\frac{b^2 - b^2}{x + a^2} = 0$

$\implies y = b^2$ ist ein Integral der DG.

Wir erhalten folgende

Lösung: $y = b^2 + \frac{c}{x+a^2}$, $c \in \mathbb{R}$

4. DG: $\cos x \cos y \; y' - \sin x \sin y = 0$

Diese DG kann auf zwei Arten gelöst werden:

1. **Separation der Variablen**

$$\cos x \cos y \; \frac{dy}{dx} = \sin x \sin y$$

$$\Rightarrow \int \frac{\cos y \, dy}{\sin y} = \int \frac{\sin x \, dx}{\cos x} \quad \Rightarrow \quad \int \frac{d\sin y}{\sin y} = -\int \frac{d\cos x}{\cos x}$$

$$\Rightarrow \ln|\sin y| = -\ln|\cos x| + c_1, \; c_1 \in |R$$

Mit $c_1 = \ln c_2$, $c_2 > 0$ gilt:

$$\ln|\sin y| = -\ln|\cos x| + \ln c_2 = \ln \frac{c_2}{|\cos x|}$$

$$\Rightarrow |\sin y| = \frac{c_2}{|\cos x|} \quad \Rightarrow \quad \sin y = \frac{\pm c_2}{\cos x} = \frac{c}{\cos x} \text{ mit } c \in |R \setminus \{0\}$$

Für $c = 0$ ist $\sin y = 0$ oder $y = 0$ auch eine Lösung der
DG, wie man leicht nachprüft.

Lösung:

$$K_c = \{(x,y) \, | \, F(x,y) = \sin y - \frac{c}{\cos x} = 0, \; c \in |R\}$$

$$= \{(x,y) \, | \, G(x,y) = \cos x \sin y - c = 0, \; c \in |R\}$$

Wenn man den Wertebereich für y auf $-\frac{\pi}{2} \leq y \leq \frac{\pi}{2}$
einschränkt, kann man die Lösung explizit angeben:

$$y = \text{arc} \sin \frac{c}{\cos x}, \; c \in |R$$

Um reelle Lösung zu erhalten, muß $\dfrac{c}{\cos x}$ auf das
Intervall $[-1,1]$ eingeschränkt werden.

2. Lösung mit Hilfe des totalen Differentials
    einer Funktion $F(x,y)$ mit $F(x,y) = 0$:

DG: $-sinxsinydx + cosxcosydy = 0$

$\quad F_x dx + F_y dy = 0$

(1) $F_x = -sinxsiny \implies F_{xy} = -sinxcosy$

(2) $F_y = cosxcosy \implies F_{yx} = -sinxcosy$

Da $F_{xy} = F_{yx}$ gilt, ist die Interpretation der DG
durch ein totales Differential zulässig.

(1) $F = cosxsiny + c_1(y)$

$\quad$ (Es wird nur über die Variable x integriert
$\quad$ und y als Konstante behandelt)

$\implies F_y = cosxcosy + c_1'(y) = cosxcosy \implies c_1'(y) = 0$

$\qquad\qquad\qquad\qquad\qquad\qquad \implies c_1 = c$

$\qquad\qquad\qquad\qquad\qquad\qquad\qquad = konstant$

$\implies F(x,y) = cosxsiny + c$

$\implies$ Lösung:

$\quad K_c = \{(x,y) \mid F(x,y) = cosxsiny + c = 0, c \in |R\}$

Loesung mit Mathematica

Loesung mit Mathematica

In[89]:=

```
DSolve[y'[x]==(y[x]-1) (1+x) / (x y[x]), y[x],x]
```

**Es wurde keine analythische Loesung gefunden. Die DG wird
numerisch fuer ein Anfangswertproblem geloest:**

In[138]:=

```
DG=NDSolve[{y'[x]==(y[x]-1) (1+x) / (x y[x]), y[N[E]]==2}, y,
           {x,1,5}]
```

Out[138]=

```
{{y -> InterpolatingFunction[{1., 5.}, <>]}}
```

In[97]:=

```
{y1[x_]}=y[x]/.DG
```

Out[97]=

```
{InterpolatingFunction[{1., 5.}, <>][x]}
```

```
g1=Plot[y1[x],{x,1,5},AxesLabel->{"x","y"},
        PlotLabel->"Kurve[E,2]"];
```

In[112]:=

```
g2=Graphics[{PointSize[0.04],Point[{N[E],2}]}];
```

In[137]:=

```
Show[g1,g2]
```

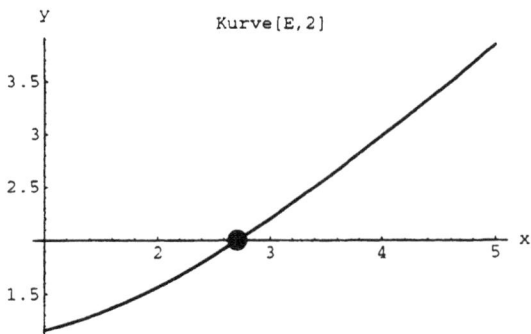

Graph einiger Loesungsfunktionen

In[139]:=

    f742[x_,c_]:=Sqrt[-x^2/6 - c/x]

In[150]:=

    Plot[{f742[x,-10],f742[x,-15],f742[x,-29]},{x,0.1,3.7},
        PlotStyle->{GrayLevel[0.2],GrayLevel[0.4],GrayLevel[0.6]}]

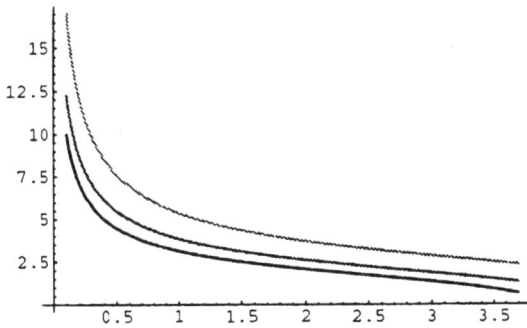

Out[150]=

    -Graphics-

In[33]:=

    DSolve[y'[x]==-(y[x]-b^2) / (x+a^2),y[x],x]

Out[33]=

$$\{\{y[x] \ \to \ \frac{b^2 \ x}{a^2 \ + \ x} \ + \ \frac{C[1]}{a^2 \ + \ x}\}\}$$

In[40]:=
> **DSolve[Cos[x] Cos[y[x]] y'[x]- Sin[x] Sin[y[x]]==0,y[x],x]**

> Solve::ifun:
>> Warning: Inverse functions are being used by Solve, so some
>> solutions may not be found.

Out[40]=
> {{y[x] -> ArcSin[C[1] Sec[x]]}}

Sec[x]=1/ Cos[x]. Im Folgenden wird die Loesungsfunktion fuer c=0.2 dargestellt.

In[55]:=
> **Table[ArcSin[0.2/Cos[x]],{x,-Pi/2+0.3,Pi/2-0.2,0.2}]//N**

Out[55]=
> {0.74337, 0.430325, 0.315671, 0.25818, 0.226342, 0.209084,
> 0.201871, 0.203074, 0.212955, 0.233818, 0.271527, 0.34074,
> 0.48699, 0.989858}

In[59]:=
> **Plot[ArcSin[0.2/Cos[x]],{x,-Pi/2+0.3, Pi/2-0.3},AxesLabel->{"x","y"}]**

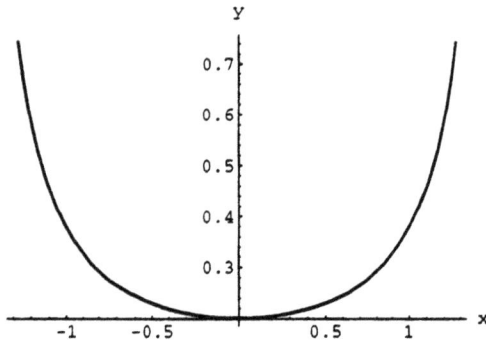

Aufgabe I 75:

Lösen Sie die folgenden Anfangswertprobleme:

1. $y'(1+x^2) - 1+y^2 = 0$, $x_0 = 1$, $y_0 = 0$

2. $\sin y \, dx + (1+e^{-x}) \cos y \, dy = 0$, $x_0 = 0$, $y_0 = \frac{\pi}{4}$

Lösung:

1. Anfangswertproblem (AP):

DG: $y'(1+x^2) - 1 + y^2 = 0$

AW: $x_0 = 1$, $y_0 = 0$

Allgemeines Integral der DG:

$$\frac{dy}{dx} = \frac{1-y^2}{1+x^2} \implies \int \frac{dy}{1-y^2} = \int \frac{dx}{1+x^2}$$

$\implies$ artanh y = arctan $x + c$ für $-1 < y < 1$, $c \in \mathbb{R}$

arcoth y = arctan $x + c$ für $|y| > 1$, $c \in \mathbb{R}$

$$\implies y = \left[\begin{array}{ll} \tanh(\text{arctan}x + c) & \text{für } -1 < y < 1 \\ \coth(\text{arctan}x + c) & \text{für } |y| > 1 \end{array} \right] c \in \mathbb{R}$$

Die konstanten Funktionen $y = \pm 1$ erfüllen ebenfalls die DG.

Bestimmung von c aus den AW:

Wegen $y_0 = 0$ kommt nur die erste Definition der Lösungsfunktion in Frage:

$0 = \tan h(\text{arctan } 1 + c)$

$\iff$ arc tan $1 + c = 0$

$\iff$ $c = -$ arc tan $1 = - \frac{\pi}{4}$

Lösung des AP:

$y = \tan h(\text{arc tan } x - \frac{\pi}{4})$, $\mathbb{D} = \mathbb{R}$

2. AP:

DG: $\sin y \, dx + (1+e^{-x}) \cos y \, dy = 0$ AW: $x_0 = 0$, $y = \frac{\pi}{4}$

Berechnung des allgemeinen Integrals der DG

$(1+e^{-x}) \cos y \, dy = -\sin y \, dx$

Separation der Variablen

$\dfrac{\cos y}{\sin y} dy = -\dfrac{dx}{1+e^{-x}}$

$\Rightarrow \displaystyle\int \dfrac{\cos y \, dy}{\sin y} = -\int \dfrac{dx}{1+e^{-x}} = -\int \dfrac{e^x dx}{e^x+1}$

$\Rightarrow \displaystyle\int \dfrac{d\sin y}{\sin y} = -\int \dfrac{d(e^x+1)}{e^x+1} \Rightarrow \ln|\sin y| = -\ln(1+e^x)+c_1,$

$$c_1 \in \mathbb{R}$$

Mit $c_2 = \ln c_1$, $c_2 > 0$ erhält man

$\ln|\sin y| = -\ln(1+e^x)+\ln c_2 = \ln\dfrac{c_2}{1+e^x}$

$\Rightarrow |\sin y| = \dfrac{c_2}{1+e^x} \Rightarrow \sin y = \pm \dfrac{c_2}{1+e^x} = \dfrac{c}{1+e^x}$, $c \in \mathbb{R}\backslash\{0\}$

Für $c = 0$ erhält man $\sin y = 0 \Rightarrow y = 0 \Rightarrow dy = 0$
$\Rightarrow$ Die DG wird durch $y = 0$ ebenfalls gelöst.

Probe:

Wir wollen einmal überprüfen, ob die gefundene Lösung wirklich die DG erfüllt:

$d\sin y = d(\dfrac{c}{1+e^x}) \Rightarrow \cos y \, dy = \dfrac{c(-e^x)}{(1+e^x)^2}dx$

Einsetzen in die DG ergibt:

$\quad \sin y \, dx + (1+e^{-x}) \cos y \, dy$

$= \dfrac{c}{1+e^x}dx + (1+e^{-x}) \cdot \dfrac{c(-e^x)}{(1+e^x)(1+e^x)}dx$

$= \dfrac{c}{1+e^x}dx - (1+e^{-x}) \cdot \dfrac{c}{(\frac{1}{e^x}+\frac{e^x}{e^x})(1+e^x)}dx$

$= \dfrac{c}{1+e^x}dx - (1+e^{-x}) \cdot \dfrac{c}{(e^{-x}+1)(1+e^x)}dx$

$= \dfrac{c}{1+e^x}dx - \dfrac{c}{1+e^x}dx = 0$

Allgemeine Lösung der DG:

Die Kurvenschar

$$K_c = \{(x,y) \mid F(x,y) = \sin y - \frac{c}{1+e^x} = 0, \ c \in \mathbb{R}\}$$

ist das allgemeine Integral der DG

Speziell erhält man für $-\frac{\pi}{2} \leq y \leq \frac{\pi}{2}$:

$$y = \arccos \frac{c}{1+e^x}, \ c \in \mathbb{R}$$

Bestimmung von c aus den AW:

$$\sin\frac{\pi}{4} = \frac{c}{1+e^0} = \frac{c}{1+1} \implies c = 2\sin\frac{\pi}{4} = 2\frac{\sqrt{2}}{2} = \sqrt{2}$$

Lösung des AP:

$$y = \arcsin \frac{\sqrt{2}}{1+e^x}, \ \mathbb{D} = \left\{ x \left| \left| \frac{\sqrt{2}}{1+e^x} \right| \leq 1 \right. \right\} = \left[\sqrt{2} - 1; \infty \right[= \left[0{,}42; \infty \right[$$

75.4

Loesung mit Mathematica

In[60]:=

```
DG1=DSolve[{y'[x] (1+x^2)-1+ y[x]^2==0,y[1]==0},y[x],x]
```

Solve::tdep: The equations appear to involve transcendental functions
of the variables in an essentially non-algebraic way.

Out[60]=

$$\text{DSolve}[\{-1 + y[x]^2 + (1 + x^2)\ y'[x]\ ==\ 0,\ y[1]\ ==\ 0\},\ y[x],\ x]$$

Plot der manuell berechneten Loesungsfunktion:

In[61]:=

```
gmanus=Plot[Tanh[ArcTan[x]-Pi/4],{x,-5,5},PlotPoints->100,
        AxesLabel->{"x","y"},PlotLabel->"mauelle Loesung"];
```

Numerischeloesung der DG:

In[62]:=

```
DG1N=NDSolve[{y'[x] (1+x^2)-1+ y[x]^2==0,y[1]==0},y, {x,-5,5}]
```

Out[62]=

```
{{y -> InterpolatingFunction[{-5., 5.}, <>]}}
```

In[63]:=

```
gautomatnum=Plot[Evaluate[y[x]/.DG1N],{x,-5,5},
    AxesLabel->{"x","y"},PlotLabel->"automat-num. Loesung"];
```

Plot der manuell und automatisch-numerisch berechneten Loesung:

In[64]:=

```
Show[GraphicsArray[{gmanus,gautomatnum}]]
```

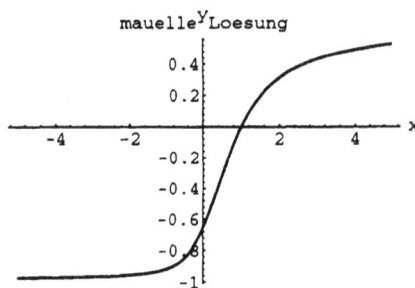

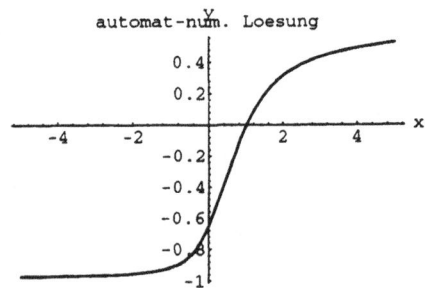

Out[64]=

```
-GraphicsArray-
```

Analythische automatische Ermittlung und Plotten der Loesung der DG und deren 1.Ableitung

```
DG2=DSolve[{(1+Exp[-x]) Cos[y[x]] y'[x]+Sin[y[x]]==0,y[0]==Pi/4},
                                                         y[x],x]
```

```
Solve::ifun:
    Warning: Inverse functions are being used by Solve, so some
        solutions may not be found.
```

Out[11]=

$$\{\{y[x] \rightarrow ArcSin[E^{Log[Sqrt[2]] - Log[1 + E^x]}]\}\}$$

In[30]:=

```
{y2[x_]}=y[x]/.DG2
```

Out[30]=

$$\{ArcSin[E^{Log[Sqrt[2]] - Log[1 + E^x]}]\}$$

In[28]:=

```
Simplify[ y2'[x] ]
```

Out[28]=

$$- \left(\frac{E^{x + Log[Sqrt[2]] - Log[1 + E^x]}}{(1 + E^x) \, Sqrt[1 - \frac{2}{(1 + E^x)^2}]} \right)$$

In[35]:=

```
Plot[{y2[x],y2'[x]},{x,0.42,17},AxesLabel->{"x","y"},
     PlotStyle->{{Thickness[0.017]},{Thickness[0.01]}}]
```

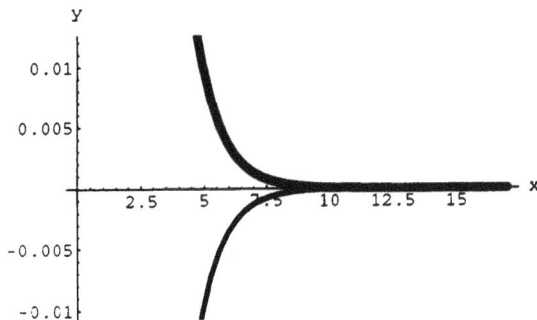

Aufgabe I 76:

Eine Population der Stärke $5 \cdot 10^9$ hat sich in den letzten
200 Jahren verdoppelt.
Bestimmen Sie das Alter der Population unter der Annahme,
daß die Wachstumsrate proportional zur Größe der Population
ist.
(Ansatz: $y(t)$ = Anzahl der Mitglieder der Population z.Z. t,
$y(0) = 1$)

Lösung:

Bezeichnungen und Begriffe:

(1) $y(t)$ = Anzahl Mitglieder der Population zur Zeit t
(2) $y(0) = 1$
(3) $y(t_0+200) = 2y(t_0)$, $t_1 = t_0+200$ = "heute" =
$\qquad\qquad\qquad\qquad\qquad$ = "Alter der Population"

(4) $\dfrac{dy}{dt} = \left\{ \begin{array}{l} \text{Zunahme (bei } dy > 0 \text{) der} \\ \text{Population in der Zeit } dt \end{array} \right\}$ = Wachstumsgeschwindig-
$\qquad\qquad\qquad\qquad\qquad\qquad\qquad\qquad\qquad$ keit

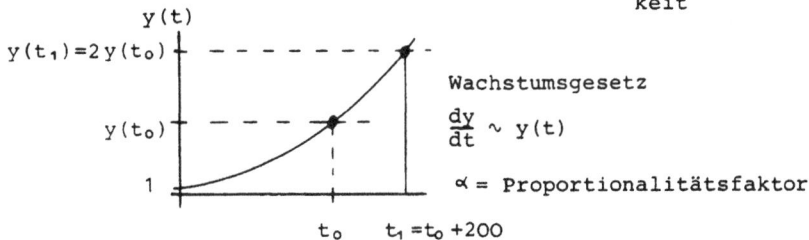

Wachstumsgesetz

$\dfrac{dy}{dt} \sim y(t)$

α = Proportionalitätsfaktor

Abb. 76.1
Wachstumsgesetz der Population

Wachstumsgesetz:

$\dfrac{dy}{dt} \sim y(t)$

Die Wachstumsgeschwindigkeit ist umso größer, je mehr
Mitglieder die Population zählt. Wir führen den Proportionalitätsfaktor α ein und erhalten das folgende Anfangswertproblem zur Beschreibung des Wachstumsgesetzes.

$$\underline{\text{AP:}} \ \text{DG:} \ \frac{dy}{dt} = \alpha\, y(t), \quad \text{AW:} \ t_o = 0, \quad y_o = 1$$

Der Proportionalitätsfaktor wird nach Lösung des AP
aus der Bedingung (4) ermittelt.

Aus der DG ist die Bedeutung von α ersichtlich.

$$\alpha = \frac{\frac{dy}{y}}{dt} = \left[\begin{array}{l}\text{Wachstumsgeschwindigkeit,} \\ \text{bezogen auf ein Mitglied} \\ \text{der Population}\end{array}\right] = \text{Wachstumsrate}$$

Berechnung der allgemeinen Lösung der DG:

Separation der Variablen:

$$\int \frac{dy}{y} = \int \alpha\, dt \implies \ln|y| = \alpha t + c_1, \ c_1 \in \mathbb{R}$$

$$\implies |y| = e^{\alpha t + c_1} = e^{\alpha t} \cdot e^{c_1} = e^{\alpha t} c_2, \ c_2 > 0$$

$$\implies y = \pm\, c_2 e^{\alpha t} = c e^{\alpha t} \qquad c \in \mathbb{R} \backslash \{0\}$$

Man sieht, daß für $c = 0 \implies y = 0 \implies \frac{dy}{dt} = 0$ ebenfalls
eine Lösung der DG erhalten wird.

Allgemeines Integral der DG

$$y = c e^{\alpha t}, \ c \in \mathbb{R}$$

Bestimmung von c aus den AW:

$$1 = c e^{\alpha \cdot 0} = c$$

Lösung des AP:

$$y = e^{\alpha t}$$

Bestimmung der Wachstumsrate

Bedingung (3) $\wedge$ Lösung des AP $\implies y(t_o+200) = e^{\alpha(t_o+200)}$
$$= 2y(t_o) = 2e^{\alpha t_o}$$

$$\implies e^{\alpha t_o + \alpha \cdot 200} = e^{\alpha t_o} \cdot e^{200\alpha} = 2e^{\alpha t_o}$$

$$\implies e^{200\alpha} = 2 \implies 200\alpha = \ln 2 \implies \alpha = \frac{\ln 2}{200} = 0{,}0035$$

Wachstumsgesetz der Population

$$y(t) = e^{0,0035t}$$

Wegen $y(t_0+200) = 2y(t_0)$ verdoppelt diese Population
alle 200 Jahre ihren Bestand.

Berechnung des Alters der Population:

Die heutige Stärke der Population beträgt

$$y(t_1) = e^{0,0035t_1} = 5 \cdot 10^9$$

Mitglieder, t_1 bezeichnet das Alter der Population.

$\Longrightarrow$ $0,0035t_1 = \ln(5 \cdot 10^9)$

$\Longrightarrow$ $t_1 = \dfrac{\ln(5 \cdot 10^9)}{0,0035} = 6380,77$

$\Longrightarrow$ Das Alter der Population beträgt ca. 6381 Jahre

Loesung mit Mathematica

```
         g1=Plot[Exp[0.0035 t],{t,0,1000},
                 PlotLabel->"                    Die ersten 1000 Jahre",
                 AxesLabel->{"Jahre","Anzahl Mitglieder"},
                 GridLines->Automatic]
In[95]:=
         Show[GraphicsArray[{{g1,g2},{g5,g7},{g10,g20}}]]
```

Wachstumsentwicklung in ansteigenden Zeitraeumen

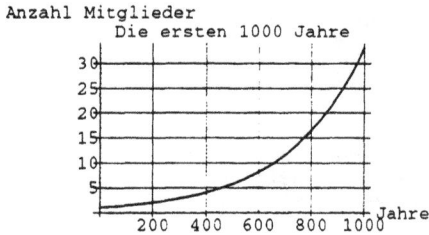

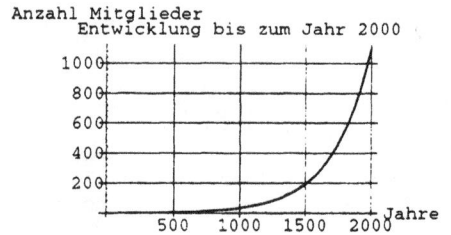

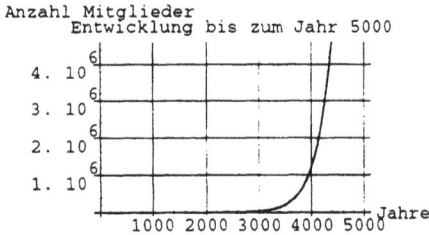

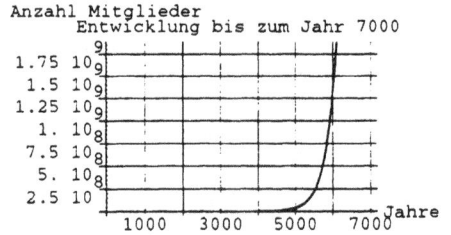

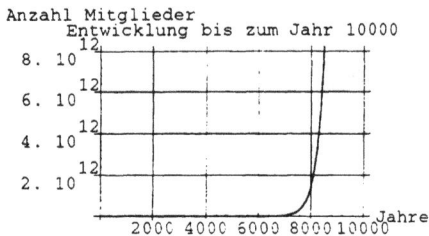

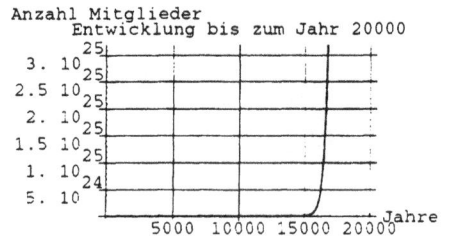

Aufgabe I 77:

Lösen Sie das Anfangswertproblem

$$xy'' - y' = 0, \quad x_0 = 1, \quad y_0 = 1, \quad y_0' = 2$$

Lösung:

AP: DG: $xy'' - y' = 0$,   AW: $x_0 = 1$, $y_0 = 1$, $y_0' = 2$

Berechnung der allgemeinen Lösung der DG

Die gegebene lineare DG 2. Ordnung läßt sich auf eine
DG 1. Ordnung zurückführen.

Substitution: $u = y' \implies u' = y''$

$\implies$ DG: $xu' - u = 0$

Separation der Variablen:

$$x\frac{du}{dx} = u \implies \int \frac{du}{u} = \int \frac{dx}{x} \implies \ln|u| = \ln|x| + c_1, \; c_1 \in \mathbb{R}$$

Mit $c_2 = \ln c_1$, $c_2 > 0 \implies \ln|u| = \ln|x| + \ln c_2 = \ln c_2 |x|$

$\implies |u| = c_2|x| \implies u = \pm c_2 \cdot x = c \cdot x, \quad c \in \mathbb{R} \backslash \{0\}$

Für $c = 0 \implies u = 0 \implies u' = 0 \implies u = 0$ ist ebenfalls
Lösung der DG.

$\implies u = cx, c \in \mathbb{R}$ ist die allgemeine Lösung der DG

$\qquad xu' - u = 0$

$u = y' \implies$

$y' = cx \implies y = \frac{cx^2}{2} + d, \; c, d \in \mathbb{R}$

Allgemeines Integral der DG

$$\boxed{y = \frac{cx^2}{2} + d, \quad c, d \in \mathbb{R}}$$

In dieser Lösung erscheinen 2 Konstanten, da eine DG
2. Ordnung gegeben war.

77.2

<u>Probe:</u>

$y = \frac{c}{2}x^2 + d$, $y' = cx$, $y'' = c$ werden in die

DG: $xy'' - y' = 0$

eingesetzt:

$\Rightarrow$ $x \cdot c - cx = 0$

<u>Bestimmung von c, d aus den AW:</u>

AW: $x_0 = 1$ $y_0 = 1$ $y_0' = 2$

$y' = cx \Rightarrow 2 = c \cdot 1 \Rightarrow c = 2$

$y = \frac{c}{2}x^2 + d = \frac{2}{2}x^2 + d = x^2 + d \Rightarrow 1 = 1^2 + d \Rightarrow d = 0$

Die Lösung des AP lautet:

$\boxed{y = x^2}$

Loesung mit Mathematica

Automatische Berechnung des allgemeineen Integrals und des Anfangswertproblems

In[3]:=

```
DSolve[x y''[x]-y'[x]==0,y[x],x]
```

Out[3]=

$$\{\{y[x] \rightarrow C[1] + \frac{x^2\, C[2]}{2}\}\}$$

In[6]:=

```
DG77=DSolve[{x y''[x]-y'[x]==0,y[1]==1,y'[1]==2},y[x],x]
```

Out[6]=

$$\{\{y[x] \rightarrow x^2\}\}$$

Aufgabe I78:

Die Kurve $H = \{(x,y) \mid x = a(t+\sinh t) \wedge y = a(1+\cosh t) \wedge$
$$0 \le t \le 2 \wedge a > 0\}$$
rotiert um die x-Achse. Bestimmen Sie das Volumen des Rotationskörpers.

Lösung:

Kurve
$H = \{(x,y) \mid x = a(t+\sinh t) \wedge y = a(1+\cosh t) \wedge 0 \le t \le 2 \wedge a > 0\}$

$0 < t \le 2 \wedge a > 0 \implies$ 1. $\dot{x} = a(1+\cosh t) > 0$
$\phantom{0 < t \le 2 \wedge a > 0 \implies}$ 2. $\dot{y} > 0$

zu 1. Die x-Werte nehmen stetig zu.

zu 2. Die Kurve hat keine Nullstellen.

$\underline{\text{Volumen } V_x} = \pi \int\limits_{x(0)}^{x(2)} y^2 dx = \pi \int\limits_{t=0}^{t=2} y^2(t)\dot{x}dt = a^3\pi \int\limits_{t=0}^{t=2} (1+\cosh t)^3 dt$

$= a^3\pi[\frac{5}{2}t+4\sinh t+\frac{1}{3}\sinh^3 t+\frac{3}{4}\sinh 2t]_0^2$

$= a^3\pi[5+4\sinh 2 +\frac{1}{3}\sinh^3 2+\frac{3}{4}\sinh 4-0] = 55{,}8776a^3\pi = 175{,}55a^3$

N.R.: $\int(1+\cosh t)^3 dt = \int(1+3\cosh t+3\cosh^2 t+\cosh^3 t)dt$

$$\boxed{\cosh^2 t = \frac{1}{2}(1+\cosh 2t)}$$

$= \int(1+3\cosh t+ \frac{3}{2}\left(1 + \cosh^2 t\right) + \cosh^2 t \cosh t)dt$

$= \frac{5}{2}\int dt + 3\int \cosh t\, dt + \frac{3}{2}\cdot\frac{1}{2}\int \cosh 2t\, d2t + \int(1 + \sinh^2 t)\cosh t\, dt$

$$\boxed{\text{Sub.} \quad \sinh t = z \implies dz = \cosh t\, dt}$$

$= \frac{5}{2}t+3\sinh t+\frac{3}{4}\sinh 2t+ \int(1+z^2)dz$

$= \frac{5}{2}t+3\sinh t+\frac{3}{4}\sinh 2t+z+\frac{z^3}{3}+c$

$= \frac{5}{2}t+3\sinh t+\frac{3}{4}\sinh 2t+\sinh t+\frac{1}{3}\sinh^3 t + c$

$= \frac{5}{2}t+4\sinh t+\frac{1}{3}\sinh^3 t+\frac{3}{4}\sinh 2t+c$

Rotation einer parametrisch definierten Kurve um die Abszisse

Definition der rotierenden Kurve und ihres Plots fuer a=1 und Berechnung des Volumens fuer a= 1:

```
a=1;    x[t_]:=a (t+Sinh[t]);   y[t_]:=a (1+Cosh[t]);
K=ParametricPlot[{x[t],y[t]},{t,0,2},AxesLabel->{"x","y"}];

a=a1;V=Pi Integrate[y[t]^2 x'[t], {t,0,2}]//N
```

$$175.545 \ a1^3$$

Einschlieung der erzeugenden Flaeche durch einen Polygonzug mit den Punkten Ta:

```
a=1;    T1=Table[N[{x[n 0.05],y[n 0.05]}],{n,0,40}];
Ta=Join[{{0,0}},T1,{{5.63,0}}]; Poly=Polygon[Ta];
F=Graphics[{GrayLevel[0.6],Poly},Frame->True];
```

Plotten der rotierenden Kurve und erzeugenden Flaeche:

```
Show[GraphicsArray[{K,F}]]
```

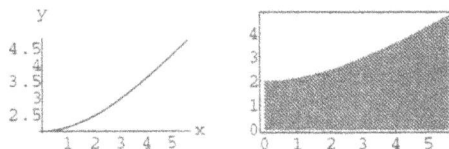

3D Plot des Rotationskoerpers

```
y1[t_,p_]:=y[t] Cos[p]; z1[t_,p_]:=y[t] Sin[p];
ParametricPlot3D[{x[t],y1[t,p],z1[t,p]},{t,0,2},{p,0,2 Pi},
       AxesLabel->{"x","y","z"},PlotPoints->37, FaceGrids->All]
```

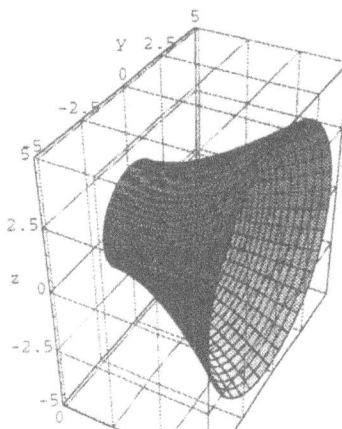

Aufstellen des Differentialgleichungssystems

```
x[t_]:=a (t+Sinh[t]); y[t_]:=a (1+ Cosh[t]);
{x'[t], y'[t] }
{a (1 + Cosh[t]), a Sinh[t]}
```

Wie man sieht, kann das Problem durch das folgende Differentialgleichungssystem und das Anfangswertproblem 1 beschrieben werden.
Die ergaenzende Rechnung von AW-Problem 2 zeigt, dass eine geringfuegige Aenderung der Anfangswerte eine voellig andersartige Loesungsfunktion liefert.

Differentialgleichungssystem	Anfangswerte 1	Anfangswerte 2
$u'[t] = v[t]$	$u[0] = 0$	$u[0] = 0$
$v'[t]=u[t] - a\,t$	$v[0] = 2\,a$	$v[0] = a$

Allgemeines Integral des Differentialgleichungssystems

```
DSolve[{u'[t]==v[t],v'[t]==u[t]-a t},{u[t],v[t]},t]
```

$$\left\{\left\{u[t] \rightarrow a\ t - \frac{C[1]}{E^t} + E^t\ C[2],\ v[t] \rightarrow a + \frac{C[1]}{E^t} + E^t\ C[2]\right\}\right\}$$

Loesung des Anfangswertproblems 1

```
dg1=DSolve[{u'[t]==v[t],v'[t]==u[t]-a t,u[0]==0,v[0]==2a},
        {u[t],v[t]},t]
```

$$\left\{\left\{u[t] \rightarrow \frac{-a}{2\ E^t} + \frac{a\ E^t}{2} + a\ t,\ v[t] \rightarrow a + \frac{a}{2\ E^t} + \frac{a\ E^t}{2}\right\}\right\}$$

Wie man sieht, erhaelt man die urspruenglich gegebenen Funktionen u[t] = x[t], v[t] = y[t], wenn man die Definitionsgleichungen fuer Sinh[t] und Cosh[t] einsetzt

Plot der Loesung des Anfangswertproblems 1 fuer den Parameterwert a=1

```
a=1;
ParametricPlot[{Evaluate[u[t]],Evaluate[v[t]]}/.dg,{t,0,2}]
```

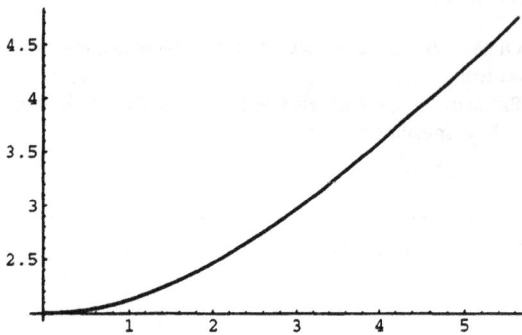

Loesung des Anfangswertproblems 2

```
a=.; dg2=DSolve[{u'[t]==v[t],v'[t]==u[t]-a t,u[0]==0,v[0]==a},
        {u[t],v[t]},t]

{{u[t] -> a t, v[t] -> a}}
```

Aufgabe I79:

Berechnen Sie das allgemeine Integral der folgenden DG_n:

1. $y' = (\frac{y}{x} + \frac{1}{2})^2$

2. $y' = \frac{2}{3}\sinh^2(2x + 3y - 2)$

Lösung:

1. DG: $y' = (\frac{y}{x} + \frac{1}{2})^2$

$\boxed{\text{Sub.} \quad u = \frac{y}{x}} \quad \Longrightarrow y = u \cdot x \Longrightarrow y' = u' \cdot x + u$

$\Longrightarrow u'x + u = (u+\frac{1}{2})^2 \Longrightarrow \frac{du}{dx} = \frac{u^2+u+\frac{1}{4}-u}{x} = \frac{u^2+\frac{1}{4}}{x}$

Separation der Variablen:

$\int \frac{du}{\frac{1}{4}+u^2} = \int \frac{dx}{x} \Longrightarrow \int \frac{\frac{1}{2}d2u}{\frac{1}{4}(1+(2u)^2)} = \int \frac{dx}{x}$

$\Longrightarrow 2\arctan 2u = \ln|x|+c_1 = \ln|x|+\ln c = \ln c\,|x|$

$\boxed{c > 0}$

$\Longrightarrow \quad 2u = 2\frac{y}{x} = \tan\left(\frac{\ln c|x|}{2}\right)$

$\Longrightarrow y = \frac{1}{2}x\tan(\frac{1}{2}\ln c|x|),\ .c > 0$

ist das allgemeine Integral der DG.

2. DG: $y' = \frac{2}{3}\sinh^2(2x + 3y - 2)$

$\boxed{\text{Sub.:} \quad u = 2x + 3y - 2} \quad \Longrightarrow u' = 2 + 3y'$

$\Longrightarrow y' = \frac{1}{3}(u'-2) = \frac{2}{3}\sinh^2 u \Longrightarrow$

$\Longrightarrow u' = \frac{du}{dx} = 2+2\sinh^2 u = 2(1+\sinh^2 u) = 2\cosh^2 u$

$\Longrightarrow \int \frac{du}{\cosh^2 u} = 2\int dx \Longrightarrow \tanh u = 2x + c, \quad c \in \mathbb{R}$

$\Longrightarrow u = 2x + 3y - 2 = \text{artanh}(2x+c)$

$\Longrightarrow y = \frac{1}{3}[\text{ar}\,\tanh(2x + c) + 2 - 2x]$

Aufgabe I80:

Lösen Sie die folgende inhomogene DG nach der Methode
der Variation der Konstanten:

DG: $y' + xy + x^3 = 0$ AB: $x_0 = 0$, $y_0 = 1$

Lösung:

DG: $y' + xy - x^3 = 0$

1. Schritt:

Berechnung des allgemeinen Integrals y_{ah} der
homogenen   DG: $y' + xy = 0$
durch Separation der Variablen

$\frac{dy}{dx} = -xy \implies \int \frac{dy}{y} = -\int x\,dx \implies \ln|y| = \frac{-x^2}{2} + c_1, \ c_1 \in \mathbb{R}$

$\implies |y| = e^{-\frac{x^2}{2}+c_1} = e^{-\frac{x^2}{2}} \cdot e^{c_1} = e^{-\frac{x^2}{2}} \cdot c_2, \ c_2 > 0$

$\implies y = \pm c_2 e^{-\frac{x^2}{2}} = c_3 e^{-\frac{x^2}{2}}, \ c_3 \in \mathbb{R}\setminus\{0\}$

Ferner sieht man, daß für $y = 0 \implies y' = 0 \implies 0 + x0 = 0$
auch eine Lösung erhalten wird, sodaß c sogar den
Wert 0 annehmen kann.

Das allgemeine Integral der homogenen DG lautet
daher:
$$y_{ah} = ce^{-\frac{x^2}{2}}, \ c \in \mathbb{R}$$

2. Schritt:

Berechnung eines partikulären Integrals der inhomogenen
DG: $y' + xy = -x^3$ durch Variation der Konstante c in y_{ah}

Ansatz: $y = c(x)e^{-\frac{x^2}{2}}$

$\implies y' = c'e^{-\frac{x^2}{2}} + c \cdot e^{-\frac{x^2}{2}} \cdot (-2x) \cdot \frac{1}{2}$

$\quad = c'e^{-\frac{x^2}{2}} - cxe^{-\frac{x^2}{2}}$

$\implies c'e^{-\frac{x^2}{2}} - cxe^{-\frac{x^2}{2}} + xce^{-\frac{x^2}{2}} = -x^3$

$\implies c' = -x^3 e^{\frac{x^2}{2}}$

$$\Rightarrow \quad c(x) = -\int x^3 e^{\frac{x^2}{2}}\, dx = -\int x^2 \cdot xe^{\frac{x^2}{2}}\, dx$$

$$\boxed{\begin{array}{l} u = x^2 \quad \Rightarrow \quad u' = 2x \\ v' = xe^{\frac{x^2}{2}} \quad \Rightarrow \quad v = e^{\frac{x^2}{2}} \end{array}}$$

$$= -(x^2 e^{\frac{x^2}{2}} - 2\int xe^{\frac{x^2}{2}}\, dx) = -x^2 e^{\frac{x^2}{2}} + 2e^{\frac{x^2}{2}} + c_4$$

$$= (2-x^2)e^{\frac{x^2}{2}} + c_4$$

Es kann $c_4 = 0$ gesetzt werden, da nur ein partikuläres Integral interessiert.

Die partikuläre Lösung lautet:

$$y_{pi} = c(x)e^{-\frac{x^2}{2}} = (2-x^2)e^{\frac{x^2}{2}}e^{-\frac{x^2}{2}} = 2 - x^2$$

Das allgemeine Integral der inhomogenen DG lautet daher:

$$y_{ai} = y_{pi} + y_{ah} = 2-x^2 + ce^{-\frac{x^2}{2}}, \quad c \in \mathbb{R}$$

Überprüfen Sie, daß für jedes $c \in \mathbb{R}$ y_{ai} die DG erfüllt!

3. Schritt:

Festlegen der Konstanten, sodaß das Anfangswertproblem $x_0 = 0$, $y_0 = 1$ erfüllt wird.

$$1 = (2-0^2) + ce^{-\frac{0^2}{2}} \Rightarrow 1 = 2 + c \Rightarrow c = -1$$

Ergebnis:

Die Funktion $y = 2 - x^2 - e^{-\frac{x^2}{2}}$ löst die DG und das angegebene Anfangswertproblem.

Loesung mit Mathematica

Loesung des Anfangswertproblems und Plot der Kurve

```
DG80=DSolve[{y'[x]+x y[x]+x^3==0,y[0]==1},y[x],x]
```

$$\{\{y[x] \rightarrow 2 - E^{-x^2/2} - x^2\}\}$$

```
Plot[Evaluate[y[x]/.DG80],{x,-3,5}]
```

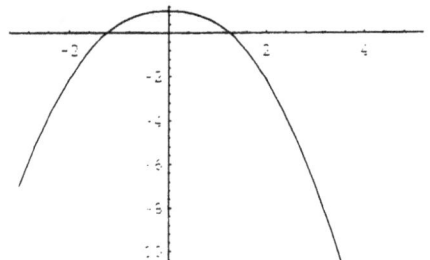

Aufgabe I81:

Ein Schwingungsproblem genügt der

DG: $\dot{y} + 4y = \frac{1}{5}\sin4t$

Berechnen Sie die Lösung $y(t)$, welche die

AB: $y(0) = 1$
erfüllt.

Lösung:

1. DG: $\dot{y} + 4y = \frac{1}{5}\sin4t \quad y(0) = 1$

   Homogene DG: $\dot{y} = \frac{dy}{dt} = -4y \Rightarrow \int \frac{dy}{y} = -4 \int dt$

   $\Rightarrow \ln|y| = -4t + c_1, \ c_1 \in IR \Rightarrow$

   $\qquad |y| = e^{-4t+c_1} = e^{-4t}e^{c_1} = e^{-4t} \cdot c_2, \ c_2 \in IR$

   $\Rightarrow y = \pm c_2 e^{-4t} = ce^{-4t}, \ c \in IR$

   $\Rightarrow y_{ah} = ce^{-4t}$ ist das allgemeine Integral der
   $\qquad\qquad\qquad$ homogenen DG.

   Partikuläre Lösung der inhomogenen DG:

   $y = c(t)e^{-4t} \Rightarrow \dot{y} = \dot{c}e^{-4t} + ce^{-4t}(-4)$

   $\Rightarrow \dot{c}e^{-4t} - 4ce^{-4t} + 4ce^{-4t} = \frac{1}{5}\sin4t$

   $\Rightarrow \dot{c} = \frac{1}{5}\sin4t \, e^{4t} \Rightarrow c(t) = \frac{1}{40}e^{4t}(\sin4t - \cos4t)$

N.R.:

Die Integration erfolgt hier über komplexe Funktionen.
Es geht aber auch ohne diese.

$$\dot{v} = \sin4t \, e^{4t}$$

Hilfsfunktionen $\quad \dot{u} = \cos4t \, e^{4t}$

$$\dot{z} = \dot{u} + i\dot{v} \qquad i = \text{imaginäre Einheit}$$

$$= e^{4t}(\cos4t + i\sin4t)$$

$$= e^{4t} \, e^{i \cdot 4t} = e^{4t(1+i)}$$

$$\Rightarrow \quad z(t) = u(t) + iv(t) = \int e^{4t(1+i)} \, dt =$$

$$= \frac{1}{4(1+i)} \int e^{4t(1+i)} d(4t(1+i))$$

$$= \frac{1}{4(1+i)} e^{4t(1+i)} + c_1, \quad c_1 = 0 \text{ möglich}$$

$$= \frac{1-i}{4(1+i)(1-i)} e^{4t+4ti} = \frac{1}{4(1-i^2)} (1-i) e^{4t} \cdot e^{4ti} \qquad \boxed{i^2 = -1}$$

$$= \frac{e^{4t}}{8} (1-i)(\cos4t + i\sin4t) = \frac{e^{4t}}{8} (\cos4t + i\sin4t - i\cos4t - i^2\sin4t)$$

$$\Rightarrow \quad v = \int \sin4t \, e^{4t} dt = \frac{e^{4t}}{8} (\sin4t - \cos4t)$$

Berechnen Sie zur Überprüfung die Ableitungen

Ende der N.R.

Das partikuläre Integral der inhomogenen DG lautet:

$$y_{pi} = \tfrac{1}{40} e^{4t} (\sin4t - \cos4t) \, e^{-4t}$$

$$= \tfrac{1}{40} (\sin4t - \cos4t)$$

Für das allgemeine Integral erhält man dann:

$$y_{ai} = y_{pi} + y_{ah} = \tfrac{1}{40}(\sin4t - \cos4t) + ce^{-4t}, \quad c \in \mathbb{R}$$

Bestimmung von c aus dem Anfangswertproblem:

$$y(0) = 1 = \tfrac{1}{40}(\sin0 - \cos0) + ce^{-0} \Rightarrow$$

$$1 = \tfrac{1}{40}(-1) + c \Rightarrow c = \tfrac{41}{40}$$

Ergebnis: $\quad y = \tfrac{1}{40}(\sin4t - \cos4t) + \tfrac{41}{40} e^{-4t}$

$$= \tfrac{1}{40}(\sin4t - \cos4t + 41e^{-4t})$$

Loesung mit Mathematica

```
DG80=DSolve[{y'[t]+4y[t]==Sin[4 t]/5,y[0]==1},y[t],t]
            41        Cos[4 t]   Sin[4 t]
{{y[t] -> ------- - -------- + --------}}
           4 t         40         40
       40 E
Plot[Evaluate[y[t]/.DG80],{t,-Pi/5,Pi/5}]
```

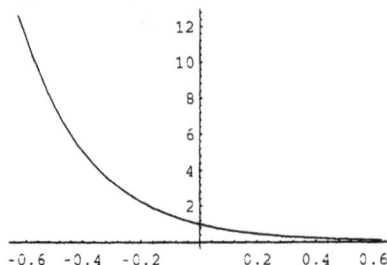

Aufgabe I82:

Ermitteln Sie das allgemeine Integral der folgenden
homogen linearen Differentialgleichung 2-Ordnung mit
konstanten Koeffizienten
$$y'' - 3y' - 4y = 0$$
und berechnen Sie jene Lösungsfunktion, welche das
Anfangsproblem
$$x_0 = 1 \quad y_0 = -1 \quad y_0' = 2$$
erfüllt.

Lösung:

DG: $y'' - 3y' - 4y = 0$

characteristisches Polynom:

$$k^2 - 3k - 4 = 0 \implies k_{1,2} = \frac{3 \pm \sqrt{9+16}}{2} = \frac{3 \pm 5}{2}$$

$$k_1 = -1, \quad k_2 = 4$$

Allgemeines Integral der DG:

$$y = c_1 e^{-x} + c_2 e^{4x}$$

Lösung des AP:

$$x_0 = 1$$

$$\implies y_0 = -1 = c_1 e^{-1} + c_2 e^4$$

$$\implies y_0' = 2 = [-c_1 e^{-x} + 4c_2 e^{4x}]_{x=1} = -c_1 e^{-1} + 4 c_2 e^4$$

c_1, c_2 werden aus dem folgenden linearen Gleichungssystem bestimmt (welches bei DG höherer Ordnung nach
dem Gauß-Jordan Verfahren zu lösen ist.)

$$\begin{array}{l} c_1 e^{-1} + c_2 e^4 = -1 \\ \underline{-c_1 e^{-1} + 4 c_2 e^4 = 2} \end{array} \quad \begin{array}{l} \implies 5 c_2 e^4 = 1 \implies c_2 = \frac{1}{5} e^{-4} \\ \implies c_1 e^{-1} + \frac{1}{5} e^{-4} e^4 = -1 \\ \implies c_1 = (-1 - \frac{1}{5}) e^1 = -\frac{6}{5} e \end{array}$$

Die Lösungsfunktion lautet:
$$y = -\frac{6}{5} e \cdot e^{-x} + \frac{1}{5} e^{-4} e^{4x} = -\frac{6}{5} e^{1-x} + \frac{1}{5} e^{-4+4x}$$
$$= -\frac{6}{5} e^{1-x} + \frac{1}{5} e^{-4(1-x)}$$
$$= -3,2619 e^{-x} + 0,0037 e^{4x}$$

Loesung mit Mathematica

Loesung der DG und des Anfangswertproblems

```
DSolve[y''[t]-3 y'[t]-4y[t]==0,y[t],t]
          C[1]    4 t
{{y[t] -> ---- + E     C[2]}}
           t
          E
DG82a=DSolve[{y''[t]-3y'[t]-4 y[t]==0,y[1]==-1,y'[1]==2},y[t],t]
          -4 - t        5     5 t
         E        (-6 E  + E    )
{{y[t] -> ----------------------}}
                    5
Plot[Evaluate[y[t]/.DG82a],{t,-3,3},PlotPoints->100]
```

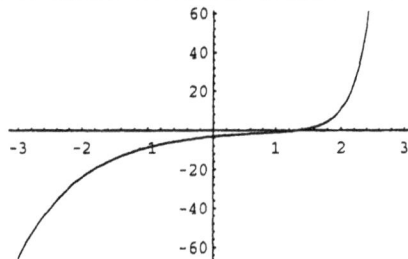

Aufgabe I83:

Berechnen Sie das allgemeine Integral der folgenden
homogenen DGn 2-Ordnung mit konstanten Koeffizienten.
Stellen Sie im Schwingungsfall die Koeffizienten durch
die Amplitude und Phase dar.

1. $y'' - 6y' - 16y = 0$

2. $y'' - 6y' + 9y = 0$

3. $y'' - 6y' + 25y = 0$

Ermitteln Sie in 3. die Lösung der Ap: $x_0 = 0, y_0 = 0, y_0' = 2$

Lösung:

1. DG: $y'' - 6y' - 16y = 0$

    charakteristisches Polynom:

    $$k^2 - 6k - 16 = 0 \implies k_{1,2} = \frac{6 \pm \sqrt{36+64}}{2} \implies \begin{array}{l} k_1 = -2 \\ k_2 = 8 \end{array}$$

    Allgemeines Integral der DG:

    $y = c_1 e^{-2x} + c_2 e^{8x}$

2. DG: $y'' - 6y' + 9y = 0$

    charakteristisches Polynom:

    $$k^2 - 6k + 9 = 0 \implies k_{1,2} = \frac{6 \pm \sqrt{36-36}}{2} = 3$$

    Allgemeines Integral der DG:

    $y = c_1 e^{3x} + c_2 \cdot x \cdot e^{3x} = (c_1 + c_2 x) e^{3x}$

3. DG: $y'' - 6y' + 25y = y'' + a_1 y' + a_0 y = 0$

    charakteristisches Polynom:

    $$k^2 - 6k + 25 = 0 \implies k_{1,2} = \frac{6 \pm \sqrt{36-100}}{2} = 3 \pm 4i = -\delta \pm i\omega$$

    $\implies \delta = -3, \quad \omega = 4$

    Allgemeines Integral der DG:

    $y = c_1 e^{-\delta x} \cos\omega x + c_2 e^{-\delta x} \sin\omega x$

    $ = e^{-\delta x} (c_1 \cos\omega x + c_2 \sin\omega x)$

    $ = e^{3x} (c_1 \cos 4x + c_2 \sin 4x)$

Ausdrücke der Art:

$\qquad$ A $\cos \omega t$ + B $\sin \omega t$,

welche die Überlagerung zweier Schwingungen gleicher Frequenz $f = \frac{\omega}{2\pi}$ mit verschiedenen Amplituden A,B und einer Phasenverschiebung von $\frac{\pi}{2}$ darstellen, werden gerne in einem Ausdruck der Art

$\qquad$ a $\sin(\omega t + \mathcal{P})$

umgewandelt, in welchem a die Amplitude und $\mathcal{P}$ die Phase der erhaltenen Schwingung bedeutet:

In $c_1\cos 4x + c_2\sin 4x$ setzen wir

$\qquad c_1 = a\sin\mathcal{P}$, $\quad c_2 = a\cos\mathcal{P}$ $\implies \tan\mathcal{P} = \frac{c_1}{c_2} \implies \boxed{\mathcal{P} = \arctan\frac{c_1}{c_2}}$

$\qquad\qquad\qquad\qquad \implies c_1^2 + c_2^2 = a^2 \implies \boxed{a = \sqrt{c_1{}^2 + c_2{}^2}}$

$\implies$ a$(\sin\mathcal{P}\cos 4x + \cos\mathcal{P}\sin 4x) = a\sin(4x+\mathcal{P})$.

Die Amplitude a und die Phase $\mathcal{P}$ sind neue, aussagefähigere Parameter für das allgemeine Integral der DG.

Ergebnis:

$\qquad$ $y = a \cdot e^{3x} \cdot \sin(4x + \mathcal{P})$

Dies ist eine Schwingung der Frequenz $f = \frac{4}{2\pi} = 0,64$, der Phase $\mathcal{P}$ und der mit x zunehmenden Amplitude $a \cdot e^{3x}$

Loesung mit Mathematica

Automatische Loesung des Anfangswertproblems für x0=0,y0=0,y0'=2

```
D833=DSolve[{y''[x]-6 y'[x]+25 y[x]==0,y[0]==0,y'[0]==2},y[x],x]
              3 x
            E    Sin[4 x]
((y[x] -> -------------))
               2
Plot[Evaluate[y[x]/.D833],{x,-2,2},PlotPoints->100]
```

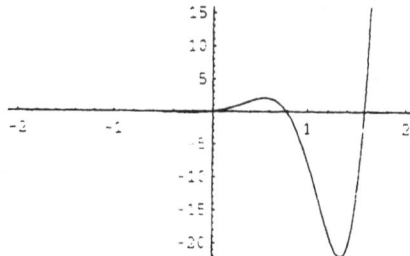

Aufgabe I84:

Berechnen Sie die Lösung des folgenden Anfangsproblems,
indem Sie eine partikuläre Lösung der inhomogenen DG
nach der Methode der Variation der Kostanten bestimmen.

DG: $y'' - 6y' - 16y = e^x$

AP:

AW: $x_0 = 0$, $y(0) = -\frac{1}{21}$, $y'(0) = \frac{209}{21}$

Lösung:

DG: $y'' - 6y' - 16y = e^x$

Allgemeines Integral der homogenen DG:

$y_{ah} = c_1 e^{-2x} + c_2 e^{8x}$ (siehe Aufg. I83.1)

Berechnung des partikulären Integrals der inhomogenen
DG durch Variation der Konstanten:

Da nur eine Lösung gesucht ist, setzen wir $c_2 = 0$ und
variieren $c_1(x)$:

$y = c_1(x) e^{-2x}$

$\Longrightarrow y' = c_1' e^{-2x} - 2c_1 e^{-2x} = (c_1' - 2c_1) e^{-2x}$

$\Longrightarrow y'' = c_1'' e^{-2x} - 2c_1' e^{-2x} - 2c_1' e^{-2x} + 4c_1 e^{-2x}$

$\quad = c_1'' e^{-2x} - 4c_1' e^{-2x} + 4c_1 e^{-2x}$

$\quad = (c_1'' - 4c_1' + 4c_1) e^{-2x}$

Aus der DG erhält man dann:

$(c_1'' - 4c_1' + 4c_1 - 6c_1' + 12c_1 - 16c_1) e^{-2x} = e^x$

$\Longrightarrow (c_1'' - 10c_1') e^{-2x} = e^x$

$\Longrightarrow c_1'' - 10c_1' = e^{3x}$

Substitution $u = c_1'$

$\Longrightarrow u' - 10u = e^{3x}$

homogene DG: $\frac{du}{dx} - 10u = 0 \Longrightarrow \frac{du}{u} = 10 \; dx \Longrightarrow$

$\ln|u| = 10x + d_1 \Longrightarrow |u| =$

$= e^{10x+d_1} = e^{10x} \cdot e^{d_1}$

$\Longrightarrow u = \pm e^{d_1} e^{10x} = d e^{10x}$

inhomogene DG: $u = d(x) e^{10x} \Longrightarrow u' = d' e^{10x} + 10 d e^{10x}$

$\Longrightarrow d' e^{10x} + 10 d e^{10x} - 10 d e^{10x} = e^{3x} \Longrightarrow d' = e^{-7x}$

$\Longrightarrow d = -\frac{1}{7} e^{-7x} + d_0$, $d_0 = 0$ möglich

$\Longrightarrow u_{part} = -\frac{1}{7} e^{-7x} e^{10x} = -\frac{1}{7} e^{3x}$

Zur Bestimmung von c_1' genügt eine partikuläre Lösung.

$\Longrightarrow c_1' = u = -\frac{1}{7}e^{3x} \Longrightarrow c_1 = -\frac{1}{21}e^{3x}+c_0$, $c_0 = 0$ möglich

Eine partikuläre Lösung der inhomogenen DG lautet:

$$y_{pi} = -\frac{1}{21}e^{3x}e^{-2x} = -\frac{1}{21}e^{x}$$

Allgemeines Integral der DG:

$$y = y_{pi} + y_{ah} = -\frac{1}{21}e^{x} + c_1 e^{-2x} + c_2 e^{8x}$$

Lösung der AP:

$$y(0) = -\frac{1}{21} + c_1 + c_2 = -\frac{1}{21}$$

$$y'(0) = [-\frac{1}{21}e^{x} - 2c_1 e^{-2x} + 8c_2 e^{8x}]_{x=0}$$

$$= -\frac{1}{21} - 2c_1 + 8c_2 = \frac{209}{21}$$

$\Longrightarrow c_1 + c_2 = 0 \Longrightarrow c_1 = -c_2$

$-2c_1 + 8c_2 = 2c_2 + 8c_2 = 10 \Longrightarrow 10c_2 = 10 \Longrightarrow c_2 = 1$

$\Longrightarrow c_1 = -1$

Ergebnis: Die Funktion

$$y = f(x) = -\frac{1}{21}e^{x} - e^{-2x} + e^{8x}$$

löst das gestellte Anfangswertproblem.

(Überprüfen Sie, daß f(x) die DG und das AP erfüllen.

Loesung mit Mathematica

```
DSolve[y''[x]-6 y'[x] - 16 y[x]==Exp[x],y[x],x]
                  x
                -E      C[1]      8 x
{{y[x] -> --- + ---- + E      C[2]}}
                 21       2 x
                         E
```

```
dg84=DSolve[{y''[x]-6 y'[x]-16 y[x]==Exp[x],y[0]==-1/21,
          y'[0]==209/21},y[x],x]
                  x
                 E      8 x
{{y[x] -> -E      - -- + E     }}
            -2 x    21
```

```
Plot[Evaluate[y[x]/.dg84],{x,0,1.5},PlotPoints->100]
```

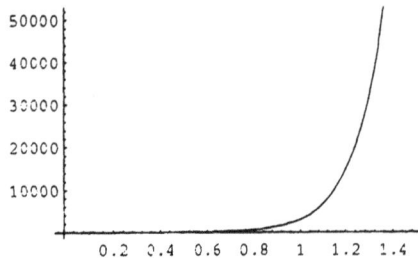

Aufgabe I85:

Berechnen Sie das allgemeine Integral der folgenden
linearen homogenen Differentialgleichungen:

1. $y'' + 3y' + 2y = (1+x)e^{2x}$

2. $y'' + 3y' + 2y = (1+x)e^{-2x}$

Erstellen Sie die Lösungskurven für $y(1)=2$, $y'(1)=1$

Lösung:

1. DG: $y'' + 3y' + 2y = (1+x)e^{2x} = P_1(x)e^{2x}$

    homogene DG: $y'' + 3y' + 2y = 0$

    charakteristisches Polynom:

$$k^2 + 3k + 2 = 0 \implies k_{1,2} = \frac{-3 \pm \sqrt{9-8}}{2}$$

$$\implies k_1 = -2, \quad k_2 = -1$$

Allgemeines Integral der homogenen DG:

$$y_{ah} = c_1 e^{-2x} + c_2 e^{-x}$$

Inhomogene DG:

Berechnung des partikulären Integrals:

Der Koeffizient $\alpha = 2$ in e^{2x} ist keine Lösung des
charakteristischen Polynoms.

$$\implies y_{pi} = B_1(x)e^{2x} = (b_0 + b_1 x)e^{2x}$$

$$\implies y_{pi}' = b_1 e^{2x} + 2(b_0 + b_1 x)e^{2x} = (2b_0 + b_1 + 2b_1 x)e^{2x}$$

$$\implies y_{pi}'' = 2b_1 e^{2x} + 2(2b_0 + b_1 + 2b_1 x)e^{2x}$$

$$= (4b_0 + 4b_1 + 4b_1 x)e^{2x}$$

Aus der DG erhält man mittels Koeffizientenvergleich:

$$(4b_0 + 4b_1 + 4b_1 x + 6b_0 + 3b_1 + 6b_1 x + 2b_0 + 2b_1 x)e^{2x}$$
$$= (12b_0 + 7b_1 + 12b_1 x)e^{2x} = (1+x)e^{2x}$$

$$\left.\begin{array}{l} \implies 12b_0 + 7b_1 = 1 \\ 12b_1 \quad\;\; = 1 \implies b_1 = \frac{1}{12} \end{array}\right\} \implies 12b_0 = 1 - \frac{7}{12} = \frac{5}{12}$$
$$\implies b_0 = \frac{5}{144}$$

Partikuläres Integral:

$$y_{pi} = \left(\frac{5}{144} + \frac{1}{12}x\right)e^{2x} = \frac{1}{144}(5 + 12x)e^{2x}$$

Allgemeines Integral der inhomogenen DG:

$$y_{ai} = y_{pi} + y_{ah} = \tfrac{1}{144}(5 + 12x)e^{2x} + c_1e^{-2x} + c_2e^{-x}$$

2. DG: $y'' + 3y' + 2y = (1+x)e^{-2x}$

<u>Homogene DG:</u> $y'' + 3y' + 2y = 0$

Allgemeines Integral der homogenen DG:

$$y_{ah} = c_1e^{-2x} + c_2e^{-x}$$

<u>Inhomogene DG:</u>

Berechnung eines partikulären Integrals:

Der Koeffizient $\propto$ = -2 in $(1+x)e^{-2x}$ ist eine
einfache Lösung des charakteristischen Polynoms.

$$\Rightarrow y_{pi} = xB_1(x)e^{-2x} = x(b_0+b_1x)e^{-2x} =$$
$$= (b_0x+b_1x^2)e^{-2x}$$

$$\Rightarrow y_{pi}{}' = (b_0+2b_1x)e^{-2x}-2(b_0x+b_1x^2)e^{-2x}$$
$$= (b_0+2(b_1-b_0)x-2b_1x^2)e^{-2x}$$

$$\Rightarrow y_{pi}{}'' = (2(b_1-b_0)-4b_1x)e^{-2x}-2(b_0+2(b_1-b_0)x-2b_1x^2)e^{-2x}$$
$$= (2(b_1-2b_0)-4(2b_1-b_0)x+4b_1x^2)e^{-2x}$$

Einsetzen in DG und Koeffizientenvergleich:

$$(2(b_1-2b_0)-4(2b_1-b_0)x+4b_1x^2+3b_0+6(b_1-b_0)x-6b_1x^2+2b_0x+2b_1x^2)$$
$$e^{-2x}$$

$$= ((2b_1-b_0)-2b_1x+0\cdot x^2)e^{-2x} = (1+x)e^{-2x}$$

$$\Rightarrow 2b_1 - b_0 = 1 \quad \Rightarrow -1-b_0 = 1 \Rightarrow b_0 = -2$$
$$-2b_1 \quad = 1 \quad \Rightarrow \quad b_1 = -\tfrac{1}{2}$$

Partikuläres Integral der inhomogenen DG:

$$y_{pi} = x(-2-\tfrac{1}{2}x)e^{-2x} = -\tfrac{x}{2}(4+x)e^{-2x}$$

Allgemeines Integral der inhomogenen DG:

$$y_{ai} = y_{pi}+y_{ah} = -\tfrac{x}{2}(4+x)e^{-2x}+c_1e^{-2x}+c_2e^{-x}$$
$$= (c_1-2x-\tfrac{x^2}{2})e^{-2x}+c_2e^{-x}$$

Loesung mit Mathematica

Automatische Loesung der DG's und der AP's

1: `DSolve[y''[x]+3y'[x]+2y[x]==(1+x)Exp[2x],y[x],x]`

$$\{\{y[x] \rightarrow \frac{5\,E^{2\,x}}{144} + \frac{E^{2\,x}\,x}{12} + \frac{C[1]}{E^{2\,x}} + \frac{C[2]}{E^{x}}\}\}$$

`dg851=DSolve[{y''[x]+3y'[x]+2y[x]==(1+x)Exp[2x],`
`        y[1]==2,y'[1]==1},y[x],x]`

$$\{\{y[x] \rightarrow \frac{5\,E^{2\,x}}{144} + \frac{5\,E - \frac{5\,E^{3}}{9}}{E^{x}} + \frac{-3\,E^{2} + \frac{7\,E^{4}}{16}}{E^{2\,x}} + \frac{E^{2\,x}\,x}{12}\}\}$$

`Plot[Evaluate[y[x]/.dg851],{x,-2,2},PlotPoints->100]`

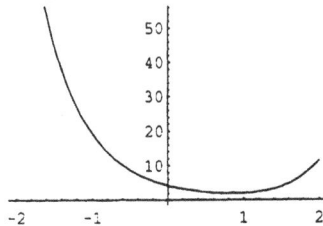

2: `DSolve[y''[x]+3y'[x]+2y[x]==(1+x)Exp[-2x],y[x],x]`

$$\{\{y[x] \rightarrow \frac{-4\,x - x^{2} + 2\,C[1] + 2\,E^{x}\,C[2]}{2\,E^{2\,x}}\}\}$$

`dg852=DSolve[{y''[x]+3y'[x]+2y[x]==(1+x) Exp[-2x],`
`        y[1]==2,y'[1]==1},y[x],x,{x,0,2}]`

$$\{\{y[x] \rightarrow$$
$$\frac{E^{-1-2\,x}\,(-E - 6\,E^{3} + 6\,E^{x} + 10\,E^{2+x} - 4\,E\,x - E\,x^{2})}{2}\}\}$$

`Plot[Evaluate[y[x]/.dg852],{x,-1,2},PlotPoints->100]`

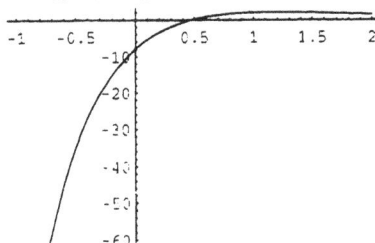

Aufgabe I86:

Berechnen Sie das allgemeine Integral der linearen inhomogenen DG:

$$y'' + 2y' + 5y = \sin 2x + (1-x)\cos 2x$$

Welche Lösung der DG erfüllt die AW:

$$x_0 = 0, \quad y_0 = 37, \quad y_0' = 0?$$

Lösung:

1. DG: $y'' + 2y' + 5y = \sin 2x + (1-x)\cos 2x$

   Homogene DG: $y'' + 2y' + 5y = 0$

   charakteristisches Polynom:

   $$k^2 + 2k + 5 = 0$$
   $$\Longrightarrow k_{1,2} = \frac{-2 \pm \sqrt{4-20}}{2} = -1 \pm 2i = -\delta \pm i\omega$$
   $$\delta = 1, \quad \omega = 2$$

   Allgemeine Lösung der inhomogenen DG:

   $$\begin{aligned} y_{ah} &= e^{-\delta x}(c_1 \cos\omega x + c_2 \sin\omega x) \\ &= e^{-\delta x} \cdot a \sin(\omega x + \vartheta) \\ &\quad a e^{-x} \sin(2x + \vartheta) \end{aligned}$$

   Inhomogene DG: $y'' - 2y' + 5y = \sin 2x + (1-x)\cos 2x$
   $$= P_0 \sin 2x + Q_1 \cos 2x$$
   $$m = \max(0,1) = 1$$

   Der Koeffizient $i\beta = 2i$, $\beta = 2$ wegen ($\sin\beta x = \sin 2x$, $\cos\beta x = \cos 2x$) ist keine Lösung des charakteristischen Polynoms.

   $$\begin{aligned} \Longrightarrow y_{pi} &= B_1 \sin\beta x + C_1 \cos\beta x \\ &= (b_0 + b_1 x)\sin 2x + (c_0 + c_1 x)\cos 2x \end{aligned}$$
   $$\begin{aligned} \Longrightarrow y_{pi}' &= b_1 \sin 2x + 2(b_0 + b_1 x)\cos 2x + c_1 \cos 2x - 2(c_0 + c_1 x)\sin 2x \\ &= (b_1 - 2c_0 - 2c_1 x)\sin 2x + (2b_0 + c_1 + 2b_1 x)\cos 2x \end{aligned}$$
   $$\begin{aligned} \Longrightarrow y_{pi}'' &= -2c_1 \sin 2x + 2(b_1 - 2c_0 - 2c_1 x)\cos 2x \\ &\quad + 2b_1 \cos 2x - 2(2b_0 + c_1 + 2b_1 x)\sin 2x \\ &= (-4c_1 - 4b_0 - 4b_1 x)\sin 2x + (4b_1 - 4c_0 - 4c_1 x)\cos 2x \end{aligned}$$

Einsetzen in die DG und Koeffizientenvergleich:

$y_{pi}" + 2y_{pi} + 5y_{pi} =$

$(-4c_1-4b_0-4b_1x+2b_1-4c_0-4c_1x+5b_0+5b_1x)\sin 2x$

$+ (4b_1-4c_0-4c_1x +4b_0+2c_1+4b_1x+5c_0+5c_1x)\cos 2x$

$= [b_0+2b_1-4c_0-4c_1+(b_1-4c_1)x]\sin 2x$

$+ [4b_0+4b_1+c_0+2c_1+(4b_1+c_1)x]\cos 2x$

$= \sin 2x + (1-x)\cos 2x$

$\Longrightarrow$ $b_0+2b_1-4c_0-4c_1 = 1$

$\qquad b_1 \qquad -4c_1 = 0$

$4b_0+4b_1+ c_0+2c_1 = 1$

$\qquad 4b_1 \qquad + c_1 = -1$

b_0	b_1	c_0	c_1	
1	2	-4	-4	1
O	1	0	-4	O
4	4	1	2	1
O	4	0	1	-1

$\rightarrow$

b_0	b_1	c_0	c_1	
1	2	-4	-4	1
O	1	0	-4	O
O	-4	17	18	-3
O	4	0	1	-1

$\rightarrow$

b_0	b_1	c_0	c_1	
1	0	-4	4	1
O	1	0	-4	O
O	0	17	2	-3
O	0	0	17	-1

$\rightarrow$

b_0	b_1	c_0	c_1	
1	0	0	$\frac{76}{17}$	$\frac{5}{17}$
O	1	0	-4	0
O	0	1	$\frac{2}{17}$	$-\frac{3}{17}$
O	0	0	1	$-\frac{1}{17}$

$\rightarrow$

b_0	b_1	c_0	c_1	
1	0	0	0	$\frac{161}{289}$
O	1	0	0	$-\frac{4}{17} = -\frac{68}{289}$
O	0	1	0	$-\frac{49}{289}$
O	0	0	1	$-\frac{17}{289}$

$\Longrightarrow$

$b_0 = \frac{161}{289}$

$b_1 = -\frac{68}{289}$

$c_0 = -\frac{49}{289}$

$c_1 = -\frac{17}{289}$

Partikuläres Integral:

$$y_{pi} = \tfrac{1}{289}[(161-68x)\sin 2x - (49+17x)\cos 2x]$$

Probe:

$$y_{pi}' = \tfrac{1}{289}[-68\sin 2x+(322-136x)\cos 2x-17\cos 2x+(98+34x)\sin 2x]$$
$$= \tfrac{1}{289}[(30+34x)\sin 2x+(305-136x)\cos 2x]$$

$$y_{pi}'' = \tfrac{1}{289}[34\sin 2x+(60+68x)\cos 2x-136\cos 2x+(-610+272x)\sin 2x]$$
$$= \tfrac{1}{289}[(-576+272x)\sin 2x+(-76+68x)\cos 2x]$$

$$y_{pi}'' + 2y_{pi}' + 5y_{pi} =$$
$$= \tfrac{1}{289}[(-576+272x+60+68x+805-340x)\sin 2x$$
$$+(-76+68x+610-272x-245-85x)\cos 2x]$$
$$= \tfrac{1}{289}[(289+0\cdot x)\sin 2x+(289-289x)\cos 2x]$$
$$= \sin 2x + (1-x)\cos 2x$$

Allgemeines Integral der inhomogenen DG:

$$y_{ai} = y_{pi} + y_{ah}$$
$$= \tfrac{1}{289}[(161-68x)\sin 2x-(49+17x)\cos 2x]+ae^{-x}\sin(2x+\varphi)$$

Berechnung der Lösung, welche den AW erfüllt:

$$y_{ai}' = y_{pi}' + y_{ah}' =$$
$$= \tfrac{1}{289}[(30+34x)\sin 2x+(305-136x)\cos 2x]-ae^{-x}\sin(2x+\varphi)+2ae^{-x}\cos(2x+\varphi$$

(1) $y(0) = \tfrac{1}{289}(-49)+a\sin\varphi = 37 \quad \Longrightarrow \quad a\sin\varphi = 37+\tfrac{49}{289} = \tfrac{10742}{289}$

(2) $y'(0)= \tfrac{1}{289}305-a\sin\varphi+2a\cos\varphi =0$

(1)+(2) $\Longrightarrow$ (3) $\tfrac{256}{289}+2a\cos\varphi =37 \quad \Longrightarrow a\cos\varphi =\tfrac{1}{2}\left(37 - \tfrac{256}{289}\right) = \tfrac{10437}{289\cdot 2}$

(1)   (3):

$$\tan\varphi = \frac{10742\cdot 2}{10437} = 2{,}05845 \Rightarrow \varphi = 1{,}11857\text{rad} = \left(\frac{1{,}11857}{\pi}\,\pi\right)\text{rad}$$
$$\Rightarrow \varphi = 0{,}356052\pi$$

(1) $\Longrightarrow$ $a = \dfrac{10742}{289\sin 1{,}11857\text{rad}} = 41{,}3235$

Die Lösung des AP lautet

$$\boxed{y = \tfrac{1}{289}[(161-68x)\sin 2x-(49+17x)\cos 2x] + 41{,}3235e^{-x}\sin(2x + 0{,}356052\pi)}$$

Loesung mit Mathematica

Loesung des Gleichungssystems der Anfangswerte

```
A={{1,2,-4,-4},{0,1,0,-4},{4,4,1,2},{0,4,0,1}}
MatrixForm[A]
1    2    -4   -4

0    1    0    -4

4    4    1    2

0    4    0    1
b={1,0,1,-1}
{1, 0, 1, -1}
x={x1,x2,x3,x4}
{x1, x2, x3, x4}
Solve[A.x==b,x]
```

$$\{\{x1 \to \frac{161}{289}, x2 \to -(\frac{4}{17}), x3 \to -(\frac{49}{289}), x4 \to -(\frac{1}{17})\}\}$$

Plot der manuell berechneten Funktion

```
a=41.3235; ph=0.356052 Pi
f[x_]:=( (161-68x) Sin[2 x]-(49+17 x) Cos[2 x] ) /289 +
       41.3235 Exp[-x] Sin[2 x + 0.356052 Pi]
Plot[f[x],{x,-2,5}]
```

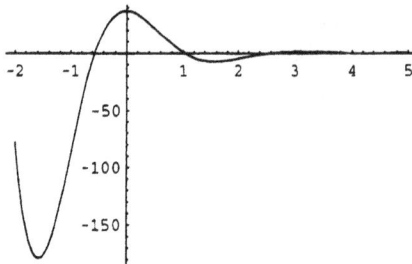

Loesung der DG ,des AP und Plot der Ergebniskurve

```
DSolve[y''[x]+2 y'[x]+5 y[x]==Sin[2 x] +(1-x) Cos[2x],
y[x],x]
```

$$\{\{y[x] \to \frac{-49 \, Cos[2\,x]}{289} - \frac{x \, Cos[2\,x]}{17} + \frac{C[2] \, Cos[2\,x]}{E^x} +$$

$$\frac{161 \, Sin[2\,x]}{289} - \frac{4\,x\,Sin[2\,x]}{17} - \frac{C[1]\,Sin[2\,x]}{E^x}\}\}$$

```
dg86=DSolve[{y''[x]+2 y'[x]+5 y[x]==Sin[2 x]+(1-x) Cos[2 x],
            y[0]==37, y'[0]==0},y[x],x]
```

$$\{\{y[x] \rightarrow (21484\ \text{Cos}[2\ x] - 98\ E^x\ \text{Cos}[2\ x] -$$

$$34\ E^x\ x\ \text{Cos}[2\ x] + 10437\ \text{Sin}[2\ x] + 322\ E^x\ \text{Sin}[2\ x] -$$

$$136\ E^x\ x\ \text{Sin}[2\ x]) / (578\ E^x)\}\}$$

```
g1=Plot[Evaluate[y[x]/.dg86],{x,-2,5}]
```

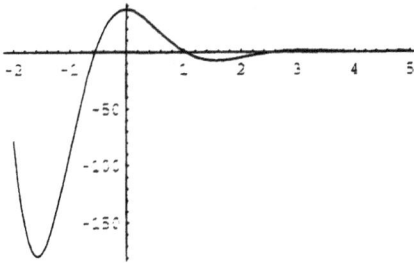

Aufgabe I 87:

Die gesättigte Lösung einer Substanz enthalte pro 1000g
Wasser 200g. Nun werden z.Z. t = 0 in 400g Wasser 80g
Substanz gemischt. Das Lösungsverhältnis z.Z. t ist dem
Produkt aus dem noch nicht gelöstem Rest und der Differenz
der Konzentration in einer gesättigten und der tatsäch-
lichen Lösung proportional.

Wieviel Substanz wird nach 2 Stunden gelöst sein, wenn
sich nach $\frac{1}{2}$ Stunden 60g gelöst haben?

(Ansatz: $x(t)$ = Menge der Substanz in g, die nach t Stunden
noch ungelöst ist).

Lösung:

$x(t)$ = Menge, die nach t Stunden noch ungelöst ist.

$80 - x(t)$ = Menge, die nach t Stunden gelöst ist.

$\frac{80-x(t)}{400}$ = Konzentration zur Zeit t.

$\frac{200}{1000}$ = 0,2 = Konzentration einer gesättigten Lösung.

Die Abb. 87.1 skizziert den zeitlichen Verlauf des
Lösungsvorganges.

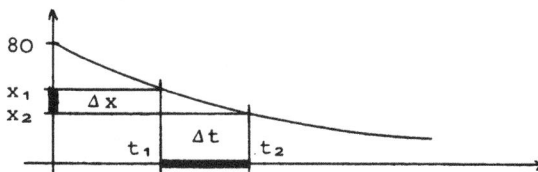

Abb. 87.1 Lösungsvorgang

$-\Delta x = -(x_2-x_1)$: im Zeitabschnitt $t_2 - t_1$ gelöste Menge
$-\Delta x$ ist umso größer

- je größer der Zeitabschnitt $t_2 - t_1 = \Delta t$ ist,
- je mehr ungelöste Substanz x vorhanden ist,
- je größer der Konzentrationsunterschied

$0,2 - \dfrac{80-x(t)}{400}$ zu einer gesättigten Lösung ist:

$-\Delta x \sim \Delta t \cdot x \cdot (0,2 - \dfrac{80-x}{400})$

Für $\Delta t \to 0$ und nach Einführen eines Proportionalitätsfaktors a erhält man:

$$-dx = a \cdot x \cdot (0,2 - \frac{80-x}{400})dt$$

$$= a \cdot x \cdot (0,2 - 0,2 + \frac{x}{400})dt$$

$$= a \cdot \frac{x^2}{400}dt$$

Der Lösungsvorgang wird daher durch das folgende
Anfangswertproblem beschrieben:

<u>AP:</u> DG: $\dot{x} = \dfrac{dx}{dt} = -\dfrac{a}{400}x^2$ AW: $t_0 = 0$, $x_0 = 80$

<u>Allgemeines Integral der DG:</u>

Die DG kan durch Separation der Variablen gelöst werden:

$$\int \frac{dx}{x^2} = - \int \frac{a}{400}dt$$

$$\implies -\frac{1}{x} = -\frac{a}{400}t + c, \quad c \in \mathbb{R}$$

$$\implies x(t) = \frac{1}{\frac{a}{400}t-c}$$

<u>Bestimmung von c aus den AW:</u>

$$x(0) = \frac{1}{\frac{a}{400} \cdot 0 - c} = 80 \implies c = -\frac{1}{80}$$

$\implies$ Das AP wird durch die Funktion

$$x(t) = \frac{1}{\frac{a}{400}t + \frac{1}{80}} = \frac{400}{5+at}$$

gelöst.

Bestimmung des Proportionalitätsfaktors:

$$x(\tfrac{1}{2}) = 20 = \frac{400}{5+a\frac{1}{2}} \implies 5 + \tfrac{1}{2}a = \frac{400}{20} = 20$$

$$\implies a = 30$$

$$\implies x(t) = \frac{400}{5+30t} = \frac{80}{1+6t}$$

Der zeitliche Verlauf des Lösungsvorgangs wird durch die Funktion

$$x(t) = \frac{80}{1+6t}, \qquad t[\text{Stunden}], \ x[g]$$

beschrieben.

$$x(2) = \frac{80}{1+12} = 6,15 \implies 80 - 6,15 = 73,85g$$

sind nach 2 Stunden gelöst.

Es ist $\lim\limits_{t\to\infty} x(t) = 0 \implies$ Die gesamte Menge von 80g wird

für $t \to \infty$ gelöst.

Wegen $\frac{80}{400} = 0,2$ wird dann eine gesättigte Lösung erhalten.

Loesung mit Mathematica

```
dg87=DSolve[{x'[t]==-a x[t]^2 / 400,x[0]==80},x[t],t]
                 400
{{x[t] -> -------}}
              5 + a t
a=30;
Plot[Evaluate[x[t]/.dg87],{t,0,20},PlotPoints->100,
    AxesLabel->{"t","x"}]
```

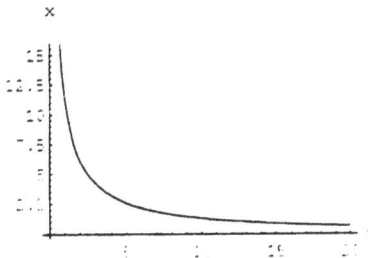

Aufgabe I 88:

Lösen Sie die homogenen linearen DGen

1. $y'' - 2y' + y = 0$

2. $y'' - 2y' + 2y = 0$

3. $y'' - 2y' - 2y = 0$

4. $\ddot{s} + 10\dot{s} + 9s = 0$ mit $s(0) = 0$, $\dot{s}(0) = 2$

Lösung:

1. **DG:** $y'' - 2y' + y = 0$

   Lösungsansatz: $y = e^{kx}$

   $\Longrightarrow$ charakteristisches Polynom

   $k^2 - 2k + 1 = 0 \Longrightarrow (k-1)^2 = 0 \Longrightarrow k_{1,2} = 1$

   $\qquad\qquad\qquad\qquad$ Nullpunkt der Vielfachheit 2

   $\Longrightarrow y_1 = e^x$, $y_2 = xe^x$ sind zwei linear unabhängige

   $\qquad\qquad\qquad\qquad$ Lösungen

   $\Longrightarrow$ $\boxed{y_{ah} = c_1 e^x + c_2 x e^x = (c_1 + c_2 x)\, e^x, \quad c_1, c_2 \in \mathbb{R}}$

   ist das allgemeine Integral der homogenen DG

2. **DG:** $y'' - 2y' + 2y = 0$

   $\Longrightarrow$ charakteristisches Polynom: $k^2 - 2k + 2 = 0$

   $\Longrightarrow k_{1,2} = 1 \pm \sqrt{1-2} = 1 \pm i = -\delta \pm i\omega$

   $\Longrightarrow \delta = -1, \quad \omega = 1$

   $\Longrightarrow y_1 = e^{-\delta x}\cos\omega x = e^x \cos x$

   $\qquad y_2 = e^{-\delta x}\sin\omega x = e^x \sin x$

   sind zwei linear unabhängige Lösungen der DG.

   $\Longrightarrow y_{ah} = c_1 e^{-\delta x}\cos\omega x + c_2 e^{-\delta x}\sin\omega x = e^{-\delta x}(c_1\cos\omega x + c_2\sin\omega x)$

   $\Longrightarrow$ $\boxed{y_{ah} = e^x(c_1\cos x + c_2\sin x)\, c_1, c_2 \in \mathbb{R}}$

   ist das allgemeine Itegral der DG.

Dieses ist auch in der Form

$$y_{ah} = e^x \cdot a \sin(x + \varphi)$$

darstellbar

3. **DG:** $y'' - 2y' - 2y = 0$

$\implies$ charakteristisches Polynom:

$k^2 - 2k - 2 = 0 \implies k_{1,2} = 1 \pm \sqrt{1+2} = 1 \pm \sqrt{3}$

$\implies k_1 = 1 - \sqrt{3} = -0,73, \quad k_2 = 1 + \sqrt{3} = 2,73$

$\implies$ $$y_{ah} = c_1 e^{(1-\sqrt{3})x} + c_2 e^{(1+\sqrt{3})x}$$

4. **Anfangswertproblem:**

DG: $\ddot{s} + 10\dot{s} + 9s = 0$ **AW:** $t = 0, \ s = 0, \ \dot{s} = 2$

4.1 Lösung der homogenen DG: $\ddot{s} + 10\dot{s} + 9s = 0$

$\implies$ charakteristisches Polynom:

$k^2 + 10k + 9 = 0 \implies k_{1,2} = -5 \pm \sqrt{25-9} = -5 \pm 4$

$\implies k_1 = -9, \quad k_2 = -1$

$\implies$ $$y_{ah} = c_1 e^{-9t} + c_2 e^{-t}, \ c_1, c_2 \in \mathbb{R}$$

4.2 Berechnung von c_1, c_2 aus dem AW:

$y'_{ah} = -9c_1 e^{-9t} - c_2 e^{-t}$

$y_{ah}(0) = c_1 + c_2 = 0 \qquad \implies c_2 = -c_1$

$y'_{ah}(0) = -9c_1 - c_2 = 2 \qquad \implies -9c_1 + c_1 = -8c_1 = 2$

$\qquad\qquad\qquad\qquad\qquad \implies c_1 = -\frac{1}{4} \implies c_2 = \frac{1}{4}$

4.3 Die Lösung des AP lautet:

$$y = \frac{1}{4}(-e^{-9t} + e^{-t})$$

Loesung mit Mathematica

```
1: DSolve[y''[x]-2 y'[x]+y[x]==0,y[x],x]
                x
{{y[x] -> E  (C[1] + x C[2])}}
2: DSolve[y''[x]-2 y'[x]+2 y[x]==0,y[x],x]
                x
{{y[x] -> E  (C[2] Cos[x] - C[1] Sin[x])}}
3: DSolve[y''[x]-2 y'[x]-2 y[x]==0,y[x],x]
            x - Sqrt[3] x              2 Sqrt[3] x
{{y[x] -> E                (C[1] + E              C[2])}}
4: DSolve[s''[t]+10 s'[t]+9 s[t]==0,s[t],t]
           C[1]    C[2]
{{s[t] -> ---- + ----}}
           9 t     t
          E        E
dg88=DSolve[{s''[t]+10 s'[t]+9 s[t]==0,s[0]==0,s'[0]==2},s[t],t]
           -1        1
{{s[t] -> ------ + ----}}
           9 t       t
          4 E      4 E
Plot[Evaluate[s[t]/.dg88],{t,0,5},PlotPoints->100,
     AxesLabel->{"t","s"}]
```

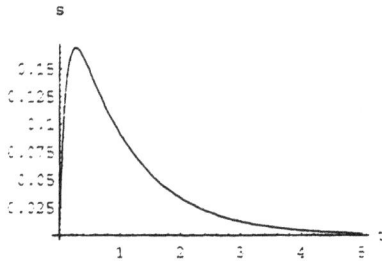

Aufgabe I 89:

Bestimmen Sie die Gleichung für die Schwingung eines
Pendels. Eine Masse m werde an einem Faden mit der
Länge ℓ aufgehängt. Der Luftwiderstand bleibe unbe-
rücksichtigt, bei kleinem Ausschlag kann $\sin \alpha \approx \alpha$ gesetzt
werden.
Berechnen Sie die Schwingungsdauer und Frequenz für
ℓ = 200cm, α_0 = 5°, v_0 = 0

Lösung:

1. Physikalisches Gesetz

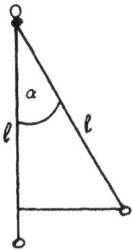

m = Masse
α = Winkelausschlag
$\dot{\alpha}$ = Winkelgeschwindigkeit
$\ddot{\alpha}$ = Winkelbeschleunigung
$\ell\ddot{\alpha}$ = Beschleunigung
$m\,\ell\ddot{\alpha}$ = F_1 = Trägheitskraft
M_1 = $m\ddot{\alpha}\ell\cdot\ell$ Drehmoment der Kraft
          F_1 bez. O
mg = F_2 = Gewichtskraft
M_1 = mgb = $mg\ell\sin\alpha$ = Drehmoment
          der Kraft F_2 bez. O

Abb. 89.1
Abgeschlossenes System
eines schwingenden
Pendels

In dem abgeschlossenen System (Abb. 89.1) ist die
Summe der Momente O.
$M_1 + M_2$ = O
$m\ddot{\alpha}\,\ell^2 + mg\ell \sin \alpha$ = 0
Diese DG ist nicht linear.

$\ddot{\alpha}\ell + g\sin\alpha$ = 0
Wenn man für kleine Winkelausschläge angenähert
$\sin\alpha \approx \alpha$ setzt, erhält man eine lineare DG 2. Ordnung
mit konstanten Koeffizienten:

DG: $\ddot{\alpha} + \frac{g}{\ell}\alpha$ = 0   AW: t = 0, α = 5° = $(\frac{5\pi}{180})$rad= $(0,09)$rad

$v(0)$ = $\ell\dot{\alpha}(0)$ = 0 $\Longrightarrow$ $\dot{\alpha}(0)$ = 0

2. <u>Lösung der homogenen DG:</u>

charakteristisches Polynom:

$$k^2 + \frac{g}{\ell} = 0 \implies k_{1,2} = \pm \sqrt{\frac{-g}{\ell}} = \pm i\sqrt{\frac{g}{\ell}} = -\delta + i\omega$$

$$\implies \delta = 0, \quad \omega = \sqrt{\frac{g}{\ell}}$$

$$\alpha_{ah} = e^{-\delta t}(c_1 \cos\omega t + c_2 \sin\omega t)$$

$$= e^{-\delta t} a \sin(\omega t + \varphi) = a\sin(\sqrt{\tfrac{g}{\ell}}t + \varphi)$$

Mit $g = 9{,}81 ms^{-2}$, $\ell = 2m$ erhält man:

$$\boxed{\alpha_{ah} = a\sin(\sqrt{\tfrac{9,81}{2}}\, t + \varphi) = a\sin(2{,}21t + \varphi)}$$

3. <u>Berechnung der Konstanten aus den AW:</u>

$$\dot{\alpha}_{ah} = a \cos(2{,}21t + \varphi) \cdot 2{,}21$$

$$\dot{\alpha}_{ah}(0) = 2{,}21a \cdot \cos(2{,}21 \cdot 0 + \varphi) = 0$$

$$\implies a \cdot \cos\varphi = 0 \implies \varphi = \frac{\pi}{2} \quad da \ a \neq 0$$

$$\alpha_{ah}(0) = a \sin(2{,}21 \cdot 0 + \varphi) = a \cdot \sin\frac{\pi}{2} = a = 0{,}09$$

4. <u>Schwingungsgleichung des Pendels:</u>

$$\alpha = 0{,}09 \cdot \sin(2{,}21t + \tfrac{\pi}{2})$$

$$= 0{,}09 \cdot \cos 2{,}21t$$

$$\omega = \sqrt{\tfrac{g}{\ell}} = 2{,}21 = 2\pi f$$

Frequenz $= f$

$$\implies f = \frac{2{,}21}{2\pi} = 0{,}35 \quad \text{Schwingungen pro Sekunde}$$

$\implies$ <u>Schwingungsdauer:</u>

$$T = \frac{1}{f} = 2{,}84 \text{ sec}$$

Loesung mit Mathematica

Allgemeines Integral der exakten und angenäherten DG

```
DSolve[a''[t]+g Sin[a[t]]/l==0,a[t],t]
```
```
DSolve::dnim:
   Built-in procedures cannot solve this differential
      equation.
```
```
DSolve[a1''[t]+g a1[t]/l==0,a1[t],t]
              (-I Sqrt[g] t)/Sqrt[l]
{{a1[t] -> E                                    C[1] +

      (I Sqrt[g] t)/Sqrt[l]
    E                                    C[2]}}
```

Analythische Loesung der angenäherten DG

```
g=9.81;l=2;
dg89=DSolve[{a1''[t]+g a1[t]/l==0,a1[0]==5 Pi/180,a1'[0]==0},
       a1[t],t]
            Pi Cos[2.21472 t]
{{a1[t] -> -----------------}}
                  36
```
```
Pi/36//N
0.0872665
```
```
Plot[Evaluate[a1[t]/.dg89],{t,0,20}]
```

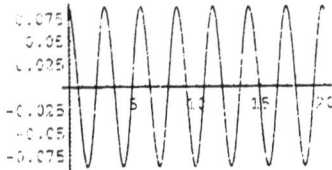

Numerische Loesung der exakten DG

```
g=9.81;l=2;
dg891=NDSolve[{a''[t] l + g Sin[a[t]]==0,a[0]==5 Pi/180,
       a'[0]==0},a[t],{t,0,10}]
```
```
{{a[t] -> InterpolatingFunction[{0., 10.}, <>][t]}}
```
```
Plot[Evaluate[a[t]/.dg891],{t,0,10},PlotPoints->100]
```

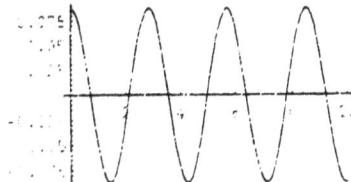

Aufgabe I 90:

Lösen Sie die inhomogenen, linearen DGen:

1. $y'' - y' + 2y = e^{2x}$

2. $y'' + y' + 2y = \sin x + 2 \cos x$

3.1. $\ddot{x} - a^2 x = a \sin at$
3.2. DG und AW : $x(0) = 3,1a$; $\dot{x}(0) = -4,2a$
3.3. Plot der Kurve für $-2 \le t \le 2$
     und a= 0,97 ; -1,12 ; 1,37 ; -3,13

4. $\ddot{x} + 2\dot{x} + 2x = e^{-4t}$

Lösung:

1. $y'' - y' + 2y = e^{2x}$

1.1 Homogene DG: $y'' - y' + 2y = 0$

    charakteristisches Polynom:

    $k^2 - k + 2 = 0 \implies k_{1,2} = \frac{1}{2} \pm \sqrt{\frac{1}{4} - 2} = \frac{1}{2} \pm \frac{\sqrt{7}}{2}i$

    $\implies \delta = -\frac{1}{2}, \ \omega = \frac{\sqrt{7}}{2} \qquad\qquad = -\delta + i\omega$

    $\implies \boxed{y_{ah} = e^{-\delta x} a \sin(\omega x + b) = e^{\frac{1}{2}x} \cdot a \cdot \sin(\frac{\sqrt{7}}{2}x + b), \ a, \ b \in \mathbb{R}}$

1.2 Partikuläre Lösung der inhomogenen DG:

    $y'' - y' + 2y = e^{2x}$

    $\alpha = 2$ ist nicht Lösung des charakteristischen Polynoms

    $\implies y = b_0 e^{2x}$ ist ein Ansatz für die partikuläre Lösung

    $\implies y' = 2b_0 e^{2x}$

    $\implies y'' = 4b_0 e^{2x}$

    Einsetzen in die DG ergibt:

    $4b_0 e^{2x} - 2b_0 e^{2x} + 2b_0 e^{2x} = 4b_0 e^{2x} = e^{2x} \implies 4b_0 = 1 \implies b_0 = \frac{1}{4}$

    $\implies \boxed{y_{pi} = \frac{1}{4}e^{2x}}$

1.3 Allgemeine Lösung der inhomogenen DG:

    $\boxed{y_{ai} = y_{pi} + y_{ah} = \frac{1}{4}e^{2x} + e^{\frac{1}{2}x} a \sin(\frac{\sqrt{7}}{2}x + b), \ a, \ b \in \mathbb{R}}$

2. <u>DG:</u> $y'' + y' + 2y = \sin x + 2\cos x$

2.1 Homogene DG: $y'' + y' + 2y = 0$

   charakteristisches Polynom:

   $k^2 + k + 2 = 0 \implies k_{1,2} = -\frac{1}{2} \pm \sqrt{\frac{1}{4}-2} = -\frac{1}{2} \pm \frac{\sqrt{7}}{2}i$

   $\implies \delta = \frac{1}{2} , \quad \omega = \frac{\sqrt{7}}{2} \qquad\qquad = -\delta \pm i\omega$

   $\implies \boxed{y_{ah} = e^{-\delta x}a\sin(\omega x+b) = e^{-\frac{1}{2}x} \cdot a \cdot \sin(\frac{\sqrt{7}}{2}x+b)}$

2.2 Partikuläre Lösung der inhomogenen DG:

   $y'' + y' + 2y = \sin x + 2\cos x$

   $\beta i = i$ ist keine Lösung des char. Pol.

   $n = \max(m_1, m_2) = 0,\quad m_1 = 0 = $ Grad des Pol. vor sinx,

   $\qquad\qquad\qquad m_2 = 0 = $ " " " " cosx

   $\implies y = b_0\cos x + c_0\sin x$ ist Ansatz für die partikuläre

   $\qquad\qquad\qquad\qquad\qquad$ Lösung

   $\implies y' = -b_0\sin x + c_0\cos x$

   $\implies y'' = -b_0\cos x - c_0\sin x$

   Einsetzen in DG $\implies$

   $-b_0\cos x - c_0\sin x - b_0\sin x + c_0\cos x + 2b_0\cos x + 2c_0\sin x$

   $= (b_0+c_0)\cos x + (-b_0+c_0)\sin x = \sin x + 2\cos x$

   $\implies b_0 + c_0 = 2$

   $\underline{\quad -b_0 + c_0 = 1\quad}$

   $\implies \qquad 2c_0 = 3 \implies c_0 = \frac{3}{2}$

   $\implies b_0 + \frac{3}{2} = 2 \implies b_0 = \frac{1}{2}$

   $\implies \boxed{y_{pi} = \frac{1}{2}\cos x + \frac{3}{2}\sin x}$

2.3 Allgemeine Lösung der inhomogenen DG:

   $\boxed{y_{ai} = y_{pi} + y_{ah} = \frac{1}{2}\cos x + \frac{3}{2}\sin x + e^{-\frac{1}{2}x}a\sin(\frac{\sqrt{7}}{2}x+b), \ a, b \in \mathbb{R}}$

3. $\underline{DG:}$ $\ddot{x} - a^2x = a \sin at$

3.1 Homogene DG: $\ddot{x} - a^2x = 0$

   charakteristisches Polynom:

   $k^2 - a^2 = 0 \implies k_1 = -a, \; k_2 = a$

   $\implies$ $\boxed{x_{ah} = c_1e^{-at} + c_2e^{at}, \; c_1, \; c_2 \in \mathbb{R}}$

3.2 Partikuläre Lösung der inhomogenen DG:

   $\ddot{x} - a^2x = a\sin at = 0 \cdot \cos at + a\sin at$

   i.a ist keine Lösung des char. Pol.

   Grad des Polynoms vor $\cos at$ und $\sin at$ = 1

   $\implies$ $x = b_0\cos at + c_0\sin at$ ist Ansatz für die partikuläre

   Lösung

   $\implies$ $\dot{x} = -b_0a\sin at + c_0a\cos at$

   $\implies$ $\ddot{x} = -b_0a^2\cos at - c_0a^2\sin at$

   Einsetzen in DG: $\implies$

   $-b_0a^2\cos at - c_0a^2\sin at - a^2b_0\cos at - a^2c_0\sin at = a\sin at$

   $\implies$ $-2b_0a^2\cos at - 2c_0a^2\sin at = a\sin at$

   $\implies$ $b_0 = 0, \; -2c_0a^2 = a \implies c_0 = -\dfrac{1}{2a}$

   $\implies$ $\boxed{x_{pi} = -\dfrac{1}{2a}\sin at}$

3.3 Allgemeine Lösung der inhomogenen DG:

   $x_{ai} = x_{pi} + x_{ah}$

   $\implies$ $\boxed{x_{ai} = -\dfrac{1}{2a}\sin at + c_1e^{-at} + c_2e^{at}, \; c_1, \; c_2 \in \mathbb{R}}$

4. **DG:** $\ddot{x} + 2\dot{x} + 2x = e^{-4t}$

4.1 Allgemeines Integral der homogenen DG:

$\ddot{x} + 2\dot{x} + 2x = 0$

charakteristisches Polynom:

$k^2 + 2k + 2 = 0 \implies k_{1,2} = -1 \pm \sqrt{1-2} = -1 \pm i$

$\implies \delta = 1, \quad \omega = 1$ $\qquad\qquad\qquad = -\delta + i\omega$

$\implies x_{ah} = e^{-\delta t} a \, \sin(\omega t + \varphi)$

$\implies$ $\boxed{x_{ah} = a \cdot e^{-t} \sin(t + \varphi)}$ $\quad$, $a, \varphi \in \mathbb{R}$

4.2 Partikuläres Integral der inhomogene DG:

$\ddot{x} + 2\dot{x} + 2x = e^{-4t}$

$\alpha = -4$ ist keine Lösung des char. Pol.

Grad des Polynoms vor $e^{-4t} = 0$

$\implies x = b_0 e^{-4t}$ ist Ansatz für eine partikuläre Lösung

$\implies \dot{x} = -4b_0 e^{-4t}$

$\implies \ddot{x} = 16b_0 e^{-4t}$

Einsetzen in DG $\implies$

$16b_0 e^{-4t} - 8b_0 e^{-4t} + 2b_0 e^{-4t} = e^{-4t}$

$\implies 10b_0 e^{-4t} = e^{-4t} \implies 10b_0 = 1 \implies b_0 = \frac{1}{10}$

$\implies$ $\boxed{x_{pi} = \frac{1}{10} e^{-4t}}$

4.3 Allgemeines Integral der inhomogenen DG:

$\boxed{x_{ai} = x_{pi} + x_{ah} = \frac{1}{10} e^{-4t} + a e^{-t} \sin(t + \varphi)}$

Loesung mit Mathematica

Allgemeines Integral

```
DSolve[x''[t]-a^2 x[t]==a Sin[a t],x[t],t]
            C[1]      a t       Sin[a t]
{{x[t] -> ----  + E      C[2] - --------}}
           a t                    2 a
          E
```

Anfangswertproblem fuer verschiedene Parameter a

```
dg903=DSolve[{x''[t]-a^2 x[t]==a Sin[a t],
             x[0]==3.1 a,x'[0]==-4.2 a},x[t],t]
                 0.25
            2.1 - ---- + 1.55 a
                   a
{{x[t] -> -------------------- +
                  a t
                 E

              0.25            a t   Sin[a t]
    (-2.1 + ---- + 1.55 a) E     - --------}}
              a                      2 a
```

a1=0.97; a2=-1.12; a3=1.37; a4=-3.13;

```
a=0.97;g97=Plot[Evaluate[x[t]/.dg903],{t,-2,2},
            PlotPoints->100,AxesLabel->{"x","y"},
            PlotLabel->"                  a=0.97"];
```

(g12, g37, g13 entsprechend definieren)

Show[GraphicsArray[{{g97,g12},{g37,g13}}]]

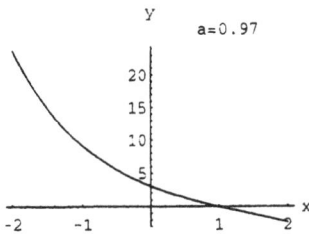

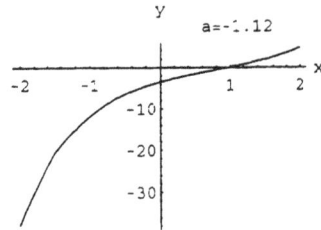

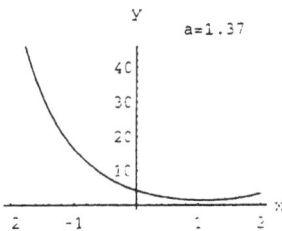

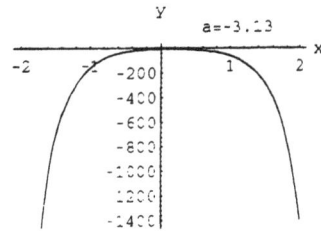

Allgemeines Integral

```
DSolve[x''[t]+2 x'[t]+2 x[t]==Exp[-4 t],x[t],t]
             1        C[2] Cos[t]    C[1] Sin[t]
{{x[t] -> ------- + ----------- - -----------}}
             4 t          t             t
         10 E            E             E
```

Anfangswertproblem

```
dg904=DSolve[{x''[t]+2 x[t] +2 x[t]==Exp[-4 t], x[0]==0,
          x'[0]==0},x[t],t]
             1        Cos[2 t]    Sin[2 t]
{{x[t] -> ------- - -------- + --------}}
             4 t       20          10
         20 E
```

```
Plot[Evaluate[x[t]/.dg904],{t,-1,10},AxesLabel->{"t","x"}]
```

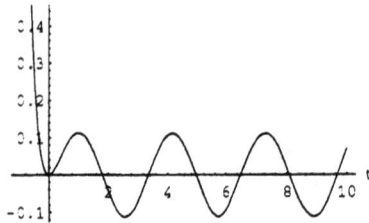